鄂尔多斯高原砒砂岩区植被时空格局与生态承载力

冯益明 主编

中国林业出版社

内容提要

本书是根据国家重点研发计划项目"鄂尔多斯高原砒砂岩区生态综合治理技术"课题（2017YFC0504502）的研究成果系统总结、提炼而成。本书重点介绍了关于鄂尔多斯高原砒砂岩区植被时空格局与生态承载力的研究成果，主要包括鄂尔多斯高原砒砂岩区植被时空格局与演变规律，砒砂岩区植被稳定性格局形成机理，植被退化与土壤侵蚀互馈机制以及砒砂岩区生态承载力评价及其调控对策，为砒砂岩区生态治理和恢复提供科学依据。

本书可供从事生态、林业、水土保持等专业的科技工作者、管理者以及相关专业大专院校师生参考。

图书在版编目（CIP）数据

鄂尔多斯高原砒砂岩区植被时空格局与生态承载力/冯益明主编. —北京：中国林业出版社，2021.6

ISBN 978-7-5219-0981-4

Ⅰ.①鄂⋯ Ⅱ.①冯⋯ Ⅲ.①鄂尔多斯高原-砂岩-地区-植被-研究 Ⅳ.①Q948.15

中国版本图书馆 CIP 数据核字（2021）第 017513 号

中国林业出版社·自然保护分社（国家公园公社）
策划编辑：刘家玲
责任编辑：宋博洋　刘家玲

出版	中国林业出版社（100009　北京市西城区德内大街刘海胡同7号）
网址	www.forestry.gov.cn/lycb.html
发行	中国林业出版社
印刷	河北京平诚乾印刷有限公司
版次	2021年6月第1版
印次	2021年6月第1次印刷
开本	787mm×1092mm　1/16
印张	14.75
彩插	12面
字数	320千字
定价	80.00元

未经许可，不得以任何方式复制或抄袭本书之部分或全部内容。

版权所有　侵权必究

《鄂尔多斯高原砒砂岩区植被时空格局与生态承载力》编委会

主　编：冯益明

副主编：朱雅娟　曹晓明　闫　峰　张会兰

委　员（以姓氏笔画为序）：

丁　杰　王瑞杰　付思佳　包英爽　包岩峰　冯益明　朱雅娟

刘雨晴　闫　峰　许素寒　杨　军　杨伟青　李志鹏　何晨阳

宋兆斌　张会兰　张和钰　陈俊翰　罗泽宇　庞建壮　夏绍钦

曹晓明　黎　铭

序

砒砂岩区集中分布于黄河流域晋陕蒙接壤区的鄂尔多斯高原，属于我国半干旱区到干旱区的过渡带和农牧交错带，在我国北疆生态安全屏障建设中占有十分重要的地位。砒砂岩是由砂岩、砂页岩和泥质砂岩构成的松散岩石互层组成，具有"无水坚如磐石、遇水烂如稀泥"的特性，因此，砒砂岩抗侵蚀能力尤为低下，区域内水土流失严重，生态退化及生态问题积累已久。自20世纪80年代以来，针对砒砂岩区水土流失，国家先后实施了晋陕蒙砒砂岩区沙棘生态建设、退耕还林（草）等多项治理工程，经过几代人不懈奋斗，局部生态环境有所改善，水土流失得到一定控制，但是由于缺乏对砒砂岩区生态承载力的深入认识，生态治理措施适应性不强，整体效果不显著，迄今为止砒砂岩区仍面临生态退化问题的严峻挑战，仍没有从根本上整体改变该地区生态环境退化的趋势。

从砒砂岩区生态系统整体视角出发，研究水土流失治理及退化植被恢复关键技术并予以示范应用，对构建我国北方生态屏障、保障黄河长治久安具有重要意义。为此，在2017年，国家启动了重点研发计划项目"鄂尔多斯高原砒砂岩区生态综合治理技术"，经过多家科研单位、高校以及企业等组成的研究团队协同攻关，在砒砂岩区生态治理方面取得了一系列重要成果。该书是项目的课题二"生态系统变化与承载力维持提升"（2017YFC0504502）参研人员在对鄂尔多斯高原砒砂岩区植被时空格局与生态承载力进行较为系统研究的基础上形成的智慧结晶。书中较为系统地介绍了鄂尔多斯高原砒砂岩区植被时空格局与演变规律，砒砂岩区植被稳定性格局形成机理，植被退化与土壤侵蚀互馈机制以及砒砂岩区生态承载力评价及其调控对策。该书内容丰富，图文并茂，保证了学术的严谨性、可读性。

该书的出版，有助于我们了解鄂尔多斯高原砒砂岩区植被演变规律，理解植被对区域干旱环境的适应策略，掌握不同类型砒砂岩区生态承载力状况及其生态承载力阈值，为指导区域生态修复及保护工作，因地制宜地制定区域可持续发展政策提供科学依据。该书对从事生态、林业、水土保持等专业的科技工作者、管理者以及相关专业大专院校师生具有很大的参考价值，值得推荐。

中国科学院院士 唐守正
2020年12月8日

前　言

砒砂岩区集中分布于黄河流域晋陕蒙接壤区的鄂尔多斯高原，属于我国半干旱区到干旱区的过渡带和农牧交错带，在我国北疆生态安全屏障建设中占有十分重要的地位。然而，砒砂岩区是我国水土流失强度最大、植被退化程度最高、生态安全风险最大的区域，不但是严重威胁京津冀生态安全的沙源地之一，也是形成黄河下游"地上悬河"的粗泥沙集中来源区。砒砂岩区生态治理是构建我国北方生态屏障和保障黄河长治久安的攻坚战、决胜战。

在国家重点研发计划项目"鄂尔多斯高原砒砂岩区生态综合治理技术"课题二"生态系统变化与承载力维持提升"（2017YFC0504502）支持下，由中国林业科学研究院荒漠化研究所牵头，联合北京林业大学，在项目主持单位黄河水利委员会黄河水利科学研究院姚文艺研究员等同事以及地方水土保持管理部门同志的帮助下，课题组多人次前往实验区以及相关单位进行资料收集、调查、取样。《鄂尔多斯高原砒砂岩区植被时空格局与生态承载力》是历经4年时间，课题参研人员辛勤劳动的智慧结晶，是课题主要成果的集成，该书成果将为砒砂岩区生态治理和恢复提供一定科学依据。主要成果如下。

① 解决半干旱砒砂岩区稀疏植被信息提取技术问题。研究确定了3种典型稀疏植被分类的最佳波段及区间，并发现短波红外波段的吸收特征可以作为稀疏植被信息提取的有效参数。

② 明晰了砒砂岩区植被时空变化格局及驱动机制。完成多尺度（鄂尔多斯高原砒砂岩区1km分辨率和准格尔旗30m分辨率）、多时相（20世纪70年代至2017年）土地利用/土地覆被时空格局特征分析；基于时序植被指数进行鄂尔多斯高原砒砂岩区植被指数、植被覆盖度及地上生物量时空格局特征分析；并进行了全新世以来鄂尔多斯高原砒砂岩区植被演变特征的分析与总结。

③ 开展砒砂岩区植被稳定性格局形成机理研究。研究抓住影响半干旱区植被生长、繁殖主导因素——水分，从植被耗水特征和水分平衡角度揭示植被稳定性格局形成机理。主要开展了降水对鄂尔多斯高原植被分布的影响，包括克隆植物数量和5种优势植物的高度、盖度、密度的影响，沙棘和沙地柏的液流变化和耗水特性，沙棘、山杏、油松、沙地柏、黑沙蒿、沙柳的水分利用策略，以及从生态系统的水分平衡角度，评价覆土砒砂岩区和覆沙砒砂岩区的植被稳定性特征。

④ 揭示了砒砂岩区植被退化与复合侵蚀的耦合机理。研究以砒砂岩区阜甫川流域为

研究区，从三方面开展植被退化与复合侵蚀的耦合机理研究。首先，分析流域植被在时间和空间尺度上的动态变化特征及其影响因素；其次，分析流域径流和泥沙长时间序列下的变化趋势与悬移质环路特征；最后，通过构建植被-侵蚀模型探讨土壤侵蚀强度与植被、土地利用间的关系，分析复合侵蚀与植被的互馈关系。

⑤ 砒砂岩区生态承载力评价及调控对策。从两个层次开展区域生态承载力研究。一是从整个砒砂岩区尺度，基于生态足迹理论的人地关系承载力核算；二是按砒砂岩不同类型区其坡顶、坡面、沟道，分别承载植被类型、植被盖度来核算，并提出提升生态承载力的对策。

全书共包括5章。第1章为绪论，由冯益明主笔，朱雅娟、李志鹏、张和钰、丁杰参与撰写；第2章为砒砂岩区宏观尺度植被时空格局，由曹晓明主笔，闫峰、冯益明、李志鹏、张和钰、丁杰参与撰写；第3章为砒砂岩区植被格局形成机制，由朱雅娟主笔，张会兰、闫峰、许素寒、宋兆斌参与撰写；第4章为流域尺度植被与侵蚀耦合规律，由张会兰主笔，朱雅娟、黎铭、庞建壮、杨军、杨伟青、罗泽宇、付思佳、夏绍钦参与撰写；第5章为生态承载力评价，由闫峰主笔，王瑞杰、包英爽、刘雨晴、陈俊翰、曹晓明、何晨阳、冯益明参与撰写。全书由冯益明负责审定统稿，朱雅娟、曹晓明、闫峰、张会兰负责文字统稿。

在该书完成过程中，得到了黄河水利委员会黄河水利科学研究院姚文艺、肖培青研究员，中国林业科学研究院荒漠化研究所卢琦、吴波、王学全研究员，亿利资源集团有限公司王林和、陈正新研究员，东南大学杨才千教授，西北农林科技大学杜峰教授等多位专家的指导与帮助，谨在本书出版之际，感谢所有对完成书稿给予支持与帮助的领导、同事、同仁。

由于作者水平有限，不妥之处在所难免，敬请读者批评指正。

冯益明
2020年6月于北京

目 录

序

前 言

第一章 绪 论 ··· 1
  1.1 砒砂岩区植被概况 ·· 1
  1.2 研究砒砂岩区植被时空格局与生态承载力的必要性 ·························· 2
  1.3 植被时空格局与生态承载力研究现状 ·· 3
  参考文献 ··· 6

第二章 砒砂岩区宏观尺度植被时空格局 ··· 8
  2.1 植被格局参数表达方法 ··· 8
  2.2 稀疏植被信息提取方法研究 ·· 9
  2.3 不同类型区植被格局时空变化及驱动机制 ···································· 19
  2.4 全新世以来区域植被演变过程 ·· 52
  2.5 小结 ··· 55
  参考文献 ··· 56

第三章 砒砂岩区植被格局形成机制 ·· 59
  3.1 植被格局及其特征 ··· 59
  3.2 自然与人为因素对植被格局的影响 ··· 63
  3.3 植被自组织特性/共存机制 ··· 75
  3.4 植被对砒砂岩环境的适应策略 ·· 91
  3.5 砒砂岩区植被稳定性评价 ·· 101
  3.6 结论 ··· 108
  参考文献 ··· 109

第四章 流域尺度植被与侵蚀耦合规律 ··· 119
  4.1 研究意义与研究区概况 ··· 119
  4.2 流域植被覆盖的时空变化特征 ·· 121
  4.3 流域水沙关系 ·· 128
  4.4 植被影响下水沙动态过程模拟 ·· 137
  4.5 流域植被变化下的土壤侵蚀规律 ··· 156

  4.6 总结 ··· 169
  参考文献 ··· 171

第五章 生态承载力评价 ··· 175
  5.1 生态承载力研究现状 ··· 175
  5.2 鄂尔多斯高原砒砂岩区生态承载力特征 ··· 178
  5.3 砒砂岩区土地资源承载力特征 ·· 187
  5.4 砒砂岩区生态承载力维持提升阈值 ·· 195
  5.5 砒砂岩区生态承载力维持提升策略 ·· 211
  5.6 结论 ··· 219
  参考文献 ··· 220

附 录 本书涉及的植物的学名、中文名与俗名对照 ························ 225

彩 版 ··· 227

第一章

绪 论

1.1 砒砂岩区植被概况

位于黄河中游的砒砂岩区生态极为脆弱，而且是黄河粗泥沙的来源核心区。砒砂岩由古生代二叠纪、中生代三叠纪、侏罗纪和白垩纪的灰色、灰黄、灰紫色的砂页岩、紫红色的泥质砂岩和厚层砂岩的岩石互层组成，集中分布于黄土高原北部晋陕蒙三省区交界地区的鄂尔多斯高原（邓起东等，1999）。砒砂岩的特点是成岩程度低，沙粒间胶结程度差，结构强度低，岩层在风、水、重力等作用下极易发生侵蚀，区域内水土流失非常严重，使区域整体呈现出植被稀疏、千沟万壑和荒漠化景观。根据地表覆盖物类型可将砒砂岩区分为覆土砒砂岩区、覆沙砒砂岩区和裸露砒砂岩区（王愿昌等，2007）。

砒砂岩区植被空间分布格局为从东南部的半旱生植物占优势逐渐演变到西北部的沙生植物占优势。砒砂岩区常见植物种有乔木 29 种、灌木 20 种和草本植物 152 种。梁峁坡、坡面和沟道等不同侵蚀单元其典型植被种类及分布不同（杨久俊等，2016）。

梁峁坡单元植被特征：梁峁坡是相对稳定的单元，植被种类丰富度从高到低依次为覆土梁峁坡、裸露梁峁坡和覆沙梁峁坡。油松、沙棘、山杏和柠条锦鸡儿是裸露和覆土梁峁坡的主要植被。赖草、披碱草和斜茎黄耆在三个单元都可以形成优势群落。裸露梁峁坡有植物 126 种，乔木主要以单株存在，灌木和草本植物能够形成群落；覆土梁峁坡有植物 195 种，乔木人工林种类多样，植被盖度达到 92.1%；覆沙梁峁坡的植物有 73 种，植被盖度仅 47.9%，主要植被是沙柳和黑沙蒿。大部分植被以群落或丛生为主，特点是耐旱、耐贫瘠和耐沙埋（杨久俊等，2016）。

砒砂岩不同类型坡面植被特征：不同类型坡面植被差异大。主要表现在：①覆土砒砂岩坡面的黄土垂直节理单元植被覆盖度很低，主要植被类型包括大果榆、酸枣和沙棘，以丛生为主；黄土覆盖不稳定单元没有植被生长；黄土覆盖相对稳定单元的植物有 138 种，以沙棘、赖草、针茅和披碱草占优势。②裸露砒砂岩坡面的白色裸露砒砂岩垂直单元仅有极少量酸枣生长；白色裸露砒砂岩不稳定单元的植被主要为酸枣和沙棘，覆盖度极低；红白相间砒砂岩不稳定单元的阳坡植被种类较少，主要是沙棘、百里香、蒙古蒿和万年蒿，覆盖度较低；阴坡植物种类较丰富，逾 70 种，以沙棘为主。③覆沙砒砂岩坡面的溜沙坡单元主要植被是赖草、芦苇、假苇拂子茅、白草和绳虫实，大部分为丛生；相对稳定单元的植物种较丰富，有 100 多种，以沙棘、万年蒿、碱蒿、阿尔泰狗娃花、柠条锦鸡儿、紫花苜蓿、草木犀、针茅、赖草和披碱草等为主，植被生长茂密，自然恢复良好（杨久俊等，2016）。

沟道单元植被类型：沟道侵蚀主要体现为"V"形沟侵蚀和"U"形沟侵蚀两种类型，不同类型沟道植被存在明显差异。主要表现在：（1）"V"形沟侵蚀单元只有少量赖草、假苇拂子茅和艾蒿，水土流失严重，不能自我恢复；（2）"U"形沟道单元植物种相对丰富，有 30 余种，以赖草为主，植被盖度较高，趋于稳定（杨久俊等，2016）。

近年来，经过人工植被的种植、管理和植被自我恢复更新，砒砂岩区已经在一定程度上改变了原本光秃秃的面貌，形成了斑块状分布的植被格局（杨久俊等，2016）。目前，区域内人工植被主要以乔木、灌木和半灌木为主。乔木主要有杨树、山杏、山桃、油松和樟子松等；灌木主要有沙棘、柠条锦鸡儿、沙柳、乌柳和黄刺玫等。人工林的配置模式有纯林和混交林两种。

1.2 研究砒砂岩区植被时空格局与生态承载力的必要性

植被是联结土壤、大气和水分等要素的自然纽带，在环境和全球变化研究中起着指示器的作用，理解植被格局及其稳定性机理，是保护生物学的基础（Noss，1990）。砒砂岩区处于半干旱区，特殊的环境条件下进化出很多特有植被与物种，其时空格局到底是什么因素控制？维持机理与过程是怎样的？进而，如何将植被参数耦合至土壤侵蚀模型，并综合考虑不同侵蚀营力的影响，从而揭示植被退化与土壤侵蚀的耦合机理，完善模型模拟原理，提高模拟精度，目前尚未见报道。现有生态承载力研究，主要侧重于城市、森林、草原和流域方面，对荒漠区尤其是砒砂岩区研究较少，现有研究主要是评价区域承载力变化，对区域或者流域承载力阈值研究并未开展，对生态承载力的稳定与维持对策研究也较为少见。

以砒砂岩区为对象，研究植被时空格局及其变化规律，植被稳定性格局形成机理，探讨植被格局与土壤侵蚀互馈规律，判识区域生态承载力阈值，对提出砒砂岩生态脆弱区生态治理和恢复策略，保障黄河流域中下游生态安全具有重要意义，同时，研究也可保障国土与生态安全，满足国家生态环境和经济建设等重大战略的需求。研究意义与价值体现在以下几个方面。

1.2.1 科学价值

砒砂岩区的生态系统退化机理，仍是恢复生态学理论研究中一个十分突出的复杂科学问题。通过揭示砒砂岩区生态系统退化过程与机制，将提升生态恢复理论与技术水平，推动脆弱生态区恢复重建在理论与技术上的进步，使我国在退化生态系统恢复研究领域的科技水平居于世界领先地位，具有很大的科学价值。

1.2.2 准确掌握区域植被特性

研究砒砂岩区植被特性，进而提出区域植被稳定性评价指标体系，为评价人工植被的生态效益提供依据。另外，研究揭示砒砂岩区生态系统退化过程与机制，有助于我们理解植物对区域半干旱环境的适应策略，从理论上指导生态恢复及保护工作，据此提出合理的退化生态系统恢复模式，科学有效地控制砒砂岩区植被退化。

1.2.3 科学指导区域生态恢复

研究砒砂岩区的生态承载力，构建生态承载力评价指标体系，评估区域生态承载力，界定生态承载力阈值。当地政府和决策部门可以根据生态承载力的区域差异，因地制宜地科学协调当地经济发展和生态保护治理之间的矛盾，科学选择生态治理措施类型，优化措施配置体系，制定科学的高质量发展战略。

1.2.4 支撑国家生态建设重大需求

通过生态恢复重建等理论创新，为我国脆弱生态系统治理提供理论支持，为构筑我国北方生态安全屏障、保障黄河长治久安、实现我国到 2030 年全面遏制生态系统恶化趋势的既定战略目标做出贡献。

1.3 植被时空格局与生态承载力研究现状

1.3.1 国外研究现状及趋势

植被格局是景观生态学研究的核心问题。国外植被格局定量研究始于 20 世纪 80 年代，到目前取得了许多成果。国外开展了很多从时间尺度分析植被格局及动态变化的研究（Alados et al，2004；Olsen et al，2007），并且探讨了植被格局变化与环境因子和人类干扰之间的关系（Hietel et al，2004），得出了一些重要结论。从现有研究看，学者们广泛关注森林、草地生态系统，对荒漠生态系统研究总体偏少，对砒砂岩区的稀疏植被格局研究更鲜有报道。

在植被格局形成机理方面，不同学者观点不一致。目前，主要的观点包括空间异质性影响、空间自组织的原因，或者兼而有之（Rietkerk et al，2002）。先后有很多学者开展了地形地貌、气候、土壤、水分以及植物本身适应性等因素影响植被分布格局的研究（Rietkerk et al，2002；Wesche，2005；Ryabov，2011）。砒砂岩区植被时空格局与环境异质性、植物特殊的生长与繁殖适应性等因素有关。然而，砒砂岩区植被时空格局到底是什么因素控制的？维持机理与过程是怎样的？这些问题需要解决。

植被格局与侵蚀的形成过程及其耦合作用机制是目前研究的难点，也是前沿性问题之一。土壤侵蚀模型是评估水土流失及地表植被水沙效应的有效工具，是国内外学者关注的焦点。其发展先后经历了经验统计模型、具有侵蚀机理的概念模型阶段以及与 GIS 和 RS 技术手段相结合的各类土壤侵蚀模型三个阶段。目前植被与土壤侵蚀的关系研究常采用遥感监测、GIS 集成和模型模拟等手段，多从流域/区域尺度研究一定气候条件控制的植被覆盖及其格局的土壤侵蚀效应，是流域/区域等大尺度生态安全格局设计的有力支持。相应尺度上的分布式模型有 AGNPS、ANSWERS、EUROSEM、SVAT、TOPMODEL、SWAT、SWAP 和 SEDEM 等。这些模型在一定程度上考虑了降雨、土壤、植被及人类活动等单一因素的影响，但不同作用对流域侵蚀产沙的耦合影响则研究较为薄弱，特别地，尚缺少考虑多种侵蚀营力下的植被与土壤侵蚀关系的分布式机理模型。

在生态承载力研究方面，早在 1921 年，Park 等就提出了生态承载力的定义（王建华等，2017），20 世纪 70 年代，随着社会的发展，人口与资源环境之间矛盾日益突出，各种承载力在不同领域应运而生并被广泛应用。如 Brush（1975）研究了不同轮作方式下的土地承载力，Lieth 等（1985）用最小二乘法建立了植被净第一性生产力模型等。这一阶段承载力研究侧重于单一要素，是应用探索阶段。90 年代初，加拿大生态经济学家 William 等提出"生态足迹"概念，使承载力研究不再限制于单一要素而是转向整个生态系统。随着生态系统概念日趋完善，国外对于生态承载力的研究有了很大的转变，评价与测算方法逐渐从定性转为定量，由静态转到动态，由单一因素转到多因素甚至整体生态系统，生态承载力的定义日益丰富。一些学者在自然生态系统对火灾、放牧、捕猎、砍伐等小尺度干扰的反应，生物多样性变化对生态系统稳定性的影响，生态替代状态之间的转换及其触发因素，生境破碎化和物种灭绝之间的定量关系等研究领域开展了一系列细致而具体的工作（刘庄，2004），进一步丰富和加深了生态承载力研究的内容和深度。

1.3.2 国内研究现状及趋势

国内也有很多学者研究了植被格局，且取得了一些不错的结果。如方精云团队（2004）对中国山地植被多样性格局进行了系统分析；黄尤优等（2010）以四川小相岭山系为研究区，利用近 30 年的 3 期遥感影像对植被景观变化做了分析。类似的研究还有很多，为人类合理开发和利用自然资源提供了一定的科学依据。

在植被格局形成机理方面，目前国内较多的研究对象主要是草地生态系统（郭建英等，2011；杨瑞红等，2015）和森林生态系统（张云飞等，1997）。对于砒砂岩区植被格局，仅有胡建忠对人工沙棘林采用了景观生态学理论及方法，从个体、斑块、景观三个层次，描述了生态系统格局（胡建忠，2011）。

国内不少学者研究了水力、风力、冻融和重力等单一营力条件下的土壤侵蚀问题，并构建了相应的分布式模型（金鑫等，2008），亦有学者基于非线性植被侵蚀动力学模型揭示了人类干扰下植被与土壤侵蚀的发展趋势（王兆印等，2005）。然而，关于植被的流域水沙效应问题，多关注植被盖度这一参数（张光辉等，1996），且多采用经验性的回归分析，关于考虑不同侵蚀营力及不同植被时空格局影响下的流域水沙空间异质特征的研究较少，对于具有物理意义的机理性模型研究仍十分薄弱。

在生态承载力方面，我国研究相对较晚，20世纪90年代初，杨贤智（1990）开始提出生态环境承载力概念，随后，不同学者根据自己的理解，从不同角度提出了生态承载力概念并开展了一些研究。如高吉喜（2001）将生态承载力定义为生态系统的自我维持、自我协调的能力，是指资源和环境子系统的承载力和社会经济可持续发展强度。程国栋（2002）以水资源承载力为研究对象，认为承载力是指生态系统所提供的资源和环境支持人类社会系统良性发展的一种能力。杨志峰等（2005）提出了基于生态系统健康的生态承载力概念，给出了基于生态系统健康的生态承载力评价指标和标准。陈乐天（2009）建立了崇明岛区生态承载力综合评价指标体系，采用层次分析法确定各指标的权重大小，应用状态空间模型评价了区域生态承载力等。

1.3.3　国内外研究存在的问题

现有植被时空格局研究，多是借助植被指数来表达。由于砒砂岩区植被普遍稀疏（尤其是裸露区），现有植被指数很难对区域植被信息进行准确提取，必须借助新的手段与方法。在植被格局形成机理方面，很多学者开展了地形地貌、气候、土壤、水分以及植物本身适应性等因素影响植被时空分布格局的研究。在砒砂岩区环境条件下，其植被时空格局由什么因素控制，植被稳定性维持机理是什么？植被退化与土壤侵蚀关系问题尚不清楚。现有承载力研究主要侧重在城市、森林、草原和流域等方面，对荒漠区尤其是砒砂岩分布区研究较少，对承载力阈值的研究更鲜有报道。

为此，本书介绍砒砂岩区植被时空格局与生态承载力研究结果，对于理解砒砂岩区植被格局形成机理与退化机制，掌握区域生态承载力维持提升对策具有重要作用，本书的结果将为砒砂岩生态脆弱区生态治理和恢复提供科学依据。

参考文献

Alados C, Elaich A, Papanastasis V, et al, 2004. Change in plant spatial patterns and diversity along the successional gradient of Mediterranean grazing ecosystems [J]. Ecological Modelling, 180(4): 523-535.

Brush S, 1975. The concept of carrying capacity for systems of shifting cultivation [J]. American Anthropologist, 77(4): 799-811.

Hietel E, Waldhardt R, Annette O, et al, 2004. Analysing land-cover changes in relation to environmental variables in Hesse, Germany [J]. Landscape Ecology, 19(5): 473-489.

Lieth H, Whittaker R H, 1985. 生物圈的第一性生产力[M]. 王业蓬, 等译. 北京: 科学出版社.

Noss R F, 1990. Indicators for monitoring biodiversity: A hierarchical approach [J]. Conservation Biology, 4(4): 355-364.

Olsen L, Dale V, Foster T, 2007. Landscape patterns as indicators of ecological change at Fort-Benning, Georgia, USA [J]. Studying Landscape Change: Indicators, Assessment and Application, 79(2): 137-149.

Rietkerk M, De Koppel J, 2008. Regular pattern formation in real ecosytems [J]. Trends in Ecology & Evolution, 23(3): 169-175.

Ryabov A B, Blasius B, 2011. A graphical theory of competition on spatial resource gradients [J]. Ecology Letters, 14: 220-228.

Wesche K, Wehrden H, 2011. Surveying Southern Mongolia: application of multivariate classification methods in drylands with low diversity and long floristic gradients [J]. Applied Vegetation Science, 14: 561-570.

陈乐天, 2009. 上海市崇明岛区生态承载力的空间分异[J]. 生态学杂志, 28(4): 734-739.

程国栋, 2002. 承载力概念的演变及西北水资源承载力的应用框架[J]. 冰川冻土, 24(4): 361-367.

邓起东, 程绍来, 闵伟, 等, 1999. 鄂尔多斯高原块体新生代构造活动和动力学的讨论[J]. 地质力学学报, 5(3): 13-21.

方精云, 2004. 探索中国山地植物多样性的分布规律[J]. 生物多样性, 12(1): 1-4.

高吉喜, 2011. 可持续发展理论探索——生态承载力理论方法与应用[M]. 北京: 中国环境科学出版社.

郭建英，何京丽，殷丽强，等，2011. 砒砂岩地区人工沙棘群落结构及多样性分析[J]. 国际沙棘研究与开发，9(1)：24-29+33.

胡建忠，2011. 砒砂岩区种植沙棘后不同时期的景观要素组成结构[J]. 国际沙棘研究与开发，9(2)：11-14.

黄尤优，刘守江，王琼，等，2010. 近30年四川小相岭山系植被景观变化分析[J]. 草业学报，19(4)：1-9.

金鑫，郝振纯，张金良，等，2008. 考虑重力侵蚀影响的分布式土壤侵蚀模型[J]. 水科学进展，19(2)：257-263.

刘庄，2004. 祁连山自然保护区生态承载力评价研究[D]. 南京：南京师范大学.

王建华，姜大川，肖伟华，等，2017. 水资源承载力理论基础探析：定义内涵与科学问题[J]. 水利学报，48(12)：1399-1409.

王愿昌，吴永红，寇权，等，2007. 砒砂岩分布范围界定与类型区划分[J]. 中国水土保持科学，5(1)：14-18.

王兆印，郭彦彪，李昌志，等，2005. 植被-侵蚀状态图在典型流域的应用[J]. 地球科学进展，20(2)：149-157.

杨久俊，张磊，肖培青，2016. 黄河中游砒砂岩区植物图鉴[M]. 郑州：黄河水利出版社.

杨瑞红，赵成义，王新军，等，2015. 固沙植物群落稳定性研究[J]. 中南林业科技大学学报，35(11)：128-135.

杨贤智，1990. 开发草地资源 发展农区草业[J]. 广东农业科学(1)：44-46+43.

杨志峰，2005. 基于生态系统健康的生态承载力评价[J]. 环境科学学报，25(5)：586-594.

张光辉，梁一民，1996. 模拟降雨条件下人工草地产流产沙过程研究[J]. 土壤侵蚀与水土保持学报，002(003)：56-59.

张云飞，乌云娜，1997. 植物群落物种多样性与结构稳定性之间的相关性分析[J]. 内蒙古大学学报(自然科学版)，28(3)：419-423.

第二章

砒砂岩区宏观尺度植被时空格局

2.1 植被格局参数表达方法

植被作为连接土壤、大气和水分的自然"纽带",在全球气候变化研究中承担着"指示器"的作用(孙红雨等,1998),它不仅影响着能量平衡、气候、水文和生化循环,同时又受到这些因素的制约,是监测气候和人文因素对环境影响的敏感指标。因此,植被格局变化是生态环境变化的直接结果,在很大程度上代表了生态环境总体状况(信忠保等,2007)。

近几十年来,遥感技术的发展极大地推动了各尺度上植被时空格局变化的研究,利用遥感数据,通过选取各类参数进行植被时空格局变化的研究日益增多。植被指数(Vegetation Index,VI)是依据植被的反射光谱特性,利用单波段或多波段(多为红外波段和可见光红色波段)的反射率经过各种计算得到的。多波段组合的植被指数比单波段组合的植被指数更能反映植被生产力。诸多学者充分考量植被、大气、土壤等各种因素,近几十年来已构建了几十种植被指数。其中,归一化植被指数(Normalized Difference Vegetation Index,NDVI)最常用,也常作为区域尺度上植被研究的首选。此外,国内外学者又提出多种植被指数,如土壤调节植被指数(SAVI)、修正的土壤调节植被指数(MSAVI)、垂直植被指数(PVI)、大气抵抗植被指数(ARVI)、增强型植被指数(EVI)、全球环境监测指数(GEMI)等。针对干旱区植被格局研究的难点,诸多学者对各类植被指数进行干旱区植被格局研究的能力进行了评价。高志海等(2006)认为,在干旱区,以 Landsat TM 数据作为数据源,NDVI 探测低覆盖度植被的能力最强,GEMI 次之。刘桂林等(2013)研究则表明,GEMI 指数探测塔里木河下游断流区荒漠植被恢复弱信息性能最好,是研究区最佳的植被指数。郭玉川等(2011)研究表明,基于 MODIS 数据构建的 NDVI、MSAVI、SAVI 和 EVI 相比,NDVI 在反演塔里木河下游植被覆盖度的研究中为最优植被指数。与植被指数法相比,光谱混合分析法在干旱区植被覆盖度提取的潜力较大(马娜等,2012;徐娜等,2012)。崔耀平等(2010)认为,与 NDVI 相比,线性光谱混合分解(Linear Spectral Mixture Model,LSMM)在干旱荒漠区植被覆盖度提取中更占优势。

除此之外,植被覆盖度、地上生物量、NPP 等也是表征植被时空格局变化的有效参数。植被覆盖度是指植被整体垂直投影面积占该区域总体地表面积的比例,它不但能够体现出植被长势,还能够表征生态环境变化,更是干旱区、半干旱区植被遥感监测的关键指标(马克平等,1998;内蒙古自治区环保局,2002)。陈巧等(2005)在基于 Quick Bird 遥感数据的基础上,使用了 3 种方法来估算植被覆盖度,经过比较 3 种计算结果表明 NDVI 像元二分法和综合法的精度较高。刘乾(2009)以植被调查数据和 CBERS 为信息源,分别使用回归模型法、植被指数法、像元二分法进行区域内的植被覆盖度估算,以像元二分法的估算结果最好。刘广峰等(2007)基于 Landsat ETM+数据源和像元二分模型,对毛乌素沙地的植被盖度进行了提取,并进行了精度验证。陆地植被通过光合作用将大气中的 CO_2 以碳水化合物形式固定在陆地生态系统中。陆地生态系统碳库存量不仅是生态系统碳循环的主要组成因素之一,也是估算地球支持能力的一个重要指标,因此基于植被生产力或生物量进行植被格局变化的研究也较多。例如,卢筱茜(2017)基于植被生产力格局对西鄂尔多斯自然保护区的植被格局进行了分析。

砒砂岩区所在的鄂尔多斯高原是我国土地荒漠化最严重的地区之一,高原的南北部分别有库布齐沙漠和毛乌素沙地,是我国东部沙尘源地之一,该区也是中国典型的生态脆弱区,是黄河中上游严重水土流失区和西北、华北地区主要沙源地(李晓光等,2014)。砒砂岩区地带性植被可分为草甸草原带、典型草原带、荒漠草原带和草原化荒漠带(牛建明和李博,1992)。砒砂岩区处于蒙古高原的南端,属半干旱气候,植被稀疏(胡君德等,2018),且在覆沙砒砂岩区和裸露砒砂岩区分布有大面积荒漠植被。而由于荒漠植被分布稀疏、叶片退化、叶面积指数较小、植株枝条所占比例大,采用传统方法利用对叶绿素敏感波段进行植被覆盖度信息提取遇到很大困难,本研究利用高光谱数据和实测地表植被覆盖度数据,通过构建植被指数模型,探究稀疏植被格局信息提取方法;同时,基于多源、多尺度遥感数据和空间分析、相关分析等方法,对砒砂岩区的土地覆被/土地利用时空分异格局、植被生长状况时空分异格局及驱动力进行分析;最后,通过文献资料综合法对该区全新世以来的植被演化特征进行浅析。

2.2 稀疏植被信息提取方法研究

根据砒砂岩区植被的特点,在研究区选取 3 种典型荒漠植物(柽柳、黑沙蒿、红砂)作为研究对象,通过获取各种植物冠层的光谱反射率及植被覆盖度信息来研究稀疏植被信息提取方法。获取的主要数据有：地物光谱反射率数据、植株冠层结构参数数据、样方植被盖度数据、无人机航拍样方盖度数据及研究区的 Landsat 8 遥感影像数据。开展的研究有荒漠植物冠层光谱特征研究及基于实测冠层光谱数据进行植被覆盖度的提取。

2.2.1 研究方法

（1）高光谱曲线特征吸收峰提取

微分法被广泛用于光谱曲线特征提取研究，它不但能凸显光谱曲线的细微变化，并迅速确定细微变化的波长位置，还能部分消除地面背景、光照等环境因素的影响，利于提取光谱吸收峰参数（童庆禧等，2006）。在植被分布稀疏、地表混合光谱成分较多的荒漠区，微分法能够有效地消除背景噪声，并提取光谱特征（丁建丽等，2008）。相比一阶导数，二阶导数光谱可以进一步放大光谱曲线更多有效特征，并进一步消除环境因素对光谱的干扰（张飞等，2012；李喆等，2016）。为了便于各植被类型间光谱曲线进行特征参数的比较，研究利用包络线去除法突出光谱曲线的吸收、反射和发射特征，并反射波谱归一化 0-1.0 的实数域中，使得各数据在同一基准线上对比吸收特征。具体步骤如下：

① 原始光谱曲线一阶与二阶微分计算。

原始光谱曲线的一阶与二阶微分计算方法如式（2-1）、式（2-2）所示：

$$\rho'(\lambda_i) = [\rho(\lambda_{i+1}) - \rho(\lambda_{i-1})]/(2\Delta\lambda) \tag{2-1}$$

$$\rho''(\lambda_i) = [\rho'(\lambda_{i+1}) - \rho'(\lambda_{i-1})]/(2\Delta\lambda) = [\rho(\lambda_{i+1}) - 2\rho(\lambda_i) + \rho(\lambda_{i-1})]/(\Delta\lambda^2) \tag{2-2}$$

式中：λ_i 为每个波段的波长；$\rho'(\lambda_i)$ 和 $\rho''(\lambda_i)$ 分别为波长 λ_i 的一阶和二阶微分光谱；$\Delta\lambda$ 为 λ_{i-1} 到 λ_i 的间隔，$\Delta\lambda$ 视波长而定。

② 包络线除去法。

利用外壳系数法去包络化，具体步骤如下：

$$K = (R_e - R_s)/(\lambda_e - \lambda_s) \tag{2-3}$$

$$\rho = R_{ci}/R_i = 1/[R_s + K \times (\lambda_i - \lambda_s)] \tag{2-4}$$

式中：λ_{ci} 为第 i 波段的包络线去除值；R_i 为第 i 波段的原始光谱反射率；R_e 和 R_s 分别为原始光谱反射率曲线中吸收峰起始点和结束点反射率；λ_e 和 λ_s 分别为相应的吸收峰起始点和结束点的波长；K 为吸收峰起始点和结束点波段间的斜率；ρ_i 为第 i 波段去包络线后的计算值。

吸收峰判别规则是：峰值点一阶微分数为 0，且二阶微分数值大于 0，其左右肩为峰值点左右临近的一阶微分为 0 的点，共同组成一个吸收峰。在 350~3500nm 之间，利用此判别规则提取全部吸收峰。

（2）光谱吸收特征参量化法

光谱吸收特征参数（SAFP）是未来高光谱信息处理研究的主要方向（王晋年等，1996）。光谱吸收特征可以用吸收波长位置（P）、反射值（R）、吸收峰宽度（AW）、吸收峰深度（AD）、斜率（K）、对称度（S）等参数表示。光谱吸收系数（SAI）可从本质上表达地物光谱吸收系数的变化特征，较全面地反映地物光谱曲线的识别特征，更能够消除非研究地物的影响（王晋年等，1996）。地物光谱反射率曲线的吸收峰由光谱吸收峰点（M）与两个肩部（S_1、S_2）组成（图2-1）。S_1与S_2的连线为非吸收基线，设M处的波长和反射率分别为λ_m、ρ_m；S_1和S_2对应的波长和反射率分别为λ_1、λ_2和ρ_1、ρ_2。各光谱吸收特征参量（王晋年等，1996；Kokaly and Clark，1999）表达如下：

① 吸收峰深度（AD），吸收峰点M与非吸收基线的垂直距离。

② 吸收峰宽度（$AW = \lambda_1 - \lambda_2$），表征吸收峰吸收特征变化所覆盖波段范围的大小。

③ 吸收峰对称度 [$AA = (\lambda_m - \lambda_2)/(\lambda_1 - \lambda_2)$]，表征吸收峰吸收特征变化的均衡程度。

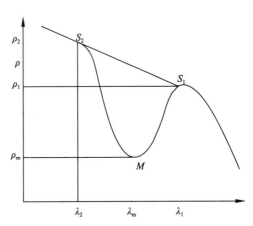

图2-1 吸收峰结构图

④ 光谱吸收指数 $\{SAI = [AA \times \rho_1 + (1-AA) \times \rho_2]/\rho_m\}$，为非吸收基线在谱带的波长位置处的反射强度与谱带谷底的反射强度之比。

（3）三波段最大梯度差模型

三波段最大梯度差法采用近红、红、绿3个波段梯度差与全覆盖植被在这3个波段的梯度差之比来获取植被覆盖度，该模型假设在绿、红、近红外波段图像上，植被土壤面积不随波段变化而变化，并假定在所选定波段上，土壤光谱随波长呈线性变化，在应用时，只需要知道植被全覆盖时的光谱即可以确定植被盖度。古丽·加帕尔根据稀疏植被的分布特点对其加以改进，以1650nm或2220nm代替绿波段，对原三波段梯度差法方程进行调整，使得植被的d值为正，裸土的d值为负，从而增大植被-非植被区梯度差的差异（唐世浩等，2003；古丽·加帕尔等，2009）。梯度差法方程按下式调整：

$$A = \frac{d}{d_{\max}}, \quad d = \frac{R_{ir}-R_r}{\lambda_{ir}-\lambda_r} - \frac{R_r-R_g}{\lambda_r-\lambda_g} \tag{2-5}$$

$$A = \frac{d}{d_{\max}}, \quad d = \frac{R_{ir}-R_r}{\lambda_{ir}-\lambda_r} - \frac{R_r-R_{swir}}{\lambda_r-\lambda_{swir}} \tag{2-6}$$

式中：A为植被覆盖度；d为像元梯度差；$d_{\max}$为像元最大梯度差；R_{ir}、R_r、R_g分别为近红、红、绿波段反射率(%);λ_{ir}、λ_r、λ_g为近红、红、绿波段波长(nm)。

2.2.2 荒漠植物冠层光谱特征研究

(1) 荒漠植物冠层光谱的一般特征

3种荒漠植物的冠层光谱曲线趋势大致相同,并具有明显的健康植物冠层光谱曲线规律。虽然3种荒漠植物的冠层光谱曲线具有所有绿色植被共有的一般性规律,但由于不同植被的组织结构、色素含量及含水量等因素的不同,不同植物冠层的反射率大小又各不相同。经过分析,研究确定了几种典型荒漠植物的4个光谱吸收特征的波长中心位置和5个反射峰光谱特征的中心波长位置。结果表明,3种典型荒漠植物的吸收和反射特征中心波长位置较为相似。在第二个反射峰位置差异较大,柽柳的反射峰中心波长为807nm和806nm;黑沙蒿的反射峰波长为919nm和921nm;红砂的反射峰波长为886nm、889nm和886nm(图2-2)。

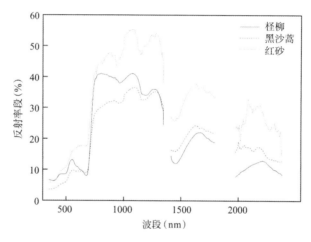

图2-2 3种荒漠植物的冠层光谱反射率

(2) 几种植物光谱吸收特征参数提取

利用光谱吸收特征参数(SAFP)来研究各植物冠层光谱的特征,选取的光谱吸收特征参数主要有:吸收波长位置(P)、反射值(R)、吸收峰宽度(AW)、吸收峰深度(AD)、斜率(K)、对称度(S)(王晋年等,1996),这些光谱特征参数是进行地物识别和分类的重要依据,期望通过这些参数从本质上表达各植被类型光谱吸收系数的变化特征,从而全面反映地物光谱曲线的识别特征,同时消除背景地物的影响(王晋年等,1996)。

结果表明,所选取的几种典型荒漠植物的波谷波长位置接近,其吸收波段特征具有一定的相似性(表2-1)。具体来看,在670nm附近的吸收谷,柽柳和红砂的波谷宽度明显小于黑沙蒿;但柽柳的波谷对称度明显大于其他两种。在960nm和1450nm附近的吸收谷,柽柳的波谷宽度仍明显大于其他植被类型,对称度在960nm附近明显大于其他植被类型,但在 1450nm 附近的吸收谷和其他植被类型无明显差异。这说明，3 种植被中，黑沙蒿和红砂的冠层光谱曲线吸收特征更相近。

表 2-1　3 种荒漠植物在各吸收谷附近的光谱曲线特征及吸收特征参数

植物类型	波谷波长位置	波谷点反射值	波谷宽度(nm)	波谷深度	波谷斜率	AA 波谷对称度	波谷 SAI
柽柳	675nm	0.064	272	0.111	-1.050	0.449	3.869
黑沙蒿	671nm	0.072	362	0.109	-0.641	0.309	2.131
红砂	668nm	0.162	247	0.029	-1.249	0.117	1.248
植物类型	波谷波长位置	波谷点反射值	波谷宽度(nm)	波谷深度	波谷斜率	AA 波谷对称度	波谷 SAI
柽柳	965nm	0.372	250	0.108	-0.006	0.560	1.087
黑沙蒿	960nm	0.304	170	0.039	-0.258	0.229	1.065
红砂	935nm	0.430	194	0.048	-0.404	0.253	1.149
植物类型	波谷波长位置	波谷点反射值	波谷宽度(nm)	波谷深度	波谷斜率	AA 波谷对称度	波谷 SAI
柽柳	1195nm	0.332	203	0.083	0.260	0.591	1.127
黑沙蒿	1158nm	0.315	189	0.064	0.069	0.354	1.121
红砂	1150nm	0.468	205	0.068	0.072	0.341	1.170
植物类型	波谷波长位置	波谷点反射值	波谷宽度(nm)	波谷深度	波谷斜率	AA 波谷对称度	波谷 SAI
柽柳	1455nm	0.105	395	0.162	0.363	0.448	2.746
黑沙蒿	1454nm	0.145	353	0.152	0.321	0.493	1.990
红砂	1438nm	0.244	343	0.140	0.487	0.446	1.903

(3) 典型荒漠植物冠层光谱的二阶导数分析

选择 1350nm 之内(350、370、390……1350nm)的 51 个波段，利用 TM 的光谱响应函数，分析实测光谱曲线与之对应的敏感波段。从所获取的各植被冠层曲线中，选取几株长势良好的植株的冠层光谱作为样本，共选取了 22 条光谱曲线(黑沙蒿、红砂各 8 条；柽柳 6 条)。首先，对这 22 条光谱曲线进行二阶导数运算，对每条光谱的二阶导数计算结果进行排序，选取 5 个正值最大的波段和 5 个负值最小(即绝对值最大)的波段，共 220 个极值。每条光谱二阶导数的 10 个极大值对应的波段均为荒漠植被的潜在最佳波段。其次，对每条光谱二阶导数的 5 个最大值和 5 个最小值按照绝对值从大到小分别排名，然后对所有极值(220 个)按照其出现的波段进行统计，如图 2-3 所示。

根据获取的存在极值的波段对 51 个波段进行区分，大致可分为 6 个谱带。谱带 I：510nm。谱带 II：550nm、570nm。谱带 III：690nm、710nm、730nm、750nm。谱带 IV：930nm、950nm、970nm。谱带 V：1130nm、1150nm、1170nm。谱带 VI：1290nm、1310nm、1330nm、1350nm。出现频率较大的几个谱段有：550nm、570nm、690nm、710nm、730nm、750nm、930nm、950nm、970nm、1130nm、1150nm、1170nm、1330nm、

1350nm。各谱带内出现频率最高的波段被认定为最能够反映植物生态特性的波段,通过筛选,确定了 7 个波段作为识别这 3 类荒漠植被的最佳波段,为 570nm、690nm、750nm、930nm、970nm、1170nm、1350nm,而这几个波段恰好可以对应 TM 光谱响应范围的 TM1、TM2 和 TM3 波段,这为后续中、大尺度上进行稀疏植被识别与参数反演提供了尺度推演的基础。

研究统计了柽柳、黑沙蒿、红砂 3 种植物各自的二阶光谱导数随波长变化的趋势(图 2-3)。结果表明,3 种荒漠植物的二阶光谱导数变化趋势大致相似。利用"峰度"来表征各荒漠植被二阶光谱导数的变化特征。二阶导数光谱曲线的吸收/反射的尖峭程度(用其绝对值的大小来表征)即峰度。二阶导数绝对值越大说明光谱曲线的吸收/反射为尖顶峰度,相反,越小则为平顶峰度。

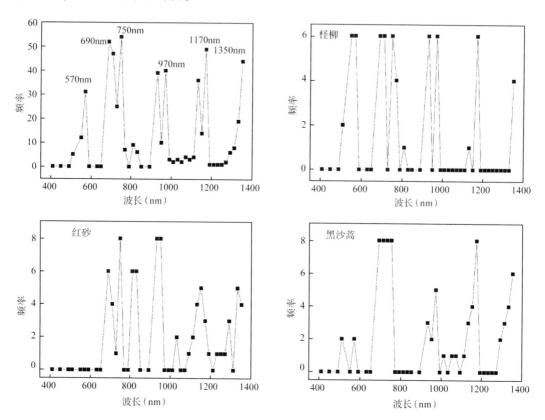

图 2-3 典型荒漠植物冠层反射光谱二阶导数极值出现频率最高排名的频率分布图

510nm 处,柽柳的吸收特征最明显,表现为尖顶峰度;红砂的吸收特征最不明显,表现为平顶峰度。570nm 处,黑沙蒿表现为平顶峰度。690nm 处,红砂吸收特征明显,表现为尖顶峰度;黑沙蒿表现为平顶峰度。710~750nm 近红外波段反射特征(即 TM4)最为明显,710nm、730nm 和 750nm 可以选入识别这几种荒漠植被的最佳波段。950nm 处,红砂的吸收特征最为明显。在1160nm和1350nm处，红砂的反射特征非常明显，表现为尖顶峰度；黑沙蒿和柽柳表现为平顶峰度。

对各荒漠植物冠层光谱的二阶导数极值出现频率最高的波段进行统计表明（图2-4），虽然510nm、550nm、770nm、810nm、830nm、1290nm、1310nm、1330nm波段在荒漠植物最佳波段统计中并不占优势，但是对个别植被却是非常重要的波段。此外，3种荒漠植物在690nm和750nm处，出现频率均达到了最大值，在730nm处，黑沙蒿的频率达到了最大值；在1170nm处，柽柳和黑沙蒿的频率达到了最大值（红砂除外）；在930nm处，红砂的频率达到了最大值；在950nm处，只有红砂的植被频率达到了最大值。因此，综合考虑最终选出以下几个最佳波段：550nm、570nm、690nm、730nm、750nm、930nm、950nm、1130nm、1170nm、1350nm。

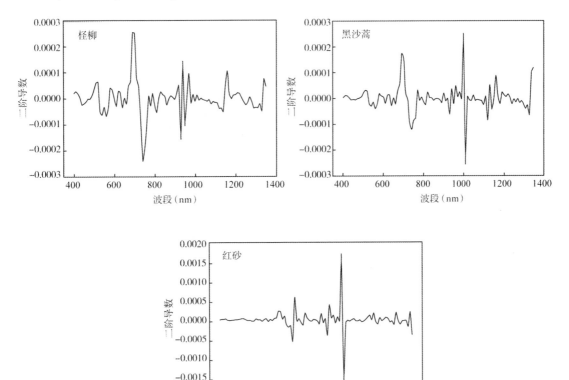

图2-4 典型荒漠植被冠层光谱二阶导数图

2.2.3 基于实测光谱数据的荒漠稀疏植被覆盖度提取

植被覆盖度指植被（包括叶、茎、枝）在地面的垂直投影面积占统计样区总面积的百分比。为此，利用获取的植被冠层光谱与对应的冠层垂直投影面积进行相关性分析，以期探究每种植被类型盖度的敏感性波段,构建最佳植被指数进行稀疏植被覆盖度的遥感提取。

研究基于无人机航拍的每个10m×10m小样方的盖度,利用面向对象的分类方法,提取每个样方的植被盖度。利用获取的植物冠层光谱与对应的冠层垂直投影面积进行相关性分析,以期探究每种植物盖度的敏感性波段,构建最佳植被指数进行稀疏植被覆盖度的遥感提取。经过数据筛选,只对黑沙蒿进行研究。结果表明,黑沙蒿的敏感波段范围集中在550~1350nm和1480~1795nm,其中最佳敏感波段在675nm及1660nm附近(图2-5左)。通过黑沙蒿冠层投影面积与其冠层反射率的相关性分析说明,黑沙蒿的短波红外反射率与植被投影面积有一定的相关性,利用木质素、纤维素信息进行植被提取具有可行性,也可以作为植被类型区分的标志。

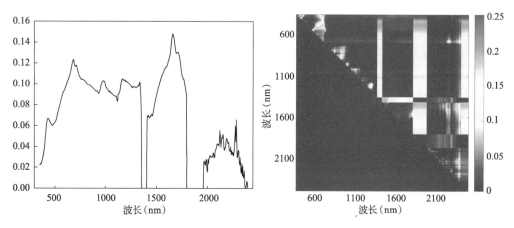

图2-5 黑沙蒿冠层反射率与冠层垂直投影面积的相关性分析(左)及相关系数的矩阵分布图(SR指数)(右)

基于获取的冠层光谱反射率和实测冠层投影面积,在350~2500nm处寻找两者之间相关性最佳时所对应的波段及波段组合,并把所得到的R^2二维矩阵图赋色(图2-5右)。黑沙蒿的敏感性波段集中在460~675nm、1410~1530nm、2090~2205nm。这说明,黑沙蒿冠层垂直投影面积在短波红外波段都有一定程度的敏感性,但这些敏感性波段比较分散,不像在红波段和近红外波段表现得那么明显。

2.2.4 三波段最大梯度差模型在荒漠稀疏植被覆盖度反演中的应用及评价

研究评价了三波段最大梯度差模型在黑沙蒿植被覆盖度反演中的应用。首先,基于线性混合像元模型和实测植被盖度模拟各个样方的像元反射率;其次,将拟合的像元反射率根据Landsat 8的光谱响应函数进行匹配;再次,根据三波段最大梯度差法及利用Landsat 8的两个短波红外波段(1650nm和2220nm)代替绿波段后进行计算,得到各个样方的指数;最后,利用计算的指数和无人机航拍数据得到的植被盖度进行拟合。结果表明,经过改进后的三波段梯度差法能够更精确地估算黑沙蒿的植被盖度,尤其是以2220nm代替绿波段进行改进后,其精度有了大幅度的提高。这说明,利用荒漠稀疏植被枝干比例大、绿色叶片少的特点,将短波红外信息引入植被指数,能够更好地实现植被盖度的遥感信息提取。但是,研究中获取的样方的反射率为模拟反射率,与实际在高空中测量的地面反射率有所差异,因此造成了植被盖度实测数据的重复使用,可能增加了反演的精度。

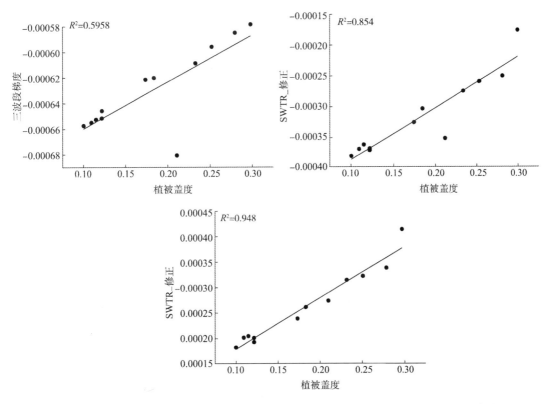

图 2-6 三波段最大梯度差法及修正后三波段最大梯度差法与实测植被盖度之间的拟合关系

根据以上研究结果,选取实验区 2016 年第 183 天的 Landsat 8 遥感影像,基于修正后的三波段最大梯度差法进行植被盖度的反演(图 2-7)。根据修正后的三波段最大梯度差法,首先需要确定纯植被像元,研究通过地面试验确定样区内为全覆盖植被的样点,记录经纬度,并将这些样点与遥感影像上的 *NDVI* 进行对应,结果发现该区域全覆盖植被大于 0.62,因此,只需将 *NDVI* 为 0.62 的地面采样点对应到影像上,然后通过确定该点的行列号,并分别获得 d_{max}。

结果表明,基于修正后的三波段最大梯度差法反演得到的实验区植被覆盖呈现出绿洲区明显高于荒漠区的特点,在荒漠与绿洲的交错地带,分布有大面积的白刺、黑沙蒿等植被,植被长势较好,植被覆盖度也较高,约在 40%。河流两岸的植被生长状况良好,植被覆盖度高。而荒漠区的植被盖度在 40% 以下,个别植被长势较好的区域,植被盖度在 20%~40% 之间。

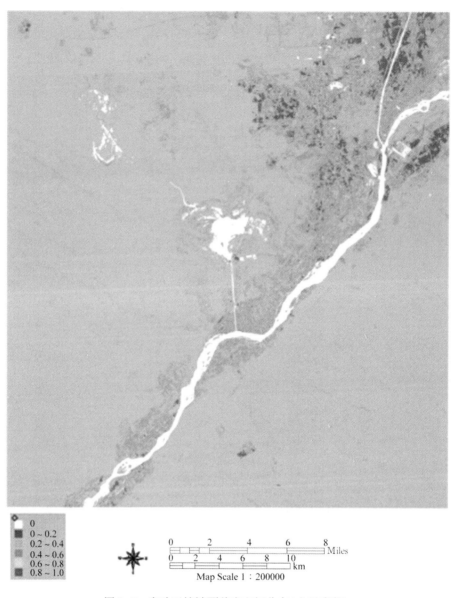

图 2-7 实验区植被覆盖度空间分布(文后彩版)

通过以上研究表明,根据荒漠植被的生长及分布特点,充分利用荒漠灌木植被枝条中木质素和纤维素在短波红外波段的光谱响应特征,构建植被指数,进行荒漠植被信息提取,能够大大提高荒漠植被信息提取的精度。但由于现有遥感数据发展的特点,同一遥感数据无法兼顾光谱分辨率及时空分辨率的要求,因此,此方法适用于光谱分辨率较高的遥感数据进行反演,而此类数据往往空间分辨率较高,无法满足大面积植被监测的需求,因此,进行长时间序列、大尺度植被格局时空变化监测的研究,还需要利用高时间分辨率长时间序列的遥感数据。

2.3 不同类型区植被格局时空变化及驱动机制

2.3.1 砒砂岩区主要植被类型配置

鄂尔多斯高原砒砂岩区位于半干旱区草原向干旱区荒漠草原的过渡带(图 2-8)。地带性植被类型主要包括针茅草原(本氏针茅、克氏针茅、沙生针茅、短花针茅等)、沙地灌丛(沙地柏、油蒿、沙柳等)和半灌木群落(百里香、冷蒿等)。由于气候干旱,乔木种类较少,杨树、旱柳和榆树等落叶阔叶林仅分布在沟谷、河滩和城镇。

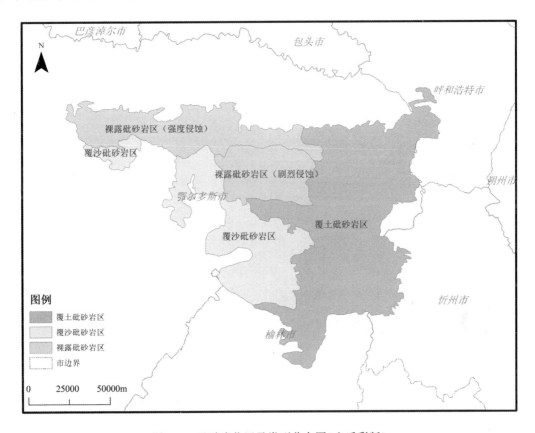

图 2-8 砒砂岩位置及类型分布图(文后彩版)

砒砂岩区主要的植物生活型是耐旱的灌木、半灌木、多年生草本和一年生草本植物。其中:①覆土砒砂岩区以本氏针茅和克氏针茅为建群种,伴生荆条、酸枣、百里香等灌木以及达乌里胡枝子、红花岩黄芪、二裂委陵菜、草原石头花、阿尔泰狗娃花、羽茅等草本植物。②半灌木油蒿和常绿灌木沙地柏在覆沙砒砂岩区分布面积较大并且占优势,群落内伴生中间锦鸡儿、羊柴、花棒、蒙古莸等灌木以及沙鞭、白草、沙生冰草、糙隐子草、苦豆子、砂珍棘豆、蒙古韭、细叶韭、角蒿等草本植物。③裸露砒砂岩区植被稀疏,仅有沙棘、酸枣、蒙古莸、百里香等少量植物可以生长。

近年来，在覆土砒砂岩区开展了大面积的流域综合治理工程。工程所使用的树种主要包括油松、樟子松、云杉、侧柏、沙棘、山杏、山桃、紫丁香、黄刺玫、榆叶梅、珍珠梅等。覆沙砒砂岩区的沙化土地治理使用的树种包括樟子松、籽蒿、花棒、柠条、羊柴、沙柳等。

研究采用野外实地调查与无人机航拍等手段相结合，获取了不同类型砒砂岩区的现有植被空间分布及植被配置情况（图2-9至图2-12）。

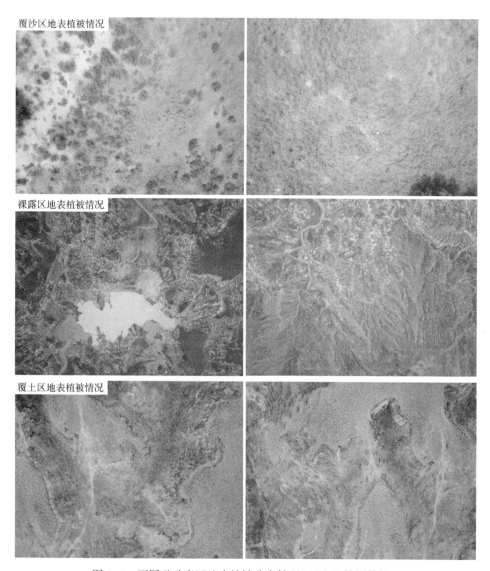

图 2-9　不同砒砂岩区地表植被分布情况（无人机拍摄数据）

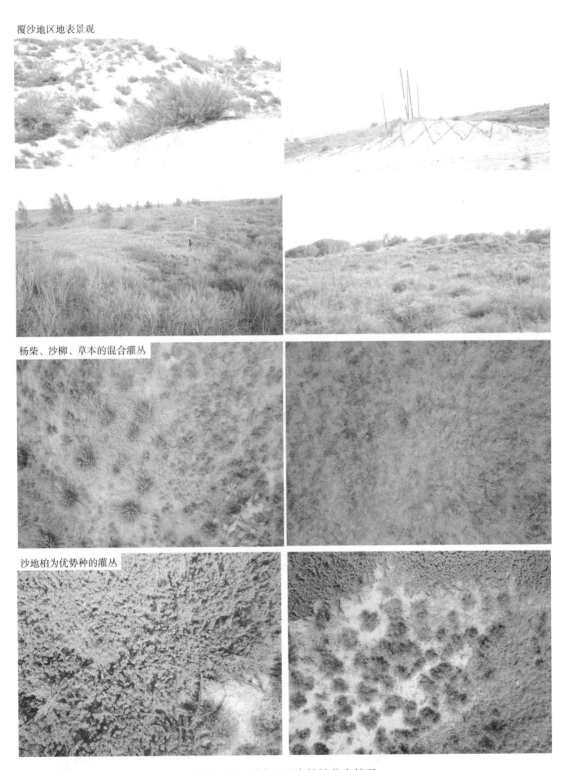

图 2-10 覆沙区地表植被分布情况

图 2-11　覆土区地表植被分布情况

图 2-12　裸露区地表植被分布情况

2.3.2 砒砂岩区土地利用格局变化特征及驱动机制

为较好地理解砒砂岩区地表植被格局变化特征及驱动机制,研究从砒砂岩全区和准格尔旗两个层次上分析该区土地覆被/土地利用类型格局的变化特征及驱动机制。其中,在砒砂岩全区尺度上获取的土地覆被/土地利用数据的空间分辨率为1km,在准格尔旗尺度上获取的数据空间分辨率为30m。

2.3.2.1 砒砂岩全区土地覆被/土地利用格局变化特征及驱动机制

(1) 数据来源

研究获取了砒砂岩区1km分辨率的土地覆被/土地利用数据集,数据来源于中国科学院资源环境科学数据中心(http://www.resdc.cn/)。数据集有1980年、1990年、1995年、2000年、2005年、2010年、2015年及2018年共8个时期,其中20世纪70年代末期土地利用/覆盖数据的重建主要使用Landsat-MSS遥感影像数据,20世纪80年代末期、90年代中期(1995/1996年)、90年代末期(1999/2000年)、2005年、2010年各期数据的遥感解译主要使用了Landsat-TM/ETM遥感影像数据,而2015年土地利用/覆盖数据更新主要使用Landsat 8遥感影像数据。2018年中国土地利用数据是在2015年土地利用遥感监测数据的基础上,基于Landsat 8遥感影像,通过人工目视解译生成。

该数据的分类标准采用三级系统分类,如表2-2所示。一级分为6类,主要根据土地资源及其利用属性,分为耕地、林地、草地、水域、建设用地和未利用土地。二级主要根据土地资源的自然属性,分为25个类型。三级类型8个,主要根据耕地的地貌部位,具体分类如下:耕地分水田和旱地(二级类型),水田根据其所处的地貌位置又分为四个三级类型,分别为山地水田(111)、丘陵水田(112)、平原水田(113)和>25°坡地水田(114);旱地根据其所处的地貌位置又分为四个三级类型,分别为山地旱地(121)、丘陵旱地(122)、平原旱地(123)、>25°坡地旱地(124)。

表2-2 土地覆被/土地利用分类系统

一级类型		二级类型		
编号	名称	编号	名称	含义
1	耕地	-	-	指种植农作物的土地,包括熟耕地、新开荒地、休闲地、轮歇地、草田轮作物地;以种植农作物为主的农果、农桑、农林用地;耕种三年以上的滩地和海涂
-	-	11	水田	指有水源保证和灌溉设施,在一般年景能正常灌溉,用以种植水稻、莲藕等水生农作物的耕地,包括实行水稻和旱地作物轮种的耕地。 111 山地水田、112 丘陵水田、113 平原水田、114>25°坡地水田

(续)

一级类型		二级类型		
		12	旱地	指无灌溉水源及设施，靠天然降水生长作物的耕地；有水源和浇灌设施，在一般年景下能正常灌溉的旱作物耕地；以种菜为主的耕地；正常轮作的休闲地和轮歇地。121 山地旱地、122 丘陵旱地、123 平原旱地、124>25°坡地旱地
2	林地	—	—	指生长乔木、灌木、竹类以及沿海红树林地等林业用地
—	—	21	有林地	指郁闭度>30%的天然林和人工林。包括用材林、经济林、防护林等成片林地
—	—	22	灌木林	指郁闭度>40%、高度在2m以下的矮林地和灌丛林地
—	—	23	疏林地	指林木郁闭度为10%~30%的林地。
—	—	24	其他林地	指未成林造林地、迹地、苗圃及各类园地（果园、桑园、茶园、热作林园等）
3	草地	—	—	指以生长草本植物为主，覆盖度在5%以上的各类草地，包括以牧草为主的灌丛草地和郁闭度在10%以下的疏林草地
—	—	31	高覆盖度草地	指覆盖>50%的天然草地、改良草地和割草地。此类草地一般水分条件较好，草被生长茂密
—	—	32	中覆盖度草地	指覆盖度在20%~50%的天然草地和改良草地，此类草地一般水分不足，草被较稀疏
—	—	33	低覆盖度草地	指覆盖度在5%~20%的天然草地。此类草地水分缺乏，草被稀疏，牧业利用条件差
4	水域	—	—	指天然陆地水域和水利设施用地
—	—	41	河渠	指天然形成或人工开挖的河流及主干常年水位以下的土地。人工渠包括堤岸
—	—	42	湖泊	指天然形成的积水区常年水位以下的土地
—	—	43	水库坑塘	指人工修建的蓄水区常年水位以下的土地
—	—	44	永久性冰川雪地	指常年被冰川和积雪所覆盖的土地
—	—	45	滩涂	指沿海大潮高潮位与低潮位之间的潮浸地带
—	—	46	滩地	指河、湖水域平水期水位与洪水期水位之间的土地
5	城乡、工矿、居民用地	—	—	指城乡居民点及其以外的工矿、交通等用地
—	—	51	城镇用地	指大、中、小城市及县镇以上建成区用地
—	—	52	农村居民点	指独立于城镇以外的农村居民点

(续)

一级类型			二级类型	
-	-	53	其他建设用地	指厂矿、大型工业区、油田、盐场、采石场等用地以及交通道路、机场及特殊用地
6	未利用土地	-	-	目前还未利用的土地，包括难利用的土地
-	-	61	沙地	指地表为沙覆盖，植被覆盖度在5%以下的土地，包括沙漠，不包括水系中的沙漠
-	-	62	戈壁	指地表以碎砾石为主，植被覆盖度在5%以下的土地
-	-	63	盐碱地	指地表盐碱聚集，植被稀少，只能生长强耐盐碱植物的土地
-	-	64	沼泽地	指地势平坦低洼，排水不畅，长期潮湿，季节性积水或常年积水，表层生长湿生植物的土地
-	-	65	裸土地	指地表土质覆盖，植被覆盖度在5%以下的土地
-	-	66	裸岩石质地	指地表为岩石或石砾，其覆盖面积≥5%的土地
-	-	67	其他	指其他未利用土地，包括高寒荒漠、苔原等

（2）砒砂岩全区土地覆被/土地利用格局变化特征及驱动机制

根据获取的土地覆被/土地利用数据集，在ArcGIS中将各类型进行空间展示，得到了不同土地覆被/土地利用类型在各时期的空间分布图（图2-13），利用空间分析功能统计各土地覆被/土地利用类型的面积（表2-3）及面积比例变化情况（图2-14）。结果表明，砒砂岩区土地覆被/土地利用类型以草地为主，研究时段内草地面积均值为10791km^2，约占区域总面积的63.84%；居于第二位的是耕地，研究时段内面积均值为3442.65km^2，约占区域总面积的20.37%；再次是未利用地和林地，研究时段内面积均值分别为1043km^{2}和728.86km^2，分别约占区域总面积的5.97%和4.25%；水域和城乡、工矿、居民用地分别约占区域总面积的2.94%和2.53%。

表2-3 各时期砒砂岩区各土地覆被/土地利用类型面积（km^2）

土地类型	1970s	1980s	1995	2000	2005	2010	2015	2018
耕地	3529	3528	3558	3554	3444	3415	3329	3184
林地	658	658	657	666	812	828	823	782
草地	10896	10854	11027	10936	10852	10852	10518	10393
水域	505	505	515	514	497	498	487	453
城镇工矿	205	208	205	215	245	268	731	1347
未利用地	1106	1146	937	1014	1049	1038	1011	769

从空间分布上看,研究区整个区域内广泛分布草地,草地以中覆盖度草地和低覆盖度草地为主,分别约占草地总面积的55.0%和36.0%,高覆盖度草地仅占草地总面积的9%。耕地以旱地为主,多见于砒砂岩区的东中部、南部和北部区域;集中分布于河流沟谷沿岸和地势较平坦的区域;覆土区耕地分布集中,且面积大,裸露区和覆沙区有零星分布,且耕地面积小。林地在区域东部及东北部有集中分布,在其他区域零星分布,以疏林地和灌木林地为主,这两类占林地总面积的比例约为31.7%和38.4%,有林地约占23.7%,其他林地仅占6.2%。水域面积以滩地和河渠为主,分别约占水域总面积的68.5%和28.5%。砒砂岩区城乡、工矿、居民用地中以工矿用地占比最多,约为45.3%,农村居民地和城镇用地约占14.8%。本区分布有丰富的煤炭资源,煤矿的大面积开采使该区的工矿用地面积占比较大。未利用土地以沙地为主,主要分布于覆沙区和裸露区,在覆土区有小面积分布,约占本区未利用土地总面积的88.4%。

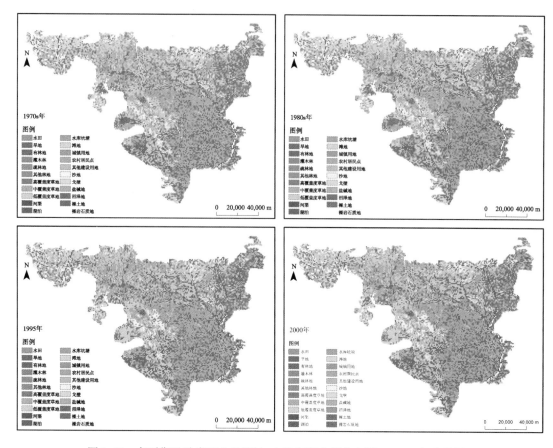

图2-13 各时期砒砂岩区土地覆被/土地利用空间分布图(1km)(文后彩版)

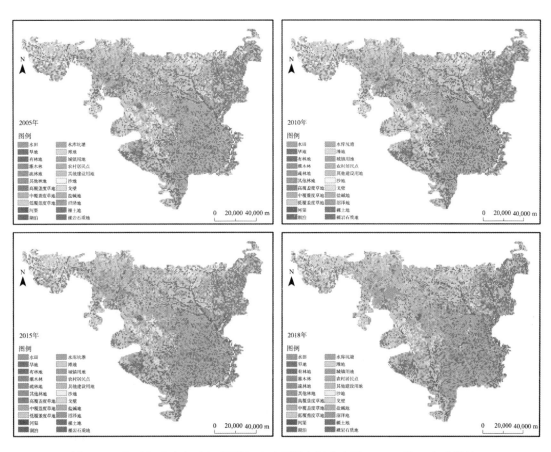

图 2-13　各时期砒砂岩区土地覆被/土地利用空间分布图(1km)(续)(文后彩版)

研究区各土地覆被/土地利用类型面积比例的变化情况(图 2-14),结果表明,除林地和城乡、工矿、居民用地外,该区耕地、草地、未利用地面积均呈小幅减小趋势。较 20 世纪 70 年代末,2018 年耕地、草地、水域、未利用地减小面积分别为 345km²、503km²、52km²、337 km²,减小幅度分别为 9.78%、4.62%、10.30% 和 20.47%;林地和城乡、工矿、居民用地增加面积分别为 124km² 和 1124km²,增加幅度分别为 18.85% 和 557.07%。城乡、工矿、居民地增幅最明显,其中以工矿用地增加最多,由 20 世纪 70 年代末的 16km²,增加到了 2018 年的 930km²;其次,城镇用地增幅也较大,由 20 世纪 70 年代末的 26km²,增加到了 2018 年的 232km²。工矿用地的增加是大量煤矿开采的结果,而城镇用地的增加则是当地经济发展带来的城市扩张的结果,城镇用地增加区域集中于鄂尔多斯市区和准格尔旗。自 20 世纪 90 年代,中国实施西部大开发以来,砒砂岩区社会经济得到了较大的发展,人口数量增加带来了耕地面积增加,而且本区含有丰富的煤炭等资源,对资源的开采使得工矿用地面积急剧增加。林地面积的增加是自 20 世纪 70 年代实施的三北防护林工程等一系列生态工程带来的结果。

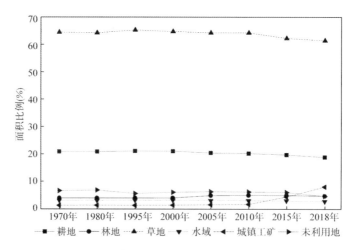

图 2-14 砒砂岩区各土地覆被/土地利用类型面积比例变化图

20世纪70年代末至2018年各土地覆被/土地利用类型面积的转移矩阵如表2-4所示。结果表明，城乡、工矿、居民地面积的增加主要是由草地、耕地、未利用土地和林地等几类转移而来，其中草地和耕地转移面积最多，分别为808km²和310km²，这说明，该区城镇的发展和煤矿的开采，以占用草地、耕地、未利用土地和林地为主，占用的草地面积最多，耕地面积次之，这是造成研究时段内草地面积减小的主要原因。

虽然生态工程的实施一定程度上保护了林地和草地，但由于该区地下有丰富的煤炭资源，且多分布在草地区域，煤矿的开采使得该区草地破坏较大，面积减小。即使煤矿开采完后采用回填及补种草种等措施，但草地面积仍出现小幅减小趋势。林地面积的增加得益于退耕还林还草及三北防护林等生态工程，使得区内部分耕地转化为林地、草地等。同时，约有576km²的未利用土地转化为草地，说明该区未利用地植被恢复状况较好，这得益于区内实施的飞播，使得区内植被覆盖度得到了大力的恢复。

表 2-4 1970s—2018年土地覆被/土地利用类型转移矩阵(km²)

1970s \ 2018年	耕地	林地	草地	水域	城乡、工矿、居民用地	未利用土地	总计
耕地	1309	112	1639	98	310	53	3521
林地	73	227	268	15	62	13	658
草地	1588	368	7632	135	808	352	10883
水域	90	21	178	173	28	13	503
城乡、工矿、居民用地	34	14	74	8	71	4	205
未利用土地	72	40	576	16	66	333	1103
总计	3166	782	10367	445	1345	768	

2.3.2.2 准格尔旗土地覆被/土地利用格局变化及驱动机制

(1) 数据来源及方法介绍

研究获取了准格尔旗 1980 年、1995 年、2000 年 Landsat TM 遥感影像及 2017 年 Landsat 8 遥感影像（轨道号 p126r032、p126r033、p127r032、p127033、p128r032、p128r033）。首先对获取的遥感影像进行辐射校正和几何校正，然后再进行镶嵌，利用砒砂岩区边界数据进行统一裁切，获得了 1980 年、1995 年、2000 年和 2017 年四期遥感影像。基于监督分类法，对准格尔旗的土地覆被/土地利用进行分类，结合 Google Earth 高精度遥感影像进行校正，基于野外实验获取的土地覆被/土地利用验证点进行精度验证，获取了 1980 年、1995 年、2000 年及 2017 年四个时期的土地覆被/土地利用分布情况（图 2-15），同时统计了各土地利用类型的面积及其比例变化（图 2-16、表 2-5），其分类标准同表 2-2。

(2) 准格尔旗土地覆被/土地利用格局变化及驱动机制

准格尔旗地区土地覆被/土地利用结构和砒砂岩全区呈现相同特征，以草地为主，主要分布在区域的中部和南部，北部有较大面积的沙地分布，区内分布有几条河流，城镇集中分布在区域的东部。区内最大的城镇即为准格尔旗旗政府所在地，其次沙圪堵镇也是本区面积较大的城镇。在本区的东部及东南部，分布有面积较大的几个煤矿。区内有几条主要的河流，黄埔川流域是本区主要的流域。在准格尔旗北部分布有较大面积的沙地。

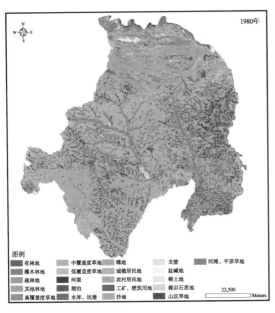 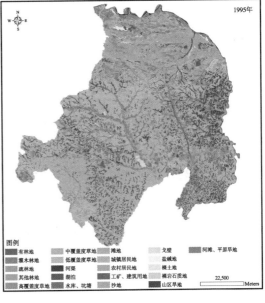

图 2-15 准格尔旗土地利用及土地覆被时空演变图（文后彩版）

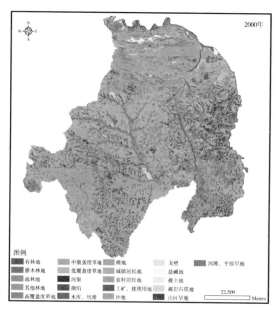 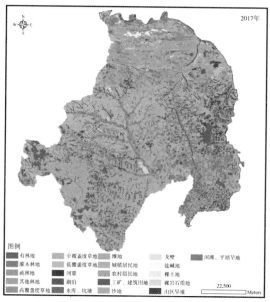

图 2-15　准格尔旗土地利用及土地覆被时空演变图（续）（文后彩版）

研究时段内，草地总面积占该区面积的 60% 左右，约为 4525.13km²。其中，中覆盖度草地面积最大，约占草地总面积的 52.71%；其次为低覆盖度草地，其面积约占草地总面积的 31.03%；高覆盖草地面积最小，其面积约占草地总面积的 14.67%。农田的面积位居第二，约为 1392.00km²，占全区总面积的 18% 左右。农田以旱地为主，主要分布在地势较平坦的山区、河滩及平原。其中，山区旱地面积较大，占农田总面积的 66% 左右，占准格尔旗总面积的 12% 左右。河滩及平原旱地占准格尔旗总面积的 6% 左右。林地面积（有林地、灌木林地、疏林地和其他林地）面积约为 474.67km²，占准格尔旗总面积的 6%，其中，林地以疏林地为主，约占林地总面积的 46%；灌木林地约占林地总面积的 30%；有林地约占林地总面积的 23%。区内水域（河渠、湖泊、水库、坑塘及滩地）面积约占全区总面积的 2.3%。区内城乡、工矿、居民地总面积约占准格尔旗总面积的 3.19%，其中以农村居民地为主，研究时段内占该类地类总面积的约 81.92%。未利用土地（沙地、戈壁、裸土地、沼泽及裸岩石质地）面积约为 857.66km²，占全区总面积的 11% 左右，且以沙地为主，占未利用土地总面积的 91.45%。

表 2-5　准格尔旗地区土地利用类型面积表（km²）

年份 土地利用类型	1980 年	1995 年	2000 年	2017 年
山区旱地	909.44	936.11	904.52	892.39
河滩及平原旱地	478.37	477.35	467.23	453.55

(续)

年份 土地利用类型	1980年	1995年	2000年	2017年
水田	2.94	0	0	0
有林地	108.91	105.24	112.13	102.6
灌木林地	144.8	143.76	144.35	132.33
疏林地	218.06	219.01	217.91	197.98
其他林地	3.28	3.28	3.28	2.57
高覆盖度草地	684.89	680.34	663.74	627.08
中覆盖度草地	2432.68	2412.03	2430.19	2266.74
低覆盖度草地	1457.98	1378.96	1434.56	1345.07
河渠	33.67	48.02	52.23	53.9
湖泊	25.99	28.51	18.67	17.26
水库、坑塘	0.9	0.92	0.9	3.32
滩地	101.32	98.9	100.87	104.39
城镇居民地	3.03	3.03	6.95	19.39
农村居民地	127.32	130.47	128.13	294.5
工矿交通用地	6.26	10.21	8.17	228.79
沙地	736.96	833.36	784.01	744.01
戈壁	14.47	14.47	14.47	14.47
盐碱地	38.19	13.87	43	35.8
裸土地	9.68	7.54	8.63	7.79
沼泽	5.3	0	0	0
裸岩石质地	16.48	15.56	16.98	16.98

从时间变化上来看，在研究时段内，除水域和未利用地外，其他土地覆被/土地利用类型面积均有所减少。耕地面积也呈略微下降趋势，由1980年的1390.75km^{2}减少到2017年的1345.94km^2，占全区总面积的比例从1980年的18.39%下降到2017年的17.80%，减少幅度达3.22%。林地面积略有减少，由1980年的475.05km^{2}减少到2017年的435.48km^2，减少幅度为8.33%。草地面积持续下降，由1980年的4575.55km^{2}减少到2017年的4238.89km^2，占全区总面积的比例从1980年的60.5%下降到2017年的56.1%，减少幅度为7.36%。面积急剧增加的地类是城乡、工矿、居民地，面积由1980年的136.61km^{2}增加到了2017年的542.68km^2，增加幅度达297%，其中，工矿交通用地增幅最大，达355%。区内未利用地面积略有减少，主要是沙地面积减少造成的。

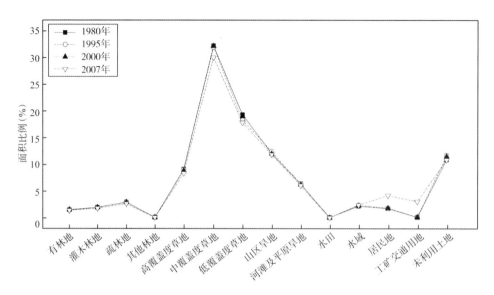

图 2-16 准格尔旗土地覆被/土地利用类型面积比例变化

1980—2017 年土地覆被/土地利用类型转移矩阵如表 2-6 所示。结果表明，居民地、工矿及交通用地的急剧增加是草地、林地、农田及未利用地转移而来。其中，约 166.55km² 的草地面积转移为工矿及交通用地，104.98km² 的草地面积转移为居民地。林地分别有 17.45km² 的面积转移为工矿及交通用地，有 22.65km² 的面积转移为居民地。农田分别有 27.96km² 的面积转移为工矿及交通用地，有 37.95km² 的面积转移为居民地。这说明，人口的增长和经济的发展，带来了城镇及农村居民地面积的增加，同时，该区丰富的矿产资源，使得研究时段内煤矿数量剧增，面积急剧增长。

表 2-6 1980—2017 年土地覆被/土地利用类型转移矩阵（km²）

1980 年 \ 2017 年	草地	工矿及交通用地	居民地	林地	农田	水域	未利用地	总计
草地	4175.69	166.55	104.98	4.19	32.58	10.97	80.60	4575.55
工矿及交通用地	0	2.02	3.92	0.00	0.32	0	0	6.26
居民地	0	0.77	128.87	0.00	0.00	0.61	0	130.25
林地	1.12	17.45	22.65	428.06	4.62	1.12	0.20	475.21
农田	19.97	27.96	37.95	0.15	1284.41	13.50	6.89	1390.83
水域	3.00	0.09	0.86	2.74	7.10	147.33	0.76	161.87
未利用地	39.17	13.98	14.59	0.46	17.00	5.36	730.38	820.93
总计	4238.95	228.81	313.83	435.59	1346.02	178.88	818.83	7560.91

2.3.3 基于遥感时序数据的砒砂岩区地表植被时空格局变化特征及驱动机制

2.3.3.1 数据来源及介绍

为了更好地获取砒砂岩区植被时空格局的连续变化特征，研究获取了砒砂岩区2000—2018年植被指数数据，基于 NDVI 分析了砒砂岩地区植被时空格局的连续变化特征及驱动力。植被指数数据为 MODIS-NDVI 数据源，来源于 NASA 陆地产品组发布的空间分辨率为500m、时间分辨率为16d 的 MOD13Q1 植被指数产品，时间跨度为2000—2018年。MOD13Q1 数据采用低云、低视角的最大合成法，对16d 周期内获取图像的最佳可用像素数据进行获取，并经过了二向反射率大气校正，去除了水、云和气溶胶等影响，具有较高的反演精度，在植被生长监测、植被物候（彭检贵等，2019）、植被覆盖等（郭紫晨等，2018）方面得到较广泛的应用。首先对获取的 MOD13Q1 数据进行图像拼接和重投影，并利用研究区边界进行统一裁切。然后采用了国际上通用的最大值合成法（Maximum Value-Composite，MVC）对每月及每年的 NDVI 序列进行计算处理，获得了2000—2018年的 NDVI 月最大值序列和年最大值序列。同时，利用像元二分模型获取了该区的地表植被盖度。气象数据来源于中国气象数据共享网，共获取了区内东胜站和伊金霍洛旗站2000—2018年月气温和降水数据，基于以上数据分析了砒砂岩区植被生长状况的时空格局变化特征及驱动机制。

2.3.3.2 砒砂岩区植被时空格局变化及驱动力分析研究

(1) 方法介绍

对2000—2018年 MODIS-NDVI 年最大序列图谱分别选用了距平、线性拟合斜率、标准差和变异系数等指标以定量揭示砒砂岩区植被的时空变化特征。

① 距平

距平是某一系列数值中的某一个数值与平均值的差，可以直观表示某一数值与平均值的偏差程度。NDVI 距平值是指某一研究时间尺度水平的 NDVI 与多年该研究尺度的 NDVI 平均值之差，表示为：

$$\Delta NDVI = NDVI - \overline{NDVI} \tag{2-7}$$

式中：$\Delta NDVI$ 是2000—2018年 NDVI 的距平值，$\overline{NDVI}$ 为2000—2018年 NDVI 的多年均值。

若 $\Delta NDVI > 0$，表明研究时段内区域植被生长状况较常年植被平均生长状况偏好，反之则植被生长状况偏差。

② 线性拟合斜率

线性拟合斜率可以表达按时间顺序排列的某一序列数值的变化趋势，若斜率为正值，表示该序列数值趋于增大；若斜率为负值，则表示该序列数值趋于减小。研究基于2000—2018年砒砂岩地区 NDVI 数据，利用最大值合成法合成每年的 NDVI 最大值作为年 NDVI

值,所构成的序列光谱数据可以用 19 维 $NDVI$ 矩阵表达,在像元尺度上对这 19 维数据采用最小二乘法进行线性拟合,得到 2000—2018 年砒砂岩地区 $NDVI$ 斜率 $slope$ 数值分布图。其中,$slope$ 为线性拟合的斜率;x 为自变量,即研究时段内的年数;y 为因变量,对应年 $NDVI$。其计算公式如下:

$$slope = \frac{\sum_{i=1}^{n}(x_i - \bar{x})(y_i - \bar{y})}{\sum_{i=1}^{n}(x_i - \bar{x})^2} \quad (i = 1, 2, 3, \cdots) \qquad (2-8)$$

③ 标准差和变异系数

标准差是一组数值自平均值分散开来的程度的一种测量观念,一个较大的标准差,代表大部分的数值和其平均值之间差异较大;反之,则代表这些数值较接近平均值。变异系数(Coeficient of Variance,CV)作为衡量资料中各观测值变异程度的统计量,标准差与均值的比率,可以消除单位或平均数不同对两个或多个资料变异程度比较的影响以反映单位均值上的离散程度。标准差和变异系数分别表示为:

$$\sigma = \sqrt{\frac{1}{n}\sum_{i=1}^{n}(x_i - \bar{x})^2} \quad (i = 1, 2, 3, \cdots) \qquad (2-9)$$

$$CV = \frac{\sigma}{\mu} \qquad (2-10)$$

式中:σ 为标准差;μ 为数组的平均值;x 为数组。

(2)$NDVI$ 空间变化特征

区域植被状况变化是地理位置、气象状况、人类活动等因素共同作用的结果。覆土砒砂岩区、覆沙砒砂岩区和裸露砒砂岩区不同类型砒砂岩地表植被变化特征也有所差异,本书对砒砂岩区 2000—2018 年植被 $NDVI$ 的空间变化特征进行分析。

① 总体特征

砒砂岩区植被 $NDVI$ 呈现出西北部低,东部及东南部高的空间分布特征。覆沙砒砂岩区主要分布于区域的西北部,该区以沙生植被为主,多为草本和灌木,植被盖度较低,$NDVI$ 较低。覆土砒砂岩多分布在区域东部及东南部,该区植被长势良好,植被盖度大,$NDVI$ 较高。从时间变化上来看,2010 年以后,特别是 2015 年以后,区域的东部及南部地区大量煤矿的出现,使得煤矿分布区的 $NDVI$ 值偏低(图 2-17)。

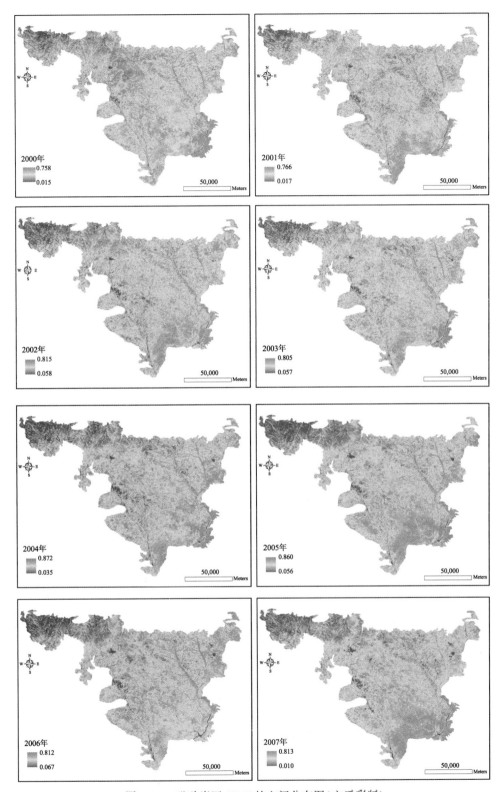

图 2-17　砒砂岩区 NDVI 的空间分布图（文后彩版）

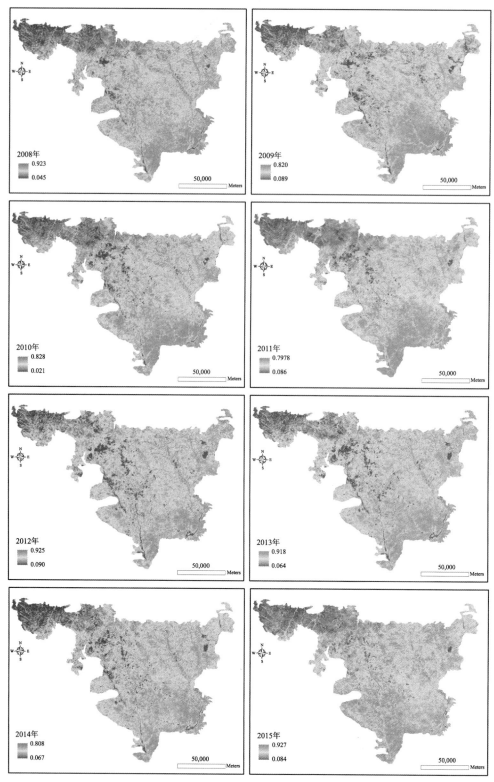

图 2-17　砒砂岩区 NDVI 的空间分布图（续）（文后彩版）

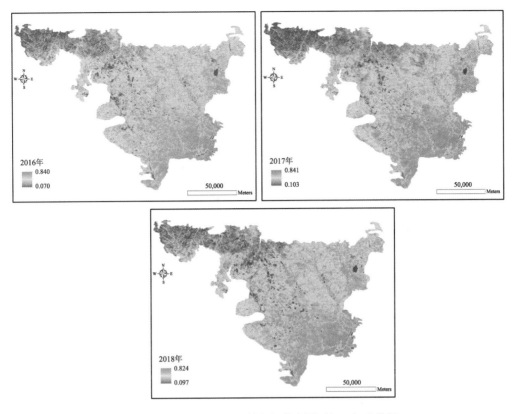

图 2-17　砒砂岩区 NDVI 的空间分布图(续)(文后彩版)

② 趋势特征

对砒砂岩区 2000—2018 年年最大 NDVI 变化趋势 s 进行计算(图 2-18),结果表明,像元尺度上 NDVI 年最大值年均增长率介于 $-0.028\sim0.044$ 之间。总体来看,砒砂岩区植被生长状态呈整体变好趋势,变好(轻微变好和显著变好)的面积占全区总面积的 62.05%。其中,植被生长状态变差的面积为 2469.25km^2,占全区总面积的 3.65%;基本不变的面积为 23218.75km^2,占全区总面积的 34.31%;轻微变好的面积为 27106km^2,占全区总面积的 40.05%;显著变好的面积为 14880.25km^2,占全区总面积的 21.99%。

从空间分布上看,植被生长状态明显变好的区域主要分布在覆土砒砂岩区,即砒砂岩区的中东部、南部及东北部的部分区域;轻微变好的区域主要分布于裸露砒砂岩区和覆沙砒砂岩区,即砒砂岩区的西部及中部的部分区域;植被生长状态变差的区域主要分布于裸露砒砂岩区的剧烈侵蚀区、覆沙砒砂岩区的中部及覆土砒砂岩区的部分区域,如鄂尔多斯市东胜区、准格尔旗周边及区域中部、南部和东部的煤矿区域。因这些区域分布有主要的城镇和煤矿,城市扩张及煤矿的开采对地表植被造成一定破坏,从而造成植被生长状态变差的情况。

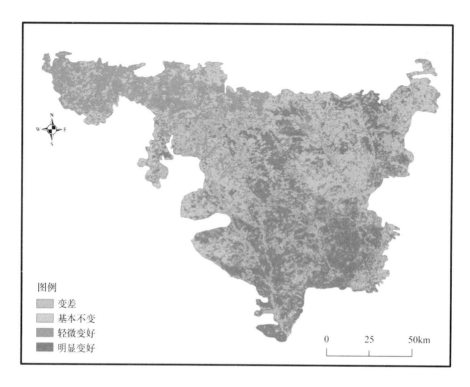

图 2-18 2000—2018 年砒砂岩区 NDVI 变化空间特征（文后彩版）

虽然砒砂岩区植被生长状态总体呈变好趋势，但不同类型砒砂岩区植被生长状态变化结构组成有所差异。图 2-19 表明，覆土、覆沙和裸露砒砂岩区植被生长状态变差的比例分别为 2.31%、5.74% 和 4.39%；基本不变的面积比例分别为 35.12%、36.33% 和 31.16%；轻微变好的面积比例分别为 33.55%、36.58% 和 54.77%；显著变好的面积比例分别为 29.02%、21.35% 和 9.68%。显然，覆土区的植被恢复状况相对较好。虽然地表植被变化趋势相同，但各类型区植被变化结构构成有所差异。全区植被变化以轻微变好比例最大，占全区的 40.05%。裸露区的植被变化情况和全区类似，但明显变好的面积比例很小，仅为 9.68%。覆土区和覆沙区植被生长状态以显著变好为主体，其比例分别达 29.02% 和 21.35%，而轻微变好的比例相对小，不如裸露区。同时，三种砒砂岩区中，植被变差的面积比例由大到小是覆沙区、裸露区和覆土区。不同类型砒砂岩区植被变化比例的差异给不同类型砒砂岩区植被恢复提出一定的参考，裸露砒砂岩区地表植被较差，给植被恢复带来一定的困难，其次是覆沙区，植被恢复最容易的地区是覆土区；且覆沙区和裸露区的植被破坏现象较覆土区严重。

③ 波动特征

为揭示砒砂岩区 2000—2018 年 NDVI 变异程度在空间分布上的差异，研究采用变异系数作为波动性评价指标以定量评价砒砂岩区 NDVI 年最大值的变异程度（图 2-20）。结果表

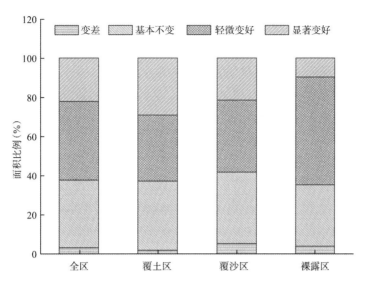

图 2-19　2000—2018 年砒砂岩区不同区域植被变化比例结构

明，砒砂岩区 2000—2018 年像元尺度 $NDVI$ 年最大变异系数 CV 主要介于 0.027~0.692 之间，CV 峰值出现在 0.189 处。其中，覆土区像元尺度 $NDVI$ 年最大变异系数 CV 主要介于 0.026~0.692 之间，CV 峰值出现在 0.187 处；覆沙区像元尺度 $NDVI$ 年最大变异系数 CV 主要介于 0.055~0.510 之间，CV 峰值出现在 0.192 处；裸露区像元尺度 $NDVI$ 年最大变异系数 CV 主要介于 0.061~0.615 之间，CV 峰值出现在 0.191 处。

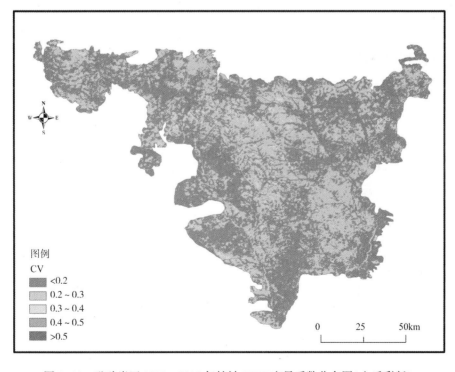

图 2-20　砒砂岩区 2000—2018 年植被 $NDVI$ 变异系数分布图（文后彩版）

从各等级变异系数所占的面积比例来看(表2-7)，0≤CV<0.2 地区面积占全区总面积的 56.92%，0.2≤CV<0.3 地区面积占全区总面积的 41.06%，剩余三个等级分别占 1.80%、0.20%和 0.02%。三类砒砂岩区也呈现相似的特点，但相比较而言，裸露区的变异系数相对最高，其次是覆土区，覆沙区最小。CV≥0.5 的地区面积仅占全区总面积的 0.02%，主要分布于准格尔旗旗政府所在地和东胜区的小部分区域。

表 2-7 不同等级变异系数的面积比例

等级	全区	覆土区	覆沙区	裸露区
0≤CV<0.2	56.92%	58.71%	61.09%	50.18%
0.2≤CV<0.3	41.06%	39.92%	35.86%	47.44%
0.3≤CV<0.4	1.80%	1.12%	2.82%	2.21%
0.4≤CV<0.5	0.20%	0.21%	0.22%	0.16%
CV≥0.5	0.02%	0.04%	0.01%	0.01%

(3) NDVI 时间变化特征

① 年际变化

总体来看，2000—2018 年砒砂岩区植被 NDVI 呈持续增加趋势。全区 2000 年 NDVI 为 0.251，2018 年增长为 0.469，涨幅达 86.9%。研究时段内 2009—2011 年 NDVI 略有下降，2011 年后开始增加；2013—2015 年，NDVI 也呈现略微下降趋势。覆土区、覆沙区及裸露区植被 NDVI 值呈现同样的增长趋势。三种砒砂岩类型区相比，覆土区 NDVI 值最高，其次是覆沙区，裸露区 NDVI 值最小(图 2-21)。

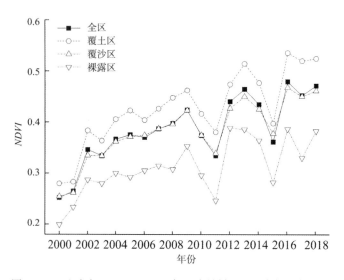

图 2-21 砒砂岩区 2000—2018 年地表植被 NDVI 多年变化趋势

2000—2018 年,砒砂岩区地表 NDVI 在 0.251(2000 年)~0.477(2016 年)之间波动,多年 NDVI 均值为 0.384。总体来看,2000—2018 年,砒砂岩区地表植被 NDVI 呈持续上升趋势,其年际变化趋势为 0.012/a($R^2=0.674$,$P<0.01$)。研究时段内,该区年平均气温和年降水量呈现略微增加趋势,且降水的年际变化呈现明显的波动增加趋势(图 2-22)。有研究表明,三北防护林等生态保护工程的实施影响着砒砂岩区地表植被的持续增加(胡君德等,2018)。图 2-22 表明,砒砂岩区植被 NDVI 与降水的变化具有较好的一致性,例如,2002 年、2012 年和 2016 年 NDVI 与降水波峰对应,2000 年、2011 年、2015 年及 2017 年 NDVI 与降水波谷对应,因此,本区年降水量的增加对地表植被生长季植被覆盖具有显著的促进作用。

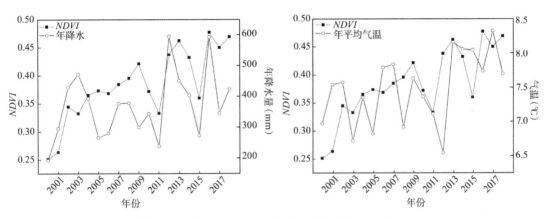

图 2-22 年 NDVI 与年平均气温、年降水量变化趋势

NDVI 正距平的有 9 年,负距平的有 10 年,正距平年份中以 2012 年、2013 年、2016 年、2017 年和 2018 年相对较高,其 NDVI 分别高于多年均值 0.054、0.078、0.933、0.662 和 0.853。负距平年份中以 2000—2004 年和 2011 年相对较低,其 NDVI 分别低于多年均值 0.133、0.120、0.039、0.514 和 0.051(图 2-23)。综合 2000—2018 年 NDVI 多时间尺度分析结果,可见砒砂岩区植被总体上表现为不断增加趋势,全区植被覆盖和生长状况持续改善。

② 年内变化

统计发现,砒砂岩区年内降水集中在 4~10 月,该时段降水总量约占全年降水总量的 93.5%。而低于 0℃ 的气温主要出现在 1 月、2 月、11 月和 12 月。3~4 月开始,气温和降水增加明显,随着气温回升,降水量持续增加,植被生长水热条件持续变好,植被开始萌发生长;3~7 月,地表植被 NDVI 持续增加,并在 8 月达到年内峰值(0.374),说明在该时段植被生长状况最好;12 月至翌年 2 月 NDVI 相对最低,分别为 0.139、0.134 和 0.142。7 月和 9 月 NDVI 在年内分布上也相对较高,其数值分别为 0.345 和 0.311。总体来看,砒砂岩区 NDVI 年内变化与气温和降水的变化呈单峰特征,变化趋势相对一致(图 2-24)。

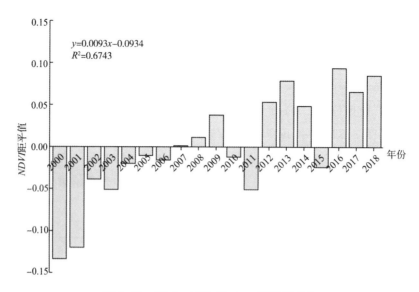

图 2-23　2000—2018 年 NDVI 距平值变化

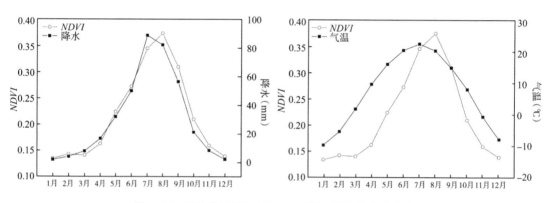

图 2-24　砒砂岩区植被 NDVI 和气温、降水的年内变化

砒砂岩区 NDVI 的季节变化特征为(图 2-25)：春季、夏季和秋季 NDVI 均呈现增加趋势，增加速率分别是 0.006/a（$P<0.001$，$R^2=0.714$），0.011/a（$P<0.001$，$R^2=0.879$），0.006/a（$P<0.001$，$R^2=0.791$），但夏季 NDVI 增加最明显，春季和秋季次之。2000—2018 年间，春季、夏季和秋季气温出现小幅增加，其中，春季气温增加最明显，平均增加速率为 0.148℃/a；其次为夏季（平均增加速率为 0.032℃/a）；最后为夏季，平均增加速率为 0.002℃/a。春季和夏季降水出现小幅增加趋势，平均增加速率分别为 6.10mm/a 和 6.01mm/a，秋季降水变化不大。总体来看，秋季 NDVI 增加的主要自然驱动因子为气温，而春季和夏季 NDVI 增加则是气温和降水两大自然驱动力共同作用的结果。

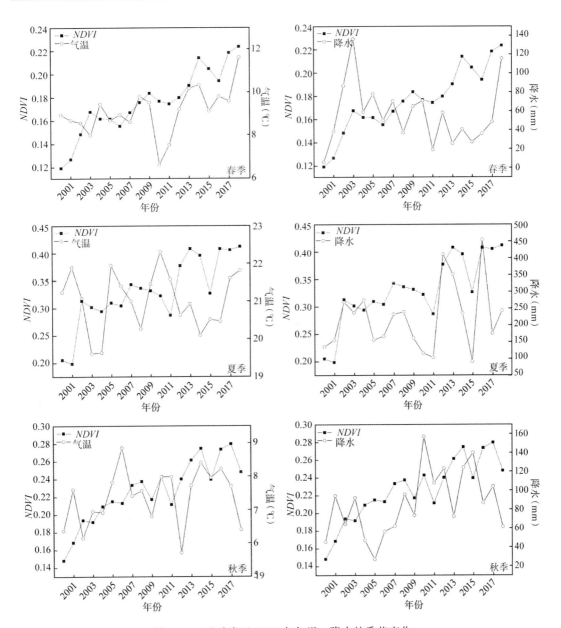

图 2-25 砒砂岩区 NDVI 与气温、降水的季节变化

砒砂岩区植被 NDVI 年内的 16d 变化结果表明，该区植被 NDVI 年内呈正态分布，NDVI 最大值一般出现在 210~254d，即 8 月 1 日至 9 月 15 日。2001 年，NDVI 最高值出现在 8 月 29 日（241d）；2005 年，NDVI 最大值出现在 8 月 13 日（225d）；2010 年 NDVI 最大值出现在 9 月 14 日（257d）；2015 年，NDVI 最大值出现在 7 月 29 日（209d）；2018 年 NDVI 最大值出现在 8 月 13 日（225d）（图 2-26）。总体来看，研究时段内，年内 NDVI 最大值逐年升高，且出现时间有提前的趋势，这跟该区的气象因子及水分的变化有关系。

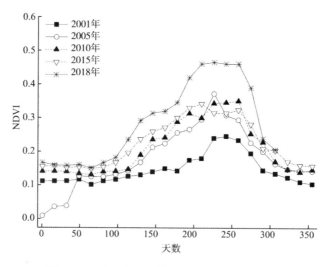

图 2-26　砒砂岩区植被 *NDVI* 的 16d 变化情况

砒砂岩区年平均气温为 5~8℃，≥10℃积温为 2600~3200℃，热量丰富，能满足该区植被生长的需要。年降水量在 200~500mm 之间波动，降水较少。在热量丰富、降水较少的条件下，水分成为植被生长的主要限制因子(姚雪茹等，2012)，由此，降雨是导致该区生态退化的主要水文因素，也是制约生态承载力的主导因素。自 2000 年以来该区年降水量增加趋势并不显著，因此，该区植被 *NDVI* 持续增加的驱动因素可能除气候变化驱动之外还存在其他原因，例如，近年来该区进行植被恢复和荒漠化治理等人类活动的影响。而事实上，该区大力推广油松、山杏等耐旱植物的种植，使该区的植被得到了有效的恢复；而滴管、鱼鳞坑等节水措施的实施，也使得该区植被得到了很好的保护，并有效地利用了水资源。同时，与近年来实施的生态移民、退耕休牧和抗蚀促生综合治理等也会有一定关系。

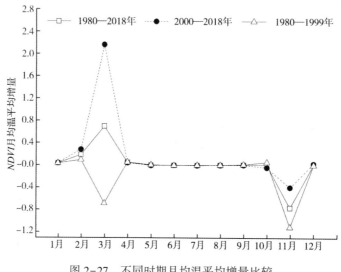

图 2-27　不同时期月均温平均增量比较

比较相同月份在不同年份的气温变化情况,结果发现(图2-27),1980—2018年,除11月外,其他月份的气温都有不同程度的增加。其中,3月气温的平均增幅最大,为0.7℃/a。其次为2月,平均增幅为0.19℃/a。11月气温平均降幅为0.76℃/a。在1980—1999年,3月的气温呈降低趋势,但2000—2018年,3月的气温增幅高达2.17℃/a,后者比前者增加2.85℃/a。另外,在2月,1980—1999年平均增幅为0.097℃/a,2000—2018年,平均增幅为0.28℃/a,后者比前者增加0.19℃/a。4~10月,两个时段的平均增幅差别不大。11~12月,2000—2018年的平均增幅明显大于1980—1999年。这说明,1980—2018年,该区气温显著增加,但生长季开始前的2月、3月增温速度呈加快趋势。该区植被NDVI持续增加,且气温的持续增加及生长季开始前增温速度的加快可能是导致该区植被生长季提前且NDVI峰值出现时间提前的重要驱动因子。

(4)空间分异格局

对砒砂岩区2000—2018年植被生长状况的趋势特征和波动特征进行分析,其中趋势特征表达植被生长状况总体的未来发展趋势,而波动特征则可以反映该时段内植被生长状况的变异程度。因此,趋势和波动特征的结合可以反映空间事物的发展方向和大小,能够较好地描述事物的发展特征。采用变化趋势和波动程度相结合的方式,对研究区植被生长空间分异特征进行定量分级(表2-8)。以 $slope>0$ 表示植被生长呈改善趋势;$slope<0$ 表示植被生长呈退化趋势;$slope=0$ 表示植被基本不变状况。在此基础上,结合2000—2018年砒砂岩区NDVI变异系数分布频率,在CV主要分布频率范围内,以0.1为步长把植被变化波动程度分为正常($0 \leqslant CV<0.2$)、轻度($0.2 \leqslant CV<0.3$)、中度($0.3 \leqslant CV<0.4$)、重度($0.4 \leqslant CV<0.5$)和特重度($CV \geqslant 0.5$)5级。按表2-8构建的植被生长状况空间分异系统对2000—2018年砒砂岩地区s和CV分布结果进行计算分类,得出砒砂岩地区植被空间分异特征(图2-28)。

表2-8 砒砂岩区植被生长状况空间分异分级系统

波动程度		变化趋势					
CV	程度	slope	趋势	slope	趋势	slope	趋势
$0 \leqslant CV<0.2$	正常	S<-0.0006	退化	$-0.0006 \leqslant$ S<0.0006	基本不变	S>0.0006	改善
$0.2 \leqslant CV<0.3$	轻度						
$0.3 \leqslant CV<0.4$	中度						
$0.4 \leqslant CV<0.5$	重度						
$CV \geqslant 0.5$	特重度						

根据2000—2018年砒砂岩区植被生长空间分异特征,分别统计出全区、覆土区、覆沙区、裸露区不同趋势和波动程度地区的面积和所占的比例(表2-9)。结果表明,研究时

段内砒砂岩区植被生长空间分异以基本不变和改善为主要趋势，其中特重度波动退化区面积仅为3km²。重度波动退化区面积为54.25km²，占全区总面积的0.08%，中度波动退化区面积为319.5km²，占全区总面积的0.47%，这两类零星分布在准格尔旗周边及鄂尔多斯东胜区的部分地区。轻度波动退化区和正常波动退化区面积分别为1092.25km²（1.61%）和1000.25km²（1.48%），零星分布在准格尔旗、鄂尔多斯市东胜区及区域内东南部、南部的煤矿集中分布区。改善区集中分布在区域的中部及南部地区，面积约为27381.25km²，约占区域总面积的40.46%。基本不变区面积为37823.75km²，约占全区总面积的55.89%。

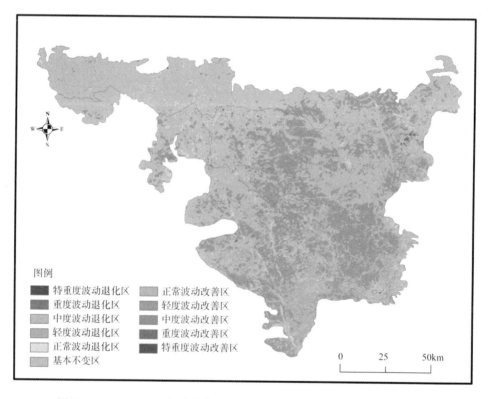

图2-28 2000—2018年砒砂岩区植被生长状况变化空间格局（文后彩版）

就不同类型区来说，覆沙区的退化面积比例最大，约占覆沙区总面积的5.74%；其次为裸露区，约占裸露区总面积的4.39%；覆土区退化面积最小，约占覆土区总面积的2.31%。裸露区植被生长状况空间格局以基本不变为主，其面积为14461.75km²，约占本区总面积的78.17%；同时，有3226.25km²的面积为改善区，约占本区总面积比例为17.44%。覆沙区植被生长状况空间格局也以基本不变为主，其面积为34098km²，约占本区总面积的55.28%；同时，有4696.60km²的面积为改善区，约占本区总面积比例为38.44%，改善区面积比例较裸露区大。而覆土区植被生长状况空间格局也以改善为主，其面积为3647.758km²，约占本区总面积的54.00%；同时，有147590km²的面积为基本不变区，约占本区总面积比例为43.69%。不同类型区的植被生长状况变化不同，主要原因是，不同类型区植被类型有所差异，覆土区耕地和林地面积较大，地形较平坦，水分及土壤养分条件好，有利于植被生长和植被恢复；而覆沙区和裸露区灌木较多，水分及土壤养分条件较差，植被生长和植被恢复难度较覆土区大。另外，跟不同县市的经济发展状况、主要产业支柱类型及生态工程政策的落实等方面的差异也有一定关系。

表2-9 2000—2018年植被不同生长状况空间分布格局

生长状况	全区		覆土区		覆沙区		裸露区	
	面积（km²）	比例（%）	面积（km²）	比例（%）	面积（km²）	比例（%）	面积（km²）	比例（%）
特重度波动退化区	3	0	2.75	0.01	1	0	0	0.00
重度波动退化区	54.25	0.08	36	0.11	59	0.10	3.5	0.02
中度波动退化区	319.5	0.47	127.5	0.38	484	0.79	72	0.39
轻度波动退化区	1092.25	1.61	308.75	0.91	1565	2.56	390.75	2.11
正常波动退化区	1000.25	1.48	304.75	0.90	1395	2.28	345.5	1.87
基本不变区	37823.75	55.89	14759	43.69	34098	55.82	14461.75	78.17
正常波动改善区	9930.5	14.67	7531.5	22.30	8661	14.18	216	1.17
轻度波动改善区	16659.5	24.62	10491	31.06	13627	22.31	2736	14.79
中度波动改善区	718.75	1.06	186	0.55	1124	1.84	250	1.35
重度波动改善区	61.75	0.09	21.75	0.06	68	0.11	22.75	0.12
特重度波动改善区	10.75	0.02	8.5	0.03	3	0.00	1.5	0.01

2.3.4 砒砂岩区植被地上生物量时空格局变化特征及驱动机制

2019年8月28日至9月4日，研究在砒砂岩区设置39个样区（图2-29），样区大小为1km×1km，在每个样区设置5个1m×1m的样方，将样方内的所有植被沿地表剪下，并用天平称其鲜重。然后，将样品装入采样袋，在实验室中利用烘箱，进行24小时的烘烤，充分烘干样品水分，并测其干重，获取各样方的植被地上生物量。外业试验，获取主要植被类型的盖度及生物量数。研究取样点的2/3，即26个样点进行建模，剩余13个样点进行验证（图2-30）。研究基于2019年第241天的MOD13Q1植被指数数据进行建模，首先利用各样点的经纬度信息，提取各样点的$NDVI$值，然后利用实测生物量数据，构建一元线性方程，从而获取砒砂岩区整个区域的地上生物量空间分布图（图2-31）。最后利用剩余的13个样点的数据对反演结果进行验证。最后，利用生物量反演模型，获取了砒砂岩区及不同类型区2000-2018年每月生物量、4~10月累积生物量分布数据。

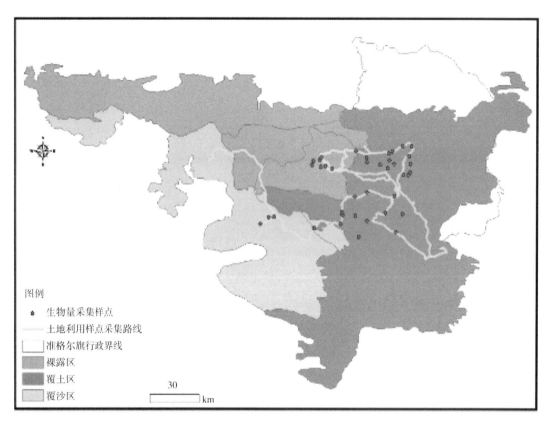

图 2-29　2018 年土地覆被验证样点及 2019 年生物量样点采集（文后彩版）

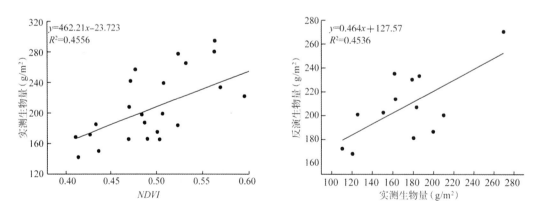

图 2-30　2019 年生物量遥感估测模型构建（左图）及验证（右图）

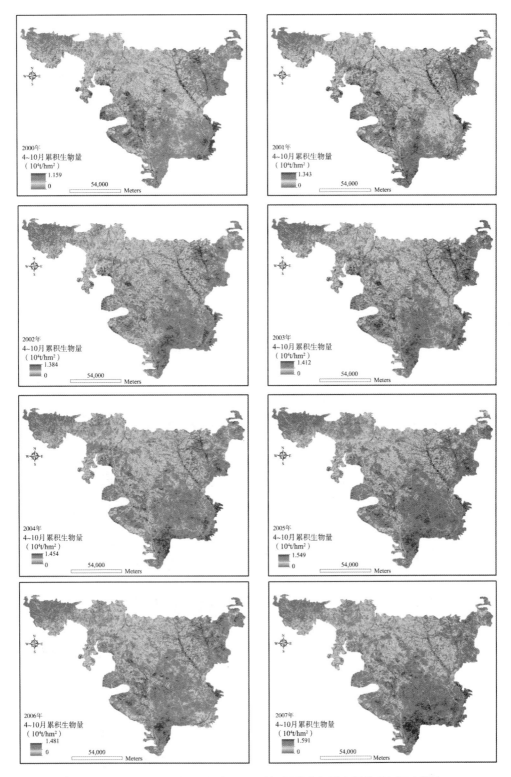

图 2-31 2000—2018 年生长季(4~10 月)累积生物量空间分布(文后彩版)

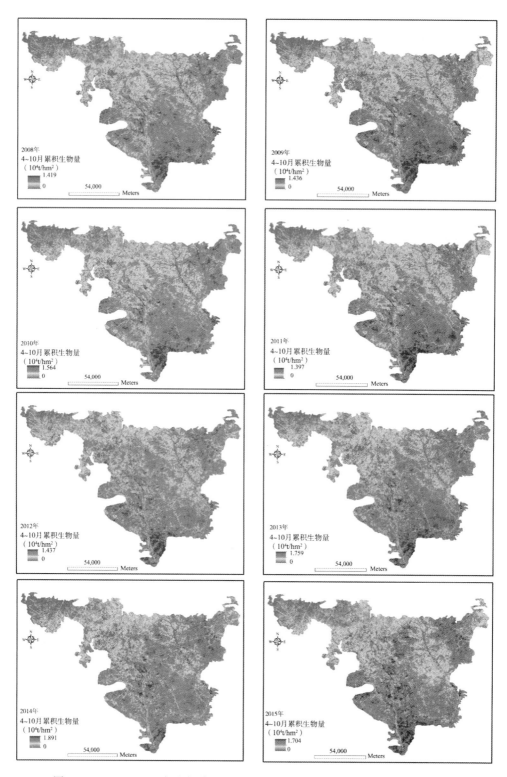

图 2-31　2000—2018 年生长季(4~10 月)累积生物量空间分布(续)(文后彩版)

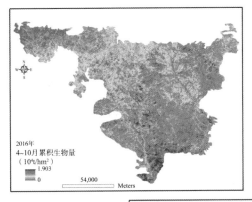
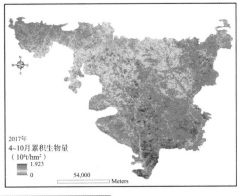
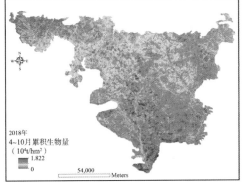

图 2-31　2000—2018 年生长季(4~10 月)累积生物量空间分布(续)(文后彩版)

根据构建的生物量估测模型估算得到了 2000—2018 年每月的生物量分布数据，同时计算了每年生长季的 4~10 月的累积生物量的时空分异格局(图 2-32)。结果表明，砒砂岩区生物量与植被盖度和 NDVI 呈现相似的空间分布特征，即西北部低、东部及东南部高的空间分布特征。从土地覆被类型来看，生物量最高的土地覆被类型为林地，其次是草地和耕地，裸地、城镇建设用地和水域的生物量最低。

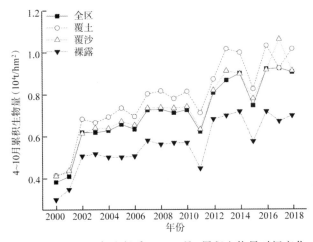

图 2-32　2000—2018 年生长季(4~10 月)累积生物量时间变化

2000—2018年，区内生长季累积生物量(干重)呈逐年递增趋势(图2-32)，仅在2011年和2015年有略微下降。总体来看，全区生长季累积生物量从2000年的$0.381×10^4 t/hm^2$增加到了2018年的$0.907×10^4 t/hm^2$，增幅达137%，覆土、覆沙、裸露区的增幅分别为146%、122%和135%，三个区域生长季累积生物量都呈明显增加趋势，覆土区和裸露区增幅对全区增幅贡献最大。在2011年和2015年，对生物量降幅贡献最大的为裸露区。2000—2018年，全区生长季累积生物量的年均最大值可达$0.925×10^4 t/hm^2$，出现在2017年，此外，2014、2016、2018年均可达$0.90×10^4 t/hm^2$以上。

研究统计了生物量最小年2000年、生物量最大年2017年，以及2005年、2010年和2015年的每月生物量数据(图2-33)，结果表明，砒砂岩区生物量年内呈正态分布，最大值一般出现在8月。2000年8月生物量为$92.03 g/m^2$，2017年则可达$180.74 g/m^2$，增加近一倍。2005年与2000年相比也有明显增加；2005年、2010年和2015年月生物量相比，有小幅增加，但差异不明显。总体来看，21世纪前几年，砒砂岩区植被生物量及植被盖度较低，且变化不大，2005年后，呈明显增加趋势。表现为全年月生物量增加明显，且在生长季开始的4月生物量增幅明显。

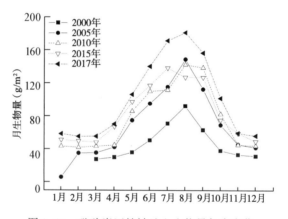

图2-33 砒砂岩区植被地上生物量年内变化

综上分析发现，2000—2018年，砒砂岩区植被 NDVI 和地上生物量呈持续增加趋势，且三种类型的砒砂岩区都呈不同程度增加。植被 NDVI 最大值、植被覆盖度最大值及地上生物量最大值均出现在8月。植被的这种变化是持续增加的温度、植被恢复及荒漠化防治措施共同驱动的结果。

2.4 全新世以来区域植被演变过程

全新世(11500年前至现在)是最年轻的地质时期，是指我们目前所处的间冰期(王绍武，2009)，这一时期形成的地层覆盖于所有地层之上。全新世时间段，沉积物厚度小，但分布范围广且沉积连续，而且由于全新世沉积有气候记录丰富，年代测定精度高和技术成熟等优势，已成为过去气候变化研究的重点（王维等，2009）。更为重要的是：由于中全新世以来气候变化发生的背景与现代具有相似性，可能与未来也具有相似性，因而全新世气候变化和区域生态响应可能为未来气候变化预测提供依据，同时，也是研究植被演变的重要依据。在对过去气候环境变化的研究中，对全新世气候环境变化的研究起到承前启后的作用，并成了目前国际"全球变化研究"热点之一。因此，充分理解最近地质时期（即全新世）的气候环境变化规律是理解新生代以来，特别是第四纪以来气候环境变化规律的先决条件。孢粉是恢复古植被重建古气候最直接的指标，是作为揭示古环境变化的最佳代用指标之一，是恢复古植被和古气候的关键（许清海等，2006；李芙蓉，2012）。孢粉学中，孢粉–植被关系的建立是最基本问题之一（郝秀东等，2010）。孢粉和植被之间的种属和数量不具有线性相关关系，因而多年来孢粉工作者一直在探索孢粉与植被间的关系（许清海等，2006）。

自工业革命以来，人类活动对地球系统造成了越来越大的影响，带来一系列环境问题，全球污染、气候异常、土地荒漠化、资源短缺等问题越来越成为人类生存和发展的制约因素。大量观测数据和证据表明，地球正在变暖，并伴随着气候系统的其他变化。人类自身对地球气候环境系统日益严重的改变和对自己将来生存环境的担忧，使得人类迫切希望了解整个地球的运行规律。气候变化研究包括对现代气候变化的研究和对过去气候变化的研究，这两方面研究相辅相成。要认识气候系统在过去的变化及其影响，或者要认识百年至千年尺度的气候变化，气象资料在时间上显得太短而不能满足要求。科学家们利用全球不同区域的地质记录，对人类赖以生存的地球环境系统演化过程进行了大量的详细研究。古气候、古环境恢复研究已成为当前地学和全球变化研究的热点领域，是进行气候和环境变化预测的重要基础。

砒砂岩区主要分布于我国鄂尔多斯高原，该区现代气候属于温带半干旱至干旱大陆性气候，年均温和年平均降水量均表现出由东南向西北减少的趋势，冬季严寒，夏季炎热，冬春季节多西北风，降水主要集中在 7~9 月，占全年的 50%（姜雅娟，2014）。该区位于大陆荒漠—草原—落叶阔叶林的过渡带，主要地带性植被为典型草原和荒漠草原，隐域性的盐生草甸和低地草甸植被分布在湖泊周边以及河谷低地。研究通过查阅文献，简要概述。

关于全新世以来砒砂岩区植被演变特征，以姜雅娟（2014）的研究为例，初步分析砒砂岩区全新世以来的植被演化格局。研究以位于鄂尔多斯市东胜区的泊江海子（$39°46'~48'$N，$109°17'~22'$E）的孢粉样品对全新世以来的植被演化进行研究。泊江海子流域现代气候属温带大陆性半干旱气候，年均温约 5.0℃，年均降水量约 330mm，多集中于 6~8 月，湖区植被属温带典型草原，地带性植被为沙蒿、禾草草原，低地发育尖苔草及杂类草草甸，并向西部过渡为荒漠草原，其显域生境上主要为本氏针茅草原和百里香草原(《中国植被图集》编委会，2002；杨志荣等，1997)。湖区大部分是斑块状覆沙地，植被是以油蒿为主的半灌木，混生柠条(杨志荣等，1997)。

2012年9月在湖区北部中心处钻取湖泊沉积物岩芯，岩芯长438cm。共鉴定出孢粉42科52属，其中主要花粉类型分类叙述如下。针叶树花粉：松属(*Pinus*)、云杉属(*Picea*)等。阔叶树花粉：桦属(*Betula*)、榛属(*Corylus*)、桤木属(*Alnus*)、榆属(*Ulmus*)、胡桃属(*Juglans*)、柳属(*Salix*)、杨属(*Populus*)、柽柳属(*Tamarix*)、椴树属(*Tilia*)、栎属(*Quercus*)、胡颓子科(Elaeagnaceae)、忍冬科(Caprifoliaceae)、槭属(*Acer*)等。中生草本植物花粉：蒿属(*Artemisa*)、蒲公英型(*Taraxacum*-type)、紫菀型(*Aster*-type)、春黄菊型(*Anthemis*-type)、风毛菊型(*Saussurea*-type)、蔷薇科(Rosaceae)、石竹科(Caryophllaceae)、十字花科(Cruciferae)、伞形科(Umbelliferae)、禾本科(Poaceae)、毛茛科(Ranunculaceae)、唇形科(Labiatae)、唐松草属(*Thalictrum*)、车前属(*Plantago*)、豆科(Leguminosae)、蓼属(*Polygomm*)、荨麻属(*Urtica*)、鼠李科(Rhamnaceae)、茄科(Solanaceae)、马齿苋属(*Portulaca*)、川续断属(*Dipsacus*)、牻牛儿苗科(Gernaniaceae)、茜草科(Rubiaceae)、木犀科(Oleaceae)、地榆属(*Sanguisorba*)、马鞭草科(Verbenaceae)等。旱生草本植物花粉：藜科(Chenopodiaceae)、麻黄属(*Ephedra*)、白刺属(*Nitraria*)、旋花科(Conlulvs)、大戟科(Euphorbiaceae)、花荵属(*Polemonium*)等。湿生草本植物花粉：莎草科(Cyperaceae)、眼子菜科(Potamogetonaceae)、狐尾藻属(*Myriophyllum*)、黑三棱属(*Sparganiun*)等。

总体来看，该孔孢粉谱阔叶树花粉以桦属、榆属和栎属为主，草本植物花粉以蒿属、禾本科、藜科、唐松草为主。该孔孢粉种类丰富，主要孢粉类型变化显著，将该孢粉序自下而上分为5个孢粉带组合，分析发现如下。

11850cal. yr BP以前，为蒿属-藜科-禾本科组合带。期间流域植被不发育，区域植被可能为荒漠或荒漠草原，气候寒冷干燥。

11850~11360cal. yr BP为榆属-蒿属-藜科-禾本科组合带。本带基本上反映研究区的气候环境状况较上一阶段有所改善，植被好转，降水略有增加，并有向暖湿方向发展的趋势，推测植被类型可能是以蒿为主导的草原化荒漠。

11360~7680cal. yr BP为桦属-榆属-栎属-蒿属组合带。本带可能反映区域植被为桦、榆、栎阔叶林疏林草原，气候温暖湿润，其中前期为桦、榆疏林草原，后期为桦、栎疏林草原。

7680~6800cal. yr BP为松属-蒿属-禾本科-藜科组合带。本带孢粉含量特征表明当时湖面水位下降，植被退化，气候变干，推测当时的植被类型可能是草原或荒漠草原。

1510cal. yr BP 以来为蒿属-藜科组合带。该阶段的气候条件得到改善，水位上升，气候可能与现在相似，推断其植被类型可能是典型草原，植被以蒿属、藜科为主导。

总体来看，泊江海子地区冰消期以来的气候和环境变化特征如下。

11820cal. yr BP 以前，该区为风成环境，流域植被为荒漠或草原化荒漠，气候寒冷干燥。

11820~11390cal. yr BP，湖泊形成，区域植被好转为草原化荒漠，降水略有增加，气候向暖湿方向发展。

11390~10500cal. yr BP，区域植被演化为阔叶疏林草原，降水增加，气候逐渐转向暖湿。其中 10,500~8500cal. yr BP 为雨热同期的最宜期。

8500~7510cal. yr BP，气候逐渐变凉变干。

7510~6800cal. yr BP，湖泊水位降低，区域植被退化为草原或荒漠草原，气候变旱。

6800~1590cal. yr BP，沉积缺失，可能为波动变干时段，其中 5000~4000cal. yr BP 为湿润期，4000~1590cal. yr BP 气候干旱。

1590cal. yr BP 以来，湖泊重新形成，流域植被为典型草原，气候同现在相当。

泊江海子重建的全新世气候变化序列与区域乃至更大尺度的气候变化具有相关性，均表现出早全新世气候湿润，中晚全新世变干的趋势，是季风系统通过海气耦合对北半球夏季日辐射增加的快速响应。

2.5 小结

本章以地面试验数据、遥感数据、气象数据等多源数据为数据源，利用模型构建、相关分析、空间分析等方法，对砒砂岩区地表植被的时空分异格局及驱动力进行了分析；针对砒砂岩区地表植被破碎、稀疏的特点，提出了稀疏信息植被提取的新方法；并以现有的文献资料，浅析了砒砂岩区自全新世以来的植被演变特征，得出如下主要结论。

以获取柽柳、沙蒿、红砂 3 种荒漠植物为研究对象，通过对各植物冠层光谱的一般特征、光谱吸收特征及二阶导数光谱吸收特征进行分析，确定各植被类型识别的最佳波段范围、最佳波段及最佳光谱指数；通过分析各植被冠层垂直投影面积的高光谱响应特征，来构建各植被冠层光谱与植被覆盖度的关系，并将短波红外波段引入光谱指数，对植被覆盖度进行遥感反演及精度评价。本研究利用三波段最大梯度差法及修正后的三波段最大梯度差法对荒漠稀疏植被覆盖度进行反演。结果表明，经过改进后的三波段梯度差法能够更精确地估算沙蒿的植被盖度（以沙蒿为例），尤其是以 2220nm 代替绿波段进行改进后，其精度有了大幅度的提高。这说明，利用荒漠稀疏植被枝干比例大、绿色叶片少的特点，将短波红外信息引入植被指数，能够更好地实现植被盖度的遥感信息提取。

砒砂岩区土地覆被/土地利用类型以草地为主，2000年以来草地面积均值为10791km^2，约占区域总面积的63.84%，居于第二位的是耕地，研究时段内面积均值为3442.65km^2，约占区域总面积的20.37%，再次是未利用地和林地，研究时段内面积均值分别为1043km^{2}和728.86km^2，分别约占区域总面积的5.97%和4.25%。水域和城乡、工矿、居民用地分别约占区域总面积的2.94%和2.53%。除林地和城乡、工矿、居民用地外，该区耕地、草地、未利用地面积均呈小幅减小趋势。工矿用地的增加是大量煤矿开采的结果，而城镇用地的增加则是当地经济发展带来的城市扩张的结果，城镇用地增加区域集中于鄂尔多斯市区和准格尔旗。自20世纪90年代，中国实施西部大开发以来，砒砂岩区社会经济得到了较大的发展，人口数量增加带来了耕地面积增加，而且本区含有丰富的煤炭等资源，对资源的开采使得工矿用地面积急剧增加。林地面积的增加是自20世纪70年代实施的三北防护林工程等一系列生态工程带来的结果。

基于时序植被指数数据对砒砂岩地区2000—2018年的植被生长状况进行分析，结果表明，砒砂岩区植被生长状态总体呈变好趋势，但不同类型砒砂岩区植被生长状态变化结构组成有所差异。全区植被变化以轻微变好比例最大，占全区的40.05%。裸露区的植被变化情况和全区类似，但明显变好的面积比例很小，仅为9.68%。覆土区和覆沙区植被生长状态轻微变好的比例明显小于裸露区，但显著变好的比例分别高达29.02%和21.35%。同时，三种砒砂岩区中，植被变差的面积比例由大到小是覆沙区、裸露区和覆土区。不同类型砒砂岩区植被变化比例的差异给不同类型砒砂岩区植被恢复提出一定的参考，裸露砒砂岩区地表植被较差，给植被恢复带来一定的困难，其次是覆沙区，植被恢复最容易的地区是覆土区；且覆沙区和裸露区的植被破坏现象较覆土区严重。通过对气温、降水的分析发现，砒砂岩区植被$NDVI$与降水的变化具有较好的一致性，年降水量的增加对地表植被生长季植被覆盖具有显著的促进作用。对植被$NDVI$与气象因子季节的变化研究表明，秋季$NDVI$增加的主要自然驱动因子为气温，而春季和夏季$NDVI$增加则是气温和降水两大自然驱动力共同作用的结果。

全新世以来砒砂岩地区气候演变方向大致表现出早全新世气候湿润，中晚全新世变干的趋势，植被演变大致为荒漠或草原化荒漠—草原化荒漠—阔叶疏林草原—草原或荒漠草原—典型草原。

参考文献

Kokaly R F, Clark R N, 1999. Spectroscopic Determination of Leaf Biochemistry Using Band-

Depth Analysis of Absorption Features and Stepwise Multiple Linear Regression[J]. Remote Sensing of Environment, 67(3): 267-287.

陈巧, 陈永富, 2005. QuickBird 遥感数据监测植被覆盖度的研究[J]. 林业科学研究, 18(4): 375-380.

崔耀平, 王让会, 刘彤, 等, 2010. 基于光谱混合分析的干旱荒漠区植被遥感信息提取研究——以古尔班通古特沙漠西缘为例[J]. 中国沙漠, 30(2): 334-341.

丁建丽, 张飞, 塔西普拉提·特依拜, 2008. 塔里木盆地南缘典型植被光谱特征分析——以新疆于田绿洲为例[J]. 干旱区资源与环境(11): 160-166.

古丽·加帕尔, 陈曦, 包安明, 2009. 干旱区荒漠稀疏植被覆盖度提取及尺度扩展效应[J]. 应用生态学报, 020(012): 2925-2934.

郝秀东, 欧阳绪红, 谢世友, 2011. 岩溶山区和石漠化区表土孢粉组合的差异性——以重庆市南川区为例[J]. 生态学报, 31(18): 5235-5245.

胡君德, 李百岁, 萨楚拉, 等, 2018. 2000—2012 年鄂尔多斯高原植被动态及干旱响应[J]. 测绘科学, 043(004): 49-58.

姜雅娟, 2014. 内蒙古鄂尔多斯高原泊江海子全新世植被和气候变化研究[D]. 呼和浩特: 内蒙古大学.

李晓光, 刘华民, 王立新, 等, 2014. 鄂尔多斯高原植被覆盖变化及其与气候和人类活动的关系[J]. 中国农业气象, 35(4): 470-476.

李喆, 郭旭东, 古春, 等, 2016. 高光谱吸收特征参数反演草地光合有效辐射吸收率[J]. 遥感学报, 20(2): 290-302.

刘广峰, 吴波, 范文义, 等, 2007. 基于像元二分模型的沙漠化地区植被覆盖度提取——以毛乌素沙地为例[J]. 水土保持研究, 14(2): 268-271.

刘桂林, 张落成, 李光宇, 等, 2013. 极端干旱区稀疏荒漠植被信息遥感探测研究[J]. 干旱区资源与环境, 27(004): 37-40.

刘乾, 2009. 古尔班通古特沙漠南缘植物群落多样性与植被覆盖变化分析[D]. 乌鲁木齐: 新疆农业大学.

卢筱茜, 2017. 西鄂尔多斯自然保护区植被生产力格局和植物多样性特征分析[D]. 烟台: 鲁东大学.

马克平, 钱迎倩, 1998. 生物多样性保护及其研究进展综述[J]. 应用与环境生物学报, 4(1): 95-99.

马娜, 胡云峰, 庄大方, 等, 2012. 基于遥感和像元二分模型的内蒙古正蓝旗植被覆盖度格局和动态变化[J]. 地理科学, 32(2): 251-256.

内蒙古自治区环保局，2002. 西鄂尔多斯国家级自然保护区总体规划[R]. 呼和浩特：出版者不详.

牛建明，李博，1992. 鄂尔多斯高原植被与生态因子的多元分析[J]. 生态学报，12(2)：105-112.

孙红雨，李兵，1998. 中国地表植被覆盖变化及其与气候因子关系[J]. 遥感学报，2(003)：204-210.

唐世浩，朱启疆，王锦地，等，2003. 三波段梯度差植被指数的理论基础及其应用[J]. 中国科学(地球科学)，033(011)：1094-1102.

童庆禧，张兵，郑兰芬，2006. 高光谱遥感——原理、技术与应用[M]. 北京：高等教育出版社：137-158.

王晋年，郑兰芬，童庆禧，1996. 成像光谱图像光谱吸收鉴别模型与矿物填图研究[J]. 环境遥感，11(1)：20-31.

王绍武，2009. 全新世气候[J]. 气候变化研究进展，5(04)：247-248.

信忠保，许炯心，郑伟，2007. 气候变化和人类活动对黄土高原植被覆盖变化的影响[J]. 中国科学：D辑，37(11)：1504-1514.

徐娜，丁建丽，刘海霞，2012. 基于NDVI和LSMM的干旱区植被信息提取研究——以新疆吐鲁番市为例[J]. 测绘与空间地理信息，35(7)：52-57.

许清海，李月丛，李育，等，2006. 现代花粉过程与第四纪环境研究若干问题讨论[J]. 自然科学进展，016(006)：647-656.

杨志荣，张梅青，1997. 鄂尔多斯泊江海子地区800余年来的气候与环境变化[J]. 湖南师范大学自然科学学报，20(4)：74-81.

佚名，2009. 蒙古国中部Ugii Nuur湖8660 a BP以来高分辨率孢粉记录及气候变化记录及气候变化[J]. 科学通报(4)：469-478.

张飞，塔西普拉提·特依拜，丁建丽，等，2012. 塔里木河中游绿洲盐漠带典型盐生植物光谱特征[J]. 植物生态学报，36(7)：607-617.

《中国植被图集》编委会，2002. 中国植被图集[M]. 北京：气象出版社：137-139.

李芙蓉，2012. 中国北方表土孢粉组合及其与植被和气候的关系[D]. 兰州：兰州大学.

第三章

砒砂岩区植被格局形成机制

植被是覆盖地表的植物群落的总称。作为生态系统的初级生产者,植被的结构与功能在很大程度上决定了生态系统的结构与功能。植被格局的形成不仅受气候、土壤和地形等自然因素控制,也会受到人类活动的影响。

3.1 植被格局及其特征

砒砂岩区地处半干旱区到干旱区的过渡带。根据地表覆盖物类型可分为覆土砒砂岩区、覆沙砒砂岩区和裸露砒砂岩区(王愿昌等,2007)。受气候和土壤影响,天然植被从东南到西北依次为森林草原、典型草原、沙地灌丛和荒漠草原。

3.1.1 鄂尔多斯高原植被特征

鄂尔多斯高原海拔为1100~1500m。基岩以中生代的疏松砂岩为主,地面覆盖第四纪冲积物和风积物。高原中部为剥蚀平原,具有许多剥蚀残丘、沟谷和湖盆洼地。东部是流水侵蚀形成的黄土丘陵和基岩裸露区。南部是毛乌素沙地,北部是库布齐沙漠。鄂尔多斯高原经受长期强烈剥蚀,典型地带性植被不能充分发育,适应于地表侵蚀和堆积作用的半灌木植被与沙生植被广泛分布(中国科学院内蒙古宁夏综合考察队,1985)。

从植被地带来看,鄂尔多斯高原处于森林草原—温带草原—荒漠化草原和草原化荒漠的过渡带。从植物区系上说,它是欧亚草原区和中亚荒漠区的交汇和过渡地区。鄂尔多斯高原的植被分为四个植被区:灌木草原植被区、中东部典型草原植被区、西部荒漠草原植被区和西部草原化荒漠植被区。其中,中东部典型草原植被区可以分为四个小区:准格尔黄土丘陵植被小区、东胜梁地植被小区、毛乌素沙地植被小区和库布齐东段沙地植被小区。西部荒漠草原植被区分为两个小区:西北部戈壁针茅+克氏针茅植被小区以及西南部沙地植被小区(李博,1990)。

鄂尔多斯高原的地带性植被类型包括典型草原、荒漠草原和草原化荒漠,非地带性植被类型包括沙地植被、低湿地植被和盐化植被。该地区的主要植物群落类型有23类(表3-1),其中前11类属于地带性植被类型,后12类属于非地带性植被类型(黄永梅和张明理,2006)。本氏针茅群落和百里香群落为典型草原群落,主要分布在鄂尔多斯高原东部。短花针茅群落、狭叶锦鸡儿群落、藏锦鸡儿群落和猫头刺群落属荒漠草原群落,主要分布于鄂尔多斯西部桌子山以东的高平原上。红砂群落、四合木群落、半日花群落和沙冬青群落等属草原化荒漠,主要分布在鄂尔多斯高原西部的桌子山山前倾斜平原及低山上。沙地植被主要有黑沙蒿灌丛、中间锦鸡儿灌丛和沙地柏灌丛等。低湿地植被有寸草苔群落、芨芨草群落等。盐化植被有盐爪爪群落和西伯利亚白刺群落。

表3-1 鄂尔多斯高原主要植物群落类型

序号	群落名称	植被类型
1	本氏针茅草原	典型草原
2	百里香草原	
3	短花针茅草原	荒漠草原
4	狭叶锦鸡儿-短花针茅灌丛	
5	藏锦鸡儿灌丛	
6	藏锦鸡儿-狭叶锦鸡儿灌丛	
7	猫头刺-黑沙蒿灌丛	
8	红砂灌丛	草原化荒漠
9	四合木-珍珠猪毛菜灌丛	
10	半日花群落	
11	沙冬青-霸王灌丛	
12	黑沙蒿-本氏针茅灌丛	沙地植被
13	黑沙蒿灌丛	
14	沙地柏灌丛	
15	中间锦鸡儿灌丛	
16	中间锦鸡儿-黑沙蒿灌丛	
17	寸草苔草甸	低湿地植被
18	芨芨草-碱茅群落	
19	芨芨草-赖草群落	
20	芨芨草草甸	
21	马蔺群落	
22	西伯利亚白刺-芨芨草灌丛	盐化植被
23	盐爪爪群落	

鄂尔多斯高原典型草原的物种多样性指数最高,主要分布在准格尔黄土丘陵植被小区

和东胜梁地植被小区，包括本氏针茅群落和百里香群落，Simpson 指数的均值为 0.79。荒漠草原和草原化荒漠及非地带性的低湿地植被、沙地植被的物种多样性指数次之。盐化植被的最低，Simpson 指数只有 0.45。不同植被类型的群落盖度以低湿地植被和毛乌素沙地植被为最高，平均为 59% 和 57%；典型草原和低湿地植被次之；荒漠草原和草原化荒漠的盖度最低，只有 35% 左右。从总体上看，地带性植被中典型草原多样性和盖度较高，荒漠草原和草原化荒漠的多样性较高但盖度较低。非地带性植被中，低湿地植被的多样性和盖度较高，沙地植被盖度高但物种多样性较低，盐化植被群落多样性最低，盖度也较低（黄永梅和张明理，2006）。

  鄂尔多斯高原的植被格局受降水、土壤水和地形等多种因素影响。首先，降水是鄂尔多斯高原植被格局的决定因子。例如，从荒漠化草原到草原化荒漠，鄂尔多斯高原灌木类群的多样性逐渐减小。水分梯度变化（干燥度、Kira 湿润系数和降水量）是对群落多样性影响最大的因子，但是过度放牧和樵采也影响灌木群落（李新荣和张新时，1999）。随着降水量从 336mm 降低到 249mm，鄂尔多斯高原黑沙蒿种群的空间分布格局发生显著改变。小尺度上黑沙蒿种群分布格局由均匀分布变成随机分布，大尺度上是则由随机分布变成聚集分布。因此，鄂尔多斯高原在恢复黑沙蒿灌丛时，降水丰富的东部可以采取均匀栽植或随机栽植，而降水少的西部可以采取斑块状栽植（李秋爽等，2009）。其次，土壤水分动态对植被演替具有显著影响。例如，冬季和春季毛乌素沙地流动沙地的干沙层明显大于固定沙地。但是，流动沙地干沙层以下的土壤耗水量高于同深度的固定沙地。生长季缺少降雨时固定沙地的土壤含水量因植物蒸腾消耗而降低。固定沙地表土层和生物土壤结皮影响雨水入渗，不利于灌木和半灌木生长（郭柯等，2000）。此外，地形也会影响小尺度的植被格局。例如，覆沙坡地上的植物群落分布与位置有关。坡地的中上部分布着以本氏针茅、冷蒿和北丝石竹等物种为主的典型草原群落，而坡地的中下部则分布着以黑沙蒿为主的沙生植物群落（陈玉福等，2002）。毛乌素沙地黑沙蒿种群在较小空间尺度上为集群分布，较大尺度上则为随机分布。与固定沙地相比，半固定沙地的黑沙蒿集群分布更明显。因此，移栽黑沙蒿治理流动沙地时，适合栽种成集群分布以提高成活率（杨洪晓等，2006）。

3.1.2 砒砂岩区植被特征

  砒砂岩区的天然植被仅在少数地区保存良好，如阿贵庙自然保护区。其位于准格尔旗羊市塔镇，面积 1.1km^2，地带性植被为本氏针茅+华北米蒿草原。蔷薇科和百合科植物所占比例较高。长川是皇甫川的一级支流，黄河的二级支流，流域面积 644 km^2。长川流域的植被为片状分布的灌丛化草原和典型草原。受气候变化、砍伐和开垦等因素影响，天然林和草原所剩无几，被人工植被和次生草原代替。主要土地利用类型包括油松林地、小叶杨林地、旱柳林地、沙棘灌丛、中间锦鸡儿灌丛、草地、农田和撂荒地。菊科、藜科和唇形科植物比例较高。其中，沙棘灌丛、草地、中间锦鸡儿灌丛和油松林地的生物多样性接近阿贵庙的自然植被，物种比较丰富，因此这些植被恢复模式有利于保护物种多样性（高清竹等，2006）。

砒砂岩区植被的空间分布格局为从东南部的半旱生植物占优势逐渐演变到西北部的沙生植物占优势。砒砂岩区常见植物有201种，包括乔木29种、灌木20种和草本植物152种。不同侵蚀地貌单元包括梁峁坡、坡面和沟道，其典型植被种类及分布也不同（杨久俊等，2016）。

梁峁坡的植被种类丰富度从高到低依次为覆土梁峁坡、裸露梁峁坡和覆沙梁峁坡。油松、沙棘、山杏和柠条锦鸡儿是裸露和覆土梁峁坡的主要植被。赖草、披碱草和斜茎黄耆在三个单元都可以形成优势群落。裸露梁峁坡有植物126种，植被盖度为74.9%，油松、沙棘和柠条锦鸡儿占绝对优势，其次是山杏、赖草和披碱草。乔木主要以单株存在，灌木和草本植物能够形成群落。覆土梁峁坡有植物195种。乔木人工林种类多样，植被盖度达到92.1%，以油松、柠条锦鸡儿和沙棘为主。覆沙梁峁坡的植物有73种，植被盖度仅47.9%，主要植被是沙柳和黑沙蒿，其次是柠条锦鸡儿、圆头柳、细枝岩黄耆和赖草等。大部分植被以群落或丛生为主，特点是耐旱、耐贫瘠和耐沙埋（杨久俊等，2016）。

不同类型坡面的植被差异较大。其中，覆土砒砂岩坡面的黄土垂直节理单元植被覆盖度很低，主要包括大果榆、酸枣和沙棘，以丛生为主；黄土覆盖不稳定单元没有植被生长；黄土覆盖相对稳定单元的植物有138种，沙棘、赖草、针茅和披碱草为主，其次为万年蒿、阿尔泰狗娃花、紫花苜蓿和草木犀状黄耆，植被以群落为主。裸露砒砂岩坡面的白色裸露砒砂岩垂直单元仅有极少量酸枣生长；白色裸露砒砂岩不稳定单元的植被主要是酸枣和沙棘，丛生，盖度极低；红白相间砒砂岩不稳定单元的阳坡只有16种植物，植被主要是沙棘、百里香、蒙古莸和万年蒿，盖度较低，丛生，蒙古莸的盖度达到7.61%，阴坡的植物有70种，以沙棘为主，其次是万年蒿和蒙古莸。覆沙砒砂岩坡面的溜沙坡单元主要植被是赖草、芦苇、假苇拂子茅、白草和绳虫实，大部分为丛生，以根茎禾草为主；相对稳定单元的植物有100种，以沙棘、万年蒿、碱蒿、阿尔泰狗娃花、柠条锦鸡儿、紫花苜蓿、草木犀、针茅、赖草和披碱草等为主，植被生长茂密，自然恢复良好（杨久俊等，2016）。

沟道可分为两种类型。其中，"V"形沟侵蚀单元只有少量赖草、假苇拂子茅和艾蒿，水土流失严重，不能自我恢复。"U"形沟道单元植物有37种，以赖草为主，其次为假苇拂子茅、沙棘、草木犀状黄耆和芦苇等，植被盖度较高，趋于稳定，可以建立植物柔性坝（杨久俊等，2016）。

经过多年的退耕还林还草工程的实施，砒砂岩区形成了斑块状植被格局（杨久俊等，

2016)。人工植被以乔木、灌木和半灌木为主。其中,乔木包括杨树、山杏、山桃、油松和樟子松等。灌木有沙棘、柠条锦鸡儿、沙柳、乌柳和黄刺玫等。草本植被较少,局部种植了斜茎黄耆、胡枝子和紫花苜蓿等。人工林的配置模式有纯林和混交林两种。油松纯林在30°以下坡面生长良好。油松可以与沙棘、紫穗槐、臭椿和斜茎黄耆等形成混交林。小叶杨纯林的坡度小于15°,适宜在沟道内小面积栽植成疏林。小叶杨可以与沙棘形成混交林。其他乔木还有河北杨、毛白杨、钻天杨、侧柏、榆树、山杏、旱柳、樟子松、杜松和臭椿等。灌木人工林以沙棘林和柠条林为主。其中,沙棘耐旱、耐寒,在山顶和沟谷均可生长,甚至在70°的陡坡也可生长。沟壑中栽植沙棘形成柔性坝,能够有效减少侵蚀。但是,长期干旱会导致木蠹蛾病虫害,出现大面积死亡。沙棘林需要3~5a平茬一次,否则影响其生长和繁殖。栽植沙棘混交林或者改良沙棘品种可以提高其抵抗自然灾害的能力。柠条林的树种包括中间锦鸡儿、柠条锦鸡儿、小叶锦鸡儿和狭叶锦鸡儿等。柠条耐旱、耐贫瘠、抗病虫害,也是一种优良牧草,适宜生长在梁地和沙地。柠条林一般需要3a平茬一次。

总之,覆土砒砂岩区的地带性植被为针茅草原,人工植被集中分布在梁峁坡,以油松、沙棘、山杏和柠条锦鸡儿为主。覆沙砒砂岩区的地带性植被为沙地灌丛,人工植被以沙柳、黑沙蒿、柠条锦鸡儿和圆头柳为主。裸露砒砂岩区植被盖度低,仅有酸枣和沙棘等少量植物能够生长。

3.2 自然与人为因素对植被格局的影响

3.2.1 降水对鄂尔多斯高原植被格局的影响

在干旱区和半干旱区,降水是影响植物生长与分布的主要限制因子之一。草原是半干旱区分布最广泛的生态系统。降水对草原生态系统的结构与功能都有重要影响。首先,降水影响草原的生物多样性。例如,内蒙古东北-西南草地样带的植物多样性随着水分的增加而增加。物种数量和丰富度与降水呈显著正相关(胡云峰等,2012)。乌兰巴托—锡林浩特草地样带的植物物种数量与夏季降水总量呈正相关(胡云峰等,2015)。其次,降水影响草原的生物量及其分配。例如,青藏高原东西样带上草地地下生物量与降水量有显著正相关(杨秀静等,2013)。内蒙古的草甸草原、典型草原和荒漠草原的地上生物量和地下生物量差异显著,然而地下生物量与地上生物量的比值没有显著差异。年均降水量是地上生物量和地下生物量的主要驱动因子(Kang et al.,2013)。乌兰巴托—锡林浩特草地样带的地上生物量与夏季降水总量呈正相关(胡云峰等,2015)。我国北方温带草原和青藏高原高寒草原的根冠比与降水没有显著相关关系(Yang et al.,2010)。然而,我国草原生态系统的地下生物量/地上生物量随着年降水量的增加显著降低(Wang et al.,2014)。再次，降水也会改变草原生态系统中植物的元素含量。例如，随着年均降水量的增加，中国草地样带植物叶片的氮、磷含量均略呈增加趋势(樊江文等，2014a)，而根系氮含量则有降低趋势(樊江文等，2014b)。其中，随年降水量增加，杂类草植物叶片含氮量增加。青藏高原区域植物叶片含氮量随年降水量增加而增加，仅豆科植物和杂类草叶片含氮量随年降水量增加而增加(于海玲等，2016)。然而，目前关于降水对草原生态系统结构与功能影响的研究大部分关注的是不同功能型之间的差异，例如，C_3或C_4植物，豆科、禾本科或莎草科以及旱生或中生植物等，很少关注克隆植物与非克隆植物的差异。

克隆植物分布在不同类型的植物群落中，并且是许多群落中的优势种。其在植物群落中具有重要作用，影响群落的物种组成和植物多样性等(Dong et al.,2014；宋明华等，2001)。例如，东北样带克隆植物的物种数量在典型草原最多，为32种；在草甸草原最少，仅3种。从东到西，克隆植物的重要值趋于上升，克隆植物占物种总数的比例也增加，从森林的48.4%增加到荒漠草原的66.5%(宋明华等，2001)。生产力较高的温带典型草原的植物多样性与密集型克隆植物的重要性呈负相关，而与游击型克隆植物的重要性呈正相关。生产力较低的温带荒漠草原的植物多样性则与密集型和游击型克隆植物的重要性都呈正相关(Song et al.,2002)。鄂尔多斯高原风蚀沙化梁地上的克隆植物的物种丰富度在梁顶的草原和梁底的滩地盐生植物群落中较高，而梁坡的沙生植物群落中较少。梁底的克隆植物的重要值高于其他两个群落。梁坡和梁底的群落物种多样性均与克隆植物的重要值呈负相关(宋明华等，2002)。青藏高原高寒草地的克隆植物有42种，占植物总数的52.5%。克隆植物的相对重要值在帕米尔苔草草甸最大，其次为藏嵩草草甸，鼢鼠土丘次生演替群落最小(付京晶等，2013)。

克隆植物的分布受多种环境因素的影响。例如，中国东北样带上克隆植物占物种总数的比例与海拔呈正相关，与土壤全氮含量呈负相关，但是与年均气温和年均降水量都没有相关关系(宋明华等，2001)。该样带克隆植物的丰富度、重要值和相对物种数均与海拔呈显著正相关。荒漠草原和典型草原克隆植物的物种丰富度与土壤有机碳、全氮、全磷和全钾均呈显著正相关(李仁强，2007)。青藏高原6种高寒草地的克隆植物的地上生物量、相对重要性与土壤含水量呈显著正相关(付京晶等，2013)。

鄂尔多斯高原地处半干旱区向干旱区的过渡带，年平均降水量从东南部的400mm左右逐渐降低到西北部的200mm左右。东部的降水较多，准格尔旗的年降水量一般不低于400mm；中部的年降水量一般为300mm；西部的年降水量逐渐下降到200~250mm。降水大多集中在夏秋季节，即7~9月，占全年降水的80%~90%。本研究通过样带调查的方法，分析降水对克隆植物分布的影响。调查范围内的植被从东到西依次可以分为草原、沙地和荒漠3种类型。其中，草原的优势植物包括本氏针茅、克氏针茅、达乌里胡枝子、赖草、短花针茅和狭叶锦鸡儿。沙地的优势植物主要是黑沙蒿和圆头蒿。荒漠的优势植物是黑沙蒿、绵刺和红砂。其中，分布比较广泛的5种优势植物是克氏针茅、本氏针茅、赖草、黑沙蒿和短花针茅。研究结果有助于我们在较大的空间尺度上理解克隆植物的分布如何适应降水变化，并且为当地的荒漠化防治和水土保持工程等提供理论依据。

2006年9月，从准格尔旗薛家湾镇黄河岸边开始，沿G109国道从东向西每10km选择一个样点。在国道两侧200m外的代表性植物群落内设置3个样方。每个样点的样方间距为20m，样方随机选择。草本植物样方面积为1m×1m，灌木样方面积为2m×2m。从第6个样点开始，每5个样点的样方数量增加到9个，包括6、11、16、21、26、31、36和41号样点。植被调查从东向西依次经过准格尔旗、东胜区、杭锦旗和鄂托克旗，共调查41个样点，到鄂托克旗棋盘井镇结束。样点的位置如图3-1所示。用GPS测量每个样点的经度、纬度和海拔高度(m)。样点的海拔范围是1139~1505m。记录每个样方内的植物种类。植物的中文名、拉丁名、生活型参考《内蒙古植物志》和《中国植物志》，生态型参考《内蒙古植被》。植物的克隆构型参考已发表的相关文章(宋明华等，2001)，并且根据根或茎的形态判断，例如，根状茎、匍匐茎、块根、块茎、鳞茎和分蘖等。用卷尺测量一个物种的最大高度作为植物的高度(cm)，根据样方内一种植物的总投影面积估计盖度(%)，统计植物个体数量并计算密度。其中，丛生植物按照能够分辨的单丛统计个体数量，克隆植物按照分株统计个体数量。计算克隆植物占总物种数量的比例。计算每个物种的频度、克隆植物与根状茎型克隆植物的重要值。物种频度、植物重要值按下式计算：

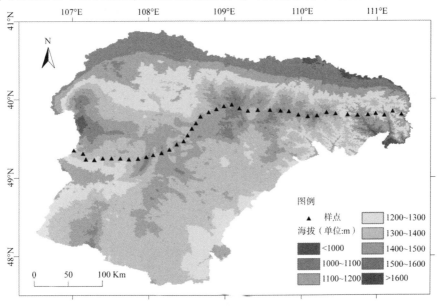

图3-1 鄂尔多斯高原植被调查的样点分布(文后彩版)

$$频度 = (出现一个物种的样方数量)/样方总数量 \tag{3-1}$$

$$重要值 = (相对盖度+相对密度+相对频度)/3 \tag{3-2}$$

式中：相对盖度=(一个物种的盖度/所有物种的总盖度)×100%；相对密度=(一个物种的个体数/所有物种的个体数)×100%；相对频度=(一个物种的频度/群落的总频度)×100%(董鸣，1997)。

通过 R 语言的 Raster 程序包(Hijmans and van Etten, 2011)，根据样点的经纬度坐标，在 World Climate 网站(www.worldclimate.com)上通过插值获得每个样点的年均降水量(New et al., 2002)。先对原始数据进行对数转化，使之满足正态性，然后用 SPSS 19.0 的 Pearson 相关分析法和一般线性回归分析克隆植物和根状茎型克隆植物的物种数量、占总物种数量的比例、重要值与降水量的关系，分析 5 种优势植物的高度、盖度、密度与降水量的关系。

此次植被调查共调查植物 21 科 54 属 82 种，含 5 个变种(表 3-2)。其中，禾本科(15 种)、豆科(14 种)、菊科(12 种)和藜科(10 种)的植物较多。这 4 个科的植物占物种总数的 ≈62.2%。蒿属(*Artemisia*)植物最多，有 6 种；其次是藜属(*Chenopodium*)、虫实属(*Corispermum*)、大戟属(*Euphorbia*)、岩黄耆属(*Hedysarum*)和针茅属(*Stipa*)，各有 3 种植物；葱属(*Allium*)等 13 个属备有 2 种植物；另外，还有 35 个含有 1 个物种的属。

表 3-2 鄂尔多斯高原植物的生活型、生态型和克隆构型

物种	生活型	生态型	克隆构型
藜科 Chenopodiaceae			
猪毛菜	一年生 A	旱中生 X-M	非克隆植物 N
刺沙蓬	一年生 A	旱中生 X-M	非克隆植物 N
沙蓬	一年生 A	旱生/沙生 X/P	非克隆植物 N
兴安虫实	一年生 A	旱生/沙生 X/P	非克隆植物 N
绳虫实	一年生 A	中生 M	非克隆植物 N
碟果虫实	一年生 A	旱生/沙生 X/P	非克隆植物 N
雾冰藜	一年生 A	旱生 X	非克隆植物 N
尖头叶藜	一年生 A	中生 M	非克隆植物 N
刺藜	一年生 A	旱中生 X-M	非克隆植物 N
灰绿藜	一年生 A	盐生/中生 H/M	非克隆植物 N
石竹科 Caryophyllaceae			
细叶石头花	多年生 P	旱生 X	根状茎型克隆植物 RC
十字花科 Crucifera			
四棱荠	一年生 A	旱生 X	非克隆植物 N

（续）

物种	生活型	生态型	克隆构型
蔷薇科 Rosaceae			
绵刺	灌木 S	旱生 X	非克隆植物 N
二裂委陵菜	多年生 P	旱生 X	匍匐茎型克隆植物 SC
委陵菜	多年生 P	中旱生 M-X	匍匐茎型克隆植物 SC
豆科 Leguminosae			
披针叶野决明	多年生 P	中旱生/盐生 M-X/H	根状茎型克隆植物 RC
天蓝苜蓿	二年生 B	中生/盐生 M/H	非克隆植物 N
中间锦鸡儿	灌木 S	旱生/沙生 X/P	非克隆植物 N
狭叶锦鸡儿	灌木 S	旱生 X	非克隆植物 N
狭叶米口袋	多年生 P	旱生 X	非克隆植物 N
米口袋	多年生 P	旱生 X	非克隆植物 N
斜茎黄耆	多年生 P	中旱生 M-X	非克隆植物 N
草木犀状黄耆	多年生 P	中旱生 M-X	非克隆植物 N
砂珍棘豆	多年生 P	旱生 X	非克隆植物 N
短翼岩黄耆	多年生 P	旱生 X	非克隆植物 N
塔洛岩黄耆	半灌木 SS	中旱生 M-X	根状茎型克隆植物 RC
细枝岩黄耆	半灌木 SS	中旱生 M-X	非克隆植物 N
达乌里胡枝子	灌木 S	中旱生 M-X	非克隆植物 N
牛枝子	半灌木 SS	旱生 X	非克隆植物 N
牻牛儿苗科 Geraniaceae			
鼠掌老鹳草	多年生 P	旱中生 X-M	其他型克隆植物 OC
蒺藜科 Zygophyllaceae			
多裂骆驼蓬	多年生 P	旱生 X	非克隆植物 N
蒺藜	一年生 A	中生 M	非克隆植物 N
远志科 Polygalaceae			
远志	多年生 P	旱生 X	块根型克隆植物 RSC
大戟科 Euphorbiaceae			
乳浆大戟	多年生 P	中旱生 M-X	非克隆植物 N
沙生大戟	多年生 P	旱生 X	非克隆植物 N
地锦	一年生 A	中生 M	非克隆植物 N
柽柳科 Tamaricaceae			
红砂	灌木 S	旱生/盐生 X/H	非克隆植物 N

(续)

物种	生活型	生态型	克隆构型
瑞香科 Thymelaeaceae			
狼毒	多年生 P	中旱生 M-X	根状茎型克隆植物 RC
伞形科 Umbellirerae			
北柴胡	多年生 P	旱生 X	块根型克隆植物 RSC
硬阿魏	多年生 P	旱生 X	根状茎型克隆植物 RC
萝藦科 Asclepiadaceae			
华北白前	多年生 P	旱生 X	块茎型克隆植物 TC
地梢瓜	半灌木 SS	中旱生 M-X	其他型克隆植物 OC
旋花科 Convolvulaceae			
银灰旋花	多年生 P	旱生 X	非克隆植物 N
田旋花	多年生 P	旱中生 X-M	非克隆植物 N
菟丝子	一年生 A	中生 M	其他型克隆植物 OC
马鞭草科 Verbenaceae			
荆条	灌木 S	中生 M	非克隆植物 N
唇形科 Labiatae			
粘毛黄芩	多年生 P	中旱生 M-X	根状茎型克隆植物 RC
香青兰	一年生 A	中生 M	非克隆植物 N
百里香	半灌木 SS	旱生 X	匍匐茎型克隆植物 SC
菊科 Compositae			
阿尔泰狗娃花	多年生 P	旱生 X	非克隆植物 N
小花鬼针草	一年生 A	中生 M	非克隆植物 N
白莲蒿	半灌木 SS	中旱生 M-X	根状茎型克隆植物 RC
冷蒿	半灌木 SS	旱生 X	根状茎型克隆植物 RC
黑沙蒿	半灌木 SS	旱生/沙生 X/P	其他型克隆植物 OC
细裂叶莲蒿	半灌木状草本 SSH	中旱生 M-X	根状茎型克隆植物 RC
猪毛蒿	多年生 P	旱中生 X-M	根状茎型克隆植物 RC
白沙蒿	半灌木 SS	旱生/沙生 X/P	其他型克隆植物 OC
砂蓝刺头	多年生 P	旱生 X	非克隆植物 N
裂叶风毛菊	多年生 P	旱中生 X-M	非克隆植物 N
山苦荬	多年生 P	中旱生 M-X	非克隆植物 N
丝叶山苦荬	多年生 P	中旱生 M-X	非克隆植物 N

(续)

物种	生活型	生态型	克隆构型
禾本科 Gramineae			
芦苇	多年生 P	中生 M	根状茎型克隆植物 RC
冰草	多年生 P	旱生 X	根状茎型克隆植物 RC
赖草	多年生 P	旱中生 X-M	根状茎型克隆植物 RC
短花针茅	多年生 P	旱生 X	分蘖型克隆植物 TLC
本氏针茅	多年生 P	旱生 X	分蘖型克隆植物 TLC
克氏针茅	多年生 P	旱生 X	分蘖型克隆植物 TLC
沙鞭	多年生 P	旱生/沙生 X/P	根状茎型克隆植物 RC
画眉草	一年生 A	中生 M	非克隆植物 N
小画眉草	一年生 A	中生 M	非克隆植物 N
无芒隐子草	多年生 P	旱生 X	分蘖型克隆植物 TLC
糙隐子草	多年生 P	旱生 X	分蘖型克隆植物 TLC
虎尾草	一年生 A	中生 M	非克隆植物 N
锋芒草	一年生 A	中生 M	分蘖型克隆植物 TLC
狗尾草	一年生 A	中生 M	非克隆植物 N
白草	多年生 P	旱中生 X-M	根状茎型克隆植物 RC
莎草科 Cyperaceae			
寸草	多年生 P	旱生 X	根状茎型克隆植物 RC
百合科 Liliaceae			
蒙古韭	多年生 P	旱生 X	鳞茎型克隆植物 BC
细叶韭	多年生 P	旱生 X	鳞茎型克隆植物 BC
戈壁天门冬	多年生 P	旱生 X	非克隆植物 N
鸢尾科 Iridaceae			
细叶鸢尾	多年生 P	旱生 X	根状茎型克隆植物 RC
马蔺	多年生 P	中生 M	根状茎型克隆植物 RC

注：生活型，A 一年生，B 二年生，P 多年生，S 灌木木，SS 半灌木，SSH 半灌木状草本；生态型，X 旱生生，X-M 旱中生，M-X 中旱生，M 中生，P 沙生，H 盐生；克隆构型，N 非克隆植物，RC 根状茎型型克隆植物，SC 匍匐茎型克隆植物，OC 其他型克隆植物，RSC 块根型克隆植物，TC 球茎型克隆植物，TLC 分蘖型克隆植物，BC 鳞茎型克隆植物。

从植物的生活型来看，草本植物有 67 种，占植物总数的 81.71%。其中，多年生草本植物最多，有 44 种，占植物总数的 53.66%；其次是一年生草本植物，有 21 种，占植物总数的 25.61%；二年生草本植物和半灌木状草本植物各 1 种，分别占植物总数的 1.22%。5 种优势植物中的 4 种（克氏针茅、本氏针茅、短花针茅和赖草）是多年生草本植物。木本植物共15种,只占总数的18.29%;包括9种半灌木和6种灌木,各占木本植物总数的60.00%和40.00%。5种优势植物中的黑沙蒿是半灌木。鄂尔多斯市成吉思汗陵周边的植物生活型也以草本植物为主,占总数的86.39%(刘哲荣等,2015)。

从水分生态型来看,旱生植物最多,有41种,占植物总数的50%;旱中生植物有9种,中旱生植物有15种,共占29.27%;中生植物有17种,占20.73%(表3-2,图3-2)。5种优势植物中有4种(克氏针茅、本氏针茅、短花针茅和黑沙蒿)是旱生植物,赖草是旱中生植物。然而,成吉思汗陵周边植物的水分生态型则以中生植物(含中旱生植物)为主,占总数的62.38%;其次是旱生植物,占总数的26.84%。这是由于当地植被以草甸和沙生植被为主(刘哲荣等,2015)。这些特征体现了植物对当地干旱和半干旱气候的响应。另外,从土壤生态型来看,沙生植物有8种,耐盐植物有4种。

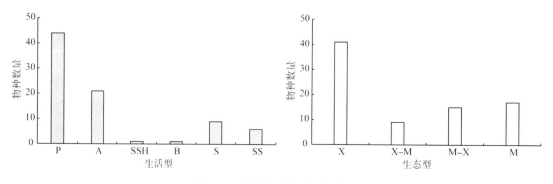

图3-2 植物的生活型和生态型

注:P为多年生草本,A为一年生草本,SSH为半灌木状草本,B为二年生草本,S为灌木,SS为半灌木;X为旱生,X-M为旱中生,M-X为中旱生,M为中生。

鄂尔多斯样带共有克隆植物37种,占总植物种数的45.12%,包括6种克隆构型(表3-2)。其中,根状茎型克隆植物有18种,占克隆植物种数的48.65%;分蘖型克隆植物有6种,占16.22%。5种优势植物均为克隆植物。这个结果与东北样带的调查结果类似。东北样带的克隆植物占总数的49.2%。克隆植物数量在典型草原最多,达到32种。根状茎型克隆植物在不同植被类型中的数量都最多。根状茎能够在地表以下有效贮藏越冬芽,是克隆植物对寒冷气候的适应(宋明华等,2001)。在黄土高原植被演替的不同阶段,克隆植物的比例从第3年的0%,增加到第26年的25%,以及第46年和第149年的100%(Wang,2002)。科尔沁沙地植被恢复过程中,克隆植物的物种丰富度随着恢复时间延长而增加,固定沙地阶段最高;其重要值在12年的半固定沙地达到顶峰(张继义等,2005)。因此,克隆植物在草原生态系统中具有重要作用。

降水增加有利于促进鄂尔多斯高原克隆植物的分布。克隆植物种数量($P<0.001$)、占总物种数量的比例($P<0.01$)以及重要值($P<0.001$)均与降水量呈极显著正相关(表3-3,

图 3-3)。而且，根状茎型克隆植物的数量与降水量呈显著正相关($P<0.05$)（表 3-3，图 3-3)。这可能是由于克隆植物对 CO_2、光能和水分等资源的利用能力优于非克隆植物。例如，东北样带的 115 种克隆植物的光合速率、蒸腾速率、气孔导度、水分利用效率分别比 103 种非克隆植物高 22%、15%、23% 和 14%（蒋高明和董鸣，2000）。但是，东北样带克隆植物的相对数量和重要值与降水量没有相关性（宋明华等，2001）。这种差异可能是由于两个地区的植被类型与气候不同造成的。鄂尔多斯高原的植被包括典型草原、沙地、荒漠草原和草原化荒漠，降水量为 196.45~444.44mm。东北样带的植被包括森林草原、农田、草甸草原、典型草原和荒漠草原，降水量为 200.3~569.2mm。其中，降水量最高的森林草原的植被以乔木为主，克隆植物数量较少。

表 3-3 克隆植物的特征与降水量的相关系数

植物类型	物种数量	比例	重要值
克隆植物	0.371＊＊＊	0.217＊＊	0.613＊＊＊
根状茎型克隆植物	0.182＊	0.056	0.295

注：＊＊＊$P<0.001$；＊＊$P<0.01$；＊$P<0.05$。

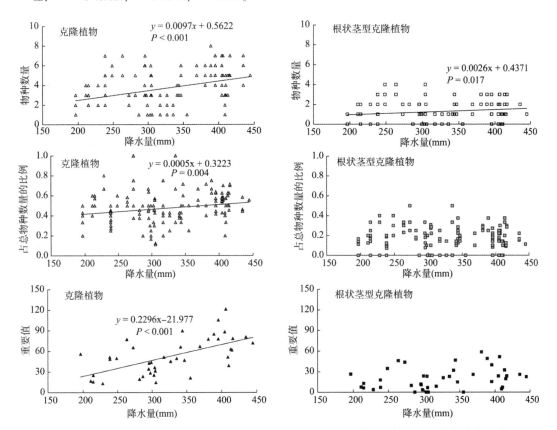

图 3-3 克隆植物和根状茎型克隆植物的物种数量、占总物种数的比例、重要值与降水的关系

克氏针茅、本氏针茅和短花针茅各主要分布在鄂尔多斯高原东部的半湿润区、中东部的半干旱区以及中西部的半干旱-干旱区，分别是草原和荒漠草原的优势种。三种针茅的分布特征与降水的关系不同。其中，克氏针茅的密度与降水量呈显著正相关（$P<0.05$）（表3-4，图3-4）。内蒙古多伦的克氏针茅在降水丰沛、土壤含水量较高的生境中光能利用率较高（孙建等，2011）。本氏针茅的高度、盖度和密度均与降水量呈极显著正相关（$P<0.01$）（表3-4，图3-4）。降水量在生长季各月都是对鄂尔多斯高原的本氏针茅+百里香群落生物量的重要影响因子，重要程度依次是5月>6月>7月（黄富祥等，2001）。然而，短花针茅的高度（$P<0.05$）和密度（$P<0.01$）与降水量呈显著负相关（表3-4，图3-4）。四子王旗荒漠草原短花针茅的相对生物量与降水呈显著负相关（秦洁等，2016）。增温和降水增加会增加短花针茅的总生物量、根和叶生物量（吕晓敏等，2015）。因此，三种针茅采取不同的生长对策适应鄂尔多斯高原的半干旱或干旱气候。

表3-4 优势植物的高度、盖度、密度与降水量的相关系数

物种	高度	盖度	密度
克氏针茅	0.239	0.190	0.542*
本氏针茅	0.292**	0.508**	0.496**
短花针茅	-0.273*	-0.347	-0.326**
黑沙蒿	0.284*	0.362**	0.380**
赖草	0.414**	-0.339**	-0.228*

注：**$P<0.01$；*$P<0.05$。

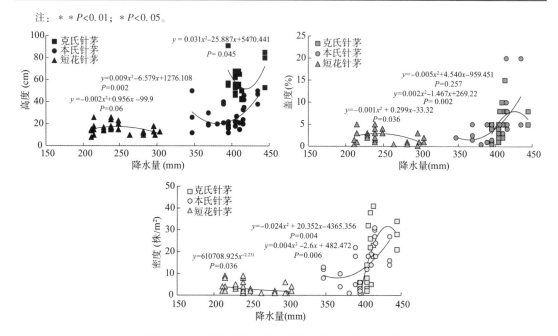

图3-4 三种针茅的高度、盖度、密度与降水的关系

黑沙蒿主要分布在鄂尔多斯高原中部和西部的半干旱区和干旱区，是沙地和荒漠的优势植物。它的高度与降水量呈显著正相关（$P<0.05$），盖度（$P=0.01$）和密度（$P=0.001$）均与降水量呈极显著正相关（表3-4，图3-5）。生长季内，降水量是鄂尔多斯高原和黑沙蒿+本氏针茅群落的地上生物量的重要影响因子（黄富祥等，2001）。随着施水量的增加，毛乌素沙地黑沙蒿幼苗的生物量、株高、总枝数和长度、总叶片数、总叶面积等均显著增加（肖春旺等，2001）。沙坡头的模拟降雨实验表明：增雨100%显著促进新枝生长（张浩等，2015）。因此，降水增加促进黑沙蒿生长，黑沙蒿在沙地的生长优于荒漠。

赖草主要分布在鄂尔多斯高原东部和中部的半干旱区，是草原的优势植物以及沙地和荒漠草原的伴生植物。赖草的高度与降水量呈极显著正相关（$P<0.01$），而盖度（$P<0.01$）与密度（$P<0.05$）则与降水量呈显著负相关（表3-4，图3-5）。生长季降水对内蒙古赖草草甸的植物群落初级生产力的形成起至关重要的作用。随着降水量的增加，地上净初级生产力逐渐增大（常骏等，2010）。对宁夏盐池沙地的研究，也证明赖草主要分布在土壤水分条件较好的平沙地，同样可以伴生在土壤水分较少的丘顶（高阳等，2006）。浑善达克沙地土壤含水量高的低湿滩地上赖草的分株数和生物量都低于土壤含水量较低的风沙沉积区和过渡区（朱选伟等，2004）。因此，降水增加后赖草趋向于产生数量较少的高大分株。

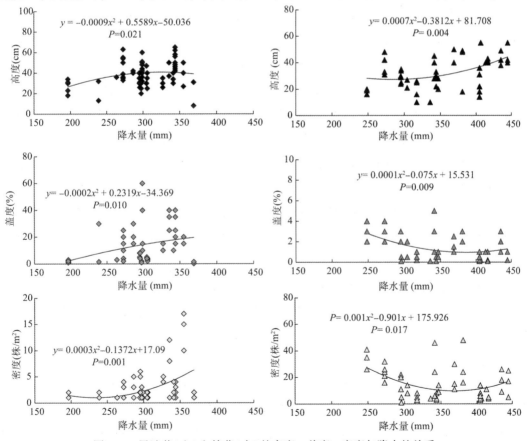

图3-5 黑沙蒿（左）和赖草（右）的高度、盖度、密度与降水的关系

总之，克隆植物在鄂尔多斯高原的植被组成中具有重要作用，而且其重要性随着降水的增加而增强。随着降水量的增加，克隆植物的物种数量、占物种总数的比例和重要值以及根状茎型克隆植物的数量均显著增加。5 种优势克隆植物的分布均受降水影响。随着降水量的增加，克氏针茅的密度，本氏针茅的高度、盖度和密度，黑沙蒿的高度、盖度和密度以及赖草的高度均显著增加；然而，赖草的盖度和密度以及短花针茅的高度和密度显著降低。建议今后当地的荒漠化防治和水土保持工程重视克隆植物的应用。

3.2.2 人为因素对鄂尔多斯高原植被格局的影响

鄂尔多斯高原地处农牧交错带，植被动态受放牧、飞播、退耕还林和煤矿开采等人类活动的影响。过度放牧可能导致植被退化。毛乌素沙地植被演替过程依次为流动沙地、流动沙地白沙蒿群落、半固定沙地黑沙蒿+白沙蒿群落、固定沙地黑沙蒿群落、固定沙地黑沙蒿+本氏针茅+苔藓群落、本氏针茅草原。半固定和固定沙地的黑沙蒿群落发生沙化，主要是由于过度放牧所致的逆行演替（郭柯，2000）。与围封相比，放牧使黑沙蒿群落中植物种类增加，但降低了植物群落盖度。放牧不仅导致黑沙蒿草场地上、地下总生物量降低，也使得地上、地下生物量占群落地上、地下总生物量的比例减小。生长季放牧导致黑沙蒿样地的凋落物生物量显著增加（高丽等，2017）。随着距毛乌素沙地围栏牧场水源点距离的增加，植物群落及功能群（灌木、禾草和杂草）的丰富度增大，群落总盖度、灌木和禾草的盖度均增加，而杂草的盖度下降。植物群落结构和组成的变化反映了水源点附近沙地上的放牧梯度。放牧增加了毛乌素沙地植物群落的空间异质性。以水源点为中心的放牧使围栏牧场的植被沿着放牧梯度出现沙地植被的逆行演替，即毗邻水源点出现演替早期的一年生先锋植物群落，远离水源点以演替末期的典型沙生植物为主（喻泓等，2015）。

20 世纪 80 年代，飞播是毛乌素沙地植被恢复的主要手段。飞播的物种主要包括：杨柴（塔洛岩黄耆）、圆头蒿（籽蒿）、沙打旺（斜茎黄耆）、草木犀状黄耆、细枝岩黄耆（花棒）和柠条锦鸡儿等。飞播后群落演替依次为先锋植物群落、杨柴群落、黑沙蒿群落以及柳叶鼠李、沙地柏、蒙古莸和柠条锦鸡儿等灌丛。合理放牧或割草可维持杨柴群落处于相对稳定阶段（李新荣等，1999）。

近年来，随着退耕还林工程的实施，鄂尔多斯高原的土地荒漠化得到有效治理，植被盖度逐渐提高。例如，退耕还林 6 年以内形成半流动沙丘，退耕地内主要为一年生沙生植被，种群密度相对较小，总盖度一般为 30%~45% 之间，高度低，种群之间无明显竞争、抗干扰能力差、空间格局分布随机，其特征群落为沙鞭+雾冰藜群落等。其植被演替态势是向着正向发展，但是如果受到干扰可能使其停止或者逆向发展。退耕还林 6~14 年形成半固定沙丘，退耕地内主要为一年生和多年生植物混合生长，主要特点为种群密度适中，总盖度一般在 60% 左右，种群高度较低，空间格局分布均匀，抗干扰能力一般，其特征群落为华北白前-乳浆大戟等。其植被演替态势是向着正向发展，是演替快速发展的初期。退耕还林14~18年形成固定沙丘，退耕地内主要为灌木和多年生植物混合生长，主要特点为种群密度较大，总盖度基本在70%左右，种群高度较高，空间格局分布出现集群分布现象，种群之间的竞争相当明显，抗干扰能力较强，其特征群落为黑沙蒿+杨柴群落等。其植被演替态势是向着逆向发展，是植被演替的消长期(张益源，2011)。

鄂尔多斯高原是我国重要的能源基地。露天煤矿开采后破坏天然植被，恢复难度较大。准格尔旗黑岱沟露天煤矿排土场的植被恢复模式主要有乔木(毛白杨+油松)、乔木(毛白杨)+灌木(沙棘)、乔木(火炬树)+禾草(羊草)、乔木(毛白杨)+豆科草本(斜茎黄耆)以及撂荒地(山杏)。其中，撂荒地的植物多度显著高于其他配置，其次为乔木+禾草。撂荒地和乔木+豆科草本配置的物种丰富度显著高于其他配置。撂荒地的表层土壤有机质和全氮含量最高，乔木+灌木次之。乔木和乔木+灌木的土壤全磷含量最高。植物物种丰富度与土壤有机质和全氮呈正相关，与磷含量呈显著负相关。因此，合理配置人工植被和改善土壤质量有利于露天煤矿排土场草本植物多样性的恢复，包括增加排土场浅层土壤有机质和全氮含量，控制土壤磷的输入。促进排土场草本植物多样性的恢复，应优先考虑豆科植物改善土壤质量(赵洋等，2015)。此外，露天煤矿排土场植被恢复有助于生物土壤结皮拓殖和发育。不同植被恢复模式下生物土壤结皮的总盖度均超过50%。其中，乔木和乔木+豆科草本配置下藻类结皮盖度最高，分别为56%和43%。乔木+禾草模式下藓类结皮盖度最高，为34%。不同植被恢复模型下生物土壤结皮的厚度均超过0.3cm，其中乔木+灌木配置下厚度最高，为0.55cm (赵洋等，2014)。

人类活动对鄂尔多斯高原砒砂岩区的植被产生强烈影响。过度放牧和采矿等活动导致植被退化。飞播、围封和退耕还林等活动则有利于植被恢复。煤矿开采之后，原生植被受到破坏，特别是露天煤矿。与原生植被相比，人工恢复的植被虽然多样性较低，但是能够固定土壤，减少水土流失和风蚀，改善土壤质量。

3.3 植被自组织特性/共存机制

鄂尔多斯高原地处半干旱区到干旱区的过渡带。在半干旱区，水分是植物群落生存和发展的关键因子(张新时，1994)。植物如何利用有限的水分，不仅关系到自身生存，而且影响种间关系和植被动态。因此，水分利用策略是群落中不同类型植物共存的关键因素之一。稳定同位素技术研究表明：半干旱区植物可以利用的水分来源主要有降雨补充的浅层土壤水(Cheng et al.，2006)，降雨或降雪补充的深层土壤水(Yang et al.，2011)以及地下水(Ohte et al.，2003；Wei et al.，2014；Song et al.，2014；Su et al.，2014；Zhu et al.，

2016）。浅层土壤水一般来源于降雨，深层土壤水则来自大雨、降雪或者地下水。此外，对于C_3植物而言，叶片的稳定碳同位素值和长期水分利用效率成正相关。干旱时一些植物可以通过提高水分利用效率来适应环境变化（林光辉，2013）。

3.3.1 覆沙砒砂岩区植被水分利用策略

鄂尔多斯高原南部是毛乌素沙地，其东北部属于覆沙砒砂岩区。毛乌素沙地是我国四大沙地之一，位于内蒙古自治区中部、陕西北部和宁夏东北部，地处鄂尔多斯高原向黄土高原的过渡区，也是半干旱区向干旱区的过渡带。它的总面积为4.22万km^2。该地区属于中温带气候，年均气温6.0~8.5℃，年均降水量从东南部的440mm降低到西北部的250mm，降雨集中在7~9月；年均潜在蒸发量1800~2500mm。毛乌素沙地的天然植被主要包括森林草原、草原、沙地灌丛和荒漠草原，以及滩地的草甸、盐碱地与沼泽。其中，沙地灌丛的优势种有沙地柏、黑沙蒿、沙柳和中间锦鸡儿等（王静璞等，2015）。地带性土壤有淡栗钙土、棕钙土和风沙土（段义忠等，2018）。

以往研究表明，毛乌素沙地的沙地柏利用0~1.5m土壤水和地下水，而半灌木黑沙蒿主要利用0.5m以内的浅层土壤水（Ohte et al.，2003）。黑沙蒿主要利用65mm大雨补充的深层土壤水，多年生草本老瓜头主要利用10~20mm中雨，而本氏针茅主要利用小雨补充的浅层土壤水（Cheng et al.，2006）。然而，前者只采集了一次样品，比较了不同植物水分利用过程的种间差异；后者关注的是降雨后不同植物的水分利用过程，对于当地植物水分利用过程的季节动态还未见报道。毛乌素沙地地处半干旱区，降雨和土壤水分的季节变化较大，生长季内植物如何调整水分利用策略适应沙地的半干旱环境？因此，本节通过研究沙地柏、黑沙蒿和沙柳三种灌木群落水分利用过程，以期理解它们是如何调整利用的水分来源适应当地的半干旱环境的。研究结果能够为当地的天然林保护、退耕还林和三北防护林工程等生态林业工程提供理论依据。

研究地点是中国科学院鄂尔多斯沙地草地生态站（39°29′37.6″N，110°11′29.4″E，1300 a.s.l.），地处毛乌素沙地东北缘，位于内蒙古自治区鄂尔多斯市伊金霍洛旗纳林陶亥镇。该站的年均气温5.0~8.5℃，最低气温-28℃，最高气温40℃；年均降水量350mm，集中在7~9月；年均潜在蒸发量2300mm（Ye et al.，2019）。主要植被类型为沙地灌丛，优势种包括灌木沙地柏、沙柳和半灌木黑沙蒿等，伴生植物包括半灌木杨柴，多年生草本植物赖草、假苇拂子茅、星星草以及一年生植物雾冰藜、兴安虫实和虎尾草等。土壤类型主要是风沙土。

2018年5月13日至5月14日、7月13日至7月14日和9月22日，分别在沙地柏、黑沙蒿和沙柳群落中采集植物和土壤样品。设置4个5m×5m的样方作为重复，每个样方间距10m。在每个样方内测量4株灌木的株高、冠幅，估计盖度，记录伴生植物种类。三种灌木群落的特征见表3-5。在每个样方中采集4~5株灌木的两年生枝条，长度为5cm，直径4~5mm，用枝剪除去韧皮部，将木质部装入透明螺纹口8mL玻璃样品瓶（美国CNW技术公司），用Parafilm封口膜密封后冷藏带回实验室。伴生植物杨柴采集根系与枝条连接处的木质化部分。其他几种伴生植物数量很少，没有采集植物样品。

表3-5　毛乌素沙地三种灌木的群落特征

群落名称	株高（cm）	冠幅（cm）	盖度（%）	伴生植物
沙地柏 Sv	78.13	—	71.25	赖草 Ls、假苇拂子茅 Cp
黑沙蒿 Ao	92.19	136.00×131.94	67.50	杨柴 Hl、星星草 Pt
沙柳 Sp	332.88	360.00×404.38	37.00	杨柴 Hl、黑沙蒿 Ao

注：Sv, 沙地柏 *Sabina vulgaris*；Ao, 黑沙蒿 *Artemisia ordosica*；Sp, 沙柳 *Salix psammophila*；Ls, 赖草 *Leymus secalinus*；Cp, 假苇拂子茅 *Calamagrostis pseudophragmites*；Hl, 杨柴 *Hedysarum laeve*；Pt, 星星草 *Puccinellia tenuiflora*。

在每个样方中用直径5.72cm的沙土钻（美国AMS公司）采集土壤样品，根据以往的研究，毛乌素沙地的沙地柏侧根的细根主要分布在0~30cm，最大深度为90cm（何维明，2000）；沙柳的细根垂直分布深度为1.5m（刘健等，2010）；黑沙蒿的细根分布深度为1.4m（张军红等，2012）。因此，本研究确定灌木沙地柏和沙柳的采样深度是10、25、50、100、150、200cm；半灌木黑沙蒿的采样深度是10、25、50、75、100、150cm。土壤样品装入8mL玻璃样品瓶，用封口膜密封后冷藏带回实验室。木质部和土壤样品在-18℃冰柜冷冻保存。实验期间采集自然降雨的雨水，密封在8mL玻璃样品瓶中冷藏带回实验室，在2℃冰箱中冷藏保存。由于研究区地处赛蒙特煤矿的开采区，2012年采煤后浅层地下水流失，深层地下水埋深超过70m，对植被的影响很小，因此没有采集地下水样品。

植物和土壤样品在清华大学地学中心的稳定同位素实验室通过LI-2000植物土壤水分真空抽提系统提出水分，雨水样品用滤纸过滤除去杂质后测定。考虑到半干旱区水分子中的氧原子相对更稳定，本研究只测定了样品的稳定氧同位素。水样品在Flash 2000 HT元素分析仪中高温裂解后分别生成CO和H_2，Finnigan MAT 253质谱仪通过检测CO的^{18}O与^{16}O比率，并与国际标准海水（Standard Mean Ocean Water，SMOW）比对后计算出样品的$\delta^{18}O$值。

在每个样方中采集一份灌木或伴生植物的叶片样品，用中号信封带回实验室，在65℃下干燥24h，粉碎后过70目筛，然后在中国林业科学研究院的稳定同位素比率质谱实验室中测定$\delta^{13}C$值。叶片样品在Flash 2000元素分析仪中高温燃烧生成CO_2，Finnigan MAT δV+质谱仪通过检测CO_2中的^{13}C与^{12}C比率，并与国际标准物比对计算出样品的$\delta^{13}C$值。

2018年4月在沙地柏和黑沙蒿群落中用EC-5土壤水分传感器监测10、20、30、50、

100、150cm 的土壤体积含水量，每 5min 记录一个数据，连接 CR300 数据采集器存储数据。在沙柳群落中挖掘土壤剖面，用 WET 土壤水分电导率温度速测仪测定不同深度的土壤体积含水量。

水分的 $\delta^{18}O$ 用平均值±标准差(mean±SE)表示。通过 Iso-Source 1.3.1 的多元线性混合模型，计算 3 种灌木和伴生植物对不同深度土壤水的利用比例(Phillip and Gregg，2003)，结果用平均值±标准误(mean±SD)表示。模型中的混合物为灌木枝条水的 $\delta^{18}O$ 值，水分来源为 6 层土壤水的 $\delta^{18}O$ 值。潜在水分来源的增量设置为 1%，容许插值设定为 0.1%。通过 SPSS 19.0 的双因素方差分析法(Two-way ANOVA)分析采样时间和物种对叶片稳定碳同位素值的影响是否显著。如果显著($P<0.05$)，再用 Duncan 多重比较分析不同时间或不同物种的叶片稳定碳同位素值之间的差异性。

2018 年 4~9 月，鄂尔多斯站的总降雨量是 367.0mm。较大的日降雨量分别是 8 月 30 日的 34.4mm、7 月 19 日的 32.2mm 和 7 月 16 日的 31.8mm。生长季的月降雨量分别是 25.6、47.6、11.4、144.2、92.2 和 46.0mm（图 3-6）。

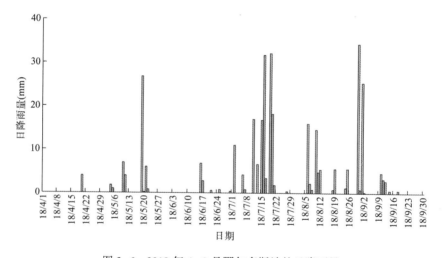

图 3-6　2018 年 4~9 月鄂尔多斯站的日降雨量

沙地柏群落中 5 月 13 日 20cm 土壤含水量最高，达到 9.67%；30cm 土壤含水量次之，为 6.03%。7 月 13 日 20cm 土壤含水量最高，达到 9.53%；50cm 土壤含水量次之，为 8.55%。9 月 22 日 150cm 土壤含水量最高，达到 5.27%；100cm 土壤含水量次之，为 4.60%（图 3-7A）。黑沙蒿群落中 5 月 13 日 50cm 土壤体积含水量最高，达到 14.25%；10cm 土壤含水量其次，为 12.03%；30cm 土壤含水量再次之，为 11.38%。7 月 13 日 10cm 土壤含水量最高，达到 15.19%；20~50cm 土壤含水量次之，分别为 10.82%、10.14% 和 11.35%。9 月 22 日 50cm 土壤含水量最高，达到 16.16%；30cm 和 100cm 土壤含水量次之，分别为 14.58% 和 14.67%（图 3-7B）。沙柳群落中 5 月 14 日 20cm 土壤含水量最高，达到 14.6%；10cm 和 30cm 土壤含水量其次，分别为 10.75%和 10.55%。7月14日 10cm 土壤含水量最高，达到 15.65%；20cm 土壤含水量次之，为 12.3%。9月22日 10cm 土壤含水量最高，达到 11.7%；20cm 土壤含水量其次，为 8.9%(图 3-7C)。

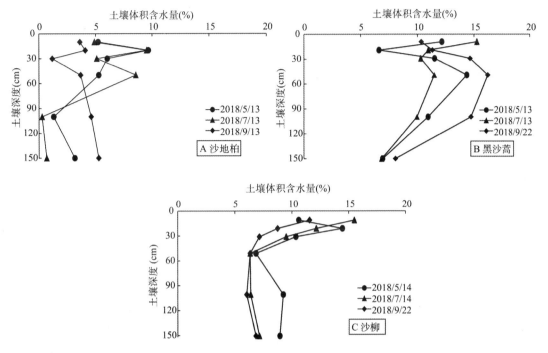

图 3-7　2018 年生长季毛乌素沙地三种灌木群落的土壤含水量

7月13日 3 种灌木群落中 10cm 土壤水的 $\delta^{18}O$ 值分别为 -15.14‰、-14.02‰、-11.53‰，都接近 7月11日雨水的 -18.53‰；9月22日 10cm 土壤水的 $\delta^{18}O$ 值分别为 -6.73‰、-7.71‰、-4.82‰，都接近 9月11日雨水的 -5.19‰。沙地柏枝条木质部水分的 $\delta^{18}O$ 值 5月13日接近 10~25cm 土壤水，7月13日 $\delta^{18}O$ 值接近 25cm 和 100~200cm 土壤水，9月22日 $\delta^{18}O$ 值接近 25~200cm 土壤水(图 3-8A)。黑沙蒿群落中，黑沙蒿和杨柴的枝条木质部水分的 $\delta^{18}O$ 值 5月13日接近 10~150cm 土壤水；7月13日 $\delta^{18}O$ 值都接近 10cm 和 150cm 土壤水；9月22日都接近 10~150cm 土壤水(图 3-8B)。沙柳群落中，沙柳和杨柴的枝条木质部水分 $\delta^{18}O$ 值 5月14日接近 10cm 和 50~200cm 土壤水，7月14日 $\delta^{18}O$ 值都接近 10~25cm 和 100~200cm 土壤水，9月22日 $\delta^{18}O$ 值都接近 25~200cm 土壤水(图 3-8C)。

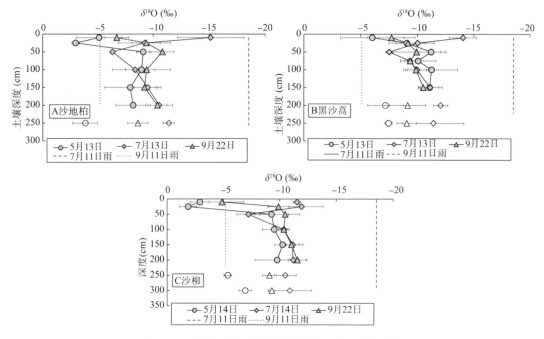

图 3-8 毛乌素沙地三种灌木群落的稳定氧同位素值

注：深灰色图标是土壤水分，白色图标是灌木枝条水分，B 和 C 的浅灰色图标为伴生植物杨柴的枝条水分。

沙地柏 5 月 13 日主要利用 25cm 土壤水，占其水分来源的 78.5%；7 月 13 日主要利用 10cm 土壤水，占其水分来源的 38.1%，其次是 25cm、100~200cm 土壤水，分别占其水分来源的 11.0%~16.4%；9 月 22 日主要利用 10cm 土壤水，占其水分来源的 36.8%，其次是 25cm、100~200cm 土壤水，分别占其水分来源的 10.2%~15.4%（表 3-6）。

表 3-6 毛乌素沙地不同深度土壤水对沙地柏水分来源的贡献率（%，平均值±标准误）

土壤深度（cm）	5 月 13 日	7 月 13 日	9 月 22 日
10	8.9±7.7	38.1±5.5	36.8±5.5
25	78.5±4.9	12.7±10.7	14.4±12.1
50	2.8±2.7	8.4±7.2	9.1±7.8
100	2.9±2.8	11.0±9.4	14.2±12.0
150	3.6±3.3	13.3±11.3	15.4±13.0
200	3.4±3.2	16.4±13.8	10.2±8.8

在黑沙蒿群落中，5 月 13 日黑沙蒿和杨柴主要利用 10cm 土壤水，分别占其水分来源的 72.9% 和 66.5%。7 月 13 日黑沙蒿和杨柴主要利用 10cm 土壤水，分别占其水分来源的 51.9% 和 36.6%；其次利用 150cm 土壤水，分别占其水分来源的 13.9% 和 18.3%；9 月 22 日黑沙蒿和杨柴主要利用 10~25cm 土壤水，分别占其水分来源的 46.1% 和 49.0%；对其

他各层土壤水的利用比例类似(表 3-7)。

表 3.7 毛乌素沙地不同深度土壤水对黑沙蒿和杨柴水分来源的贡献率(%，平均值±标准误)

土壤深度(cm)	5月13日		7月13日		9月22日	
	黑沙蒿 Ao	杨柴 Hl	黑沙蒿 Ao	杨柴 Hl	黑沙蒿 Ao	杨柴 Hl
10	72.9±3.1	66.5±3.6	51.9±5.5	36.6±7.0	26.0±7.9	30.0±7.5
25	7.9±6.9	9.7±8.4	9.9±8.5	13.1±11.1	20.1±16.8	19.0±16.0
50	4.4±4.0	5.5±4.9	5.9±5.3	7.9±6.8	12.9±11.0	12.2±10.4
75	5.8±5.1	7.2±6.3	8.4±7.3	11.2±9.5	17.6±14.8	16.7±14.0
100	4.4±4.0	5.5±4.9	9.8±8.4	13.0±11.0	13.3±11.2	12.5±10.7
150	4.5±4.1	5.7±5.0	13.9±11.8	18.3±15.4	10.1±8.7	9.6±8.2

在沙柳群落中，5月14日沙柳和杨柴主要利用10~25cm土壤水，分别占其水分来源的59.0%和37.9%；对其他各层土壤水的利用比例类似。7月14日沙柳主要利用50~200cm土壤水，占其水分来源的71.0%；杨柴主要利用10~25cm和100~200cm土壤水，占其水分来源的91.8%。9月22日沙柳和杨柴主要利用10~100cm土壤水，分别占其水分来源的73.8%和72.5%(表3-8)。

表 3-8 毛乌素沙地不同深度土壤水对沙柳和杨柴水分来源的贡献率(%，平均值±标准误)

土壤深度(cm)	5月14日		7月14日		9月22日	
	沙柳 Sp	杨柴 Hl	沙柳 Sp	杨柴 Hl	沙柳 Sp	杨柴 Hl
10	28.6±18.5	19.5±12.1	15.2±12.8	18.0±14.6	26.4±3.2	22.7±3.4
25	30.4±16.0	18.4±10.5	13.8±11.7	16.6±13.3	16.9±14.2	17.8±14.9
50	10.8±8.8	16.2±13.0	16.9±5.1	8.2±4.3	15.1±12.7	15.8±13.3
100	10.5±8.5	15.8±12.7	20.9±17.4	18.6±14.1	15.4±13.0	16.2±13.6
150	9.6±7.8	14.7±11.7	16.7±14.0	19.4±16.0	13.7±11.6	14.3±12.1
200	10.1±8.3	15.4±12.3	16.5±13.8	19.2±15.8	12.6±10.7	13.2±11.2

物种($P<0.001$)、时间($P<0.001$)及其相互作用($P=0.001$)对叶片稳定碳同位素值的影响都达到显著水平（表3-9）。从季节动态来看，不同月份之间沙地柏的叶片稳定碳同位素值差异不显著($P>0.05$)。然而，不同月份之间黑沙蒿的叶片稳定碳同位素值的差异接近显著水平($P=0.087$)；5月的叶片稳定碳同位素值显著高于9月($P<0.05$)。不同月份之间沙柳的叶片稳定碳同位素值差异达到极显著水平($P<0.001$)，5月和7月的叶片稳定碳同位素值显著高于9月($P<0.05$)。不同月份之间杨柴的叶片稳定碳同位素值差异也显著($P<0.05$)，5月的叶片稳定碳同位素值显著高于9月($P<0.05$)。从种间差异来看，7月和9月四种植物的叶片稳定同位素值差异达到极显著水平($P<0.001$)；沙地柏的叶片稳定碳同位素值显著高于其他3种植物($P<0.05$)（图3-9）。

表 3-9 物种和时间对叶片稳定碳同位素值影响的双因素方差分析

变异来源	平方和	均方	F 值	P 值
物种	30.582	10.194	34.582	<0.001
时间	12.810	6.405	21.728	<0.001
相互作用	10.367	1.728	5.861	0.001

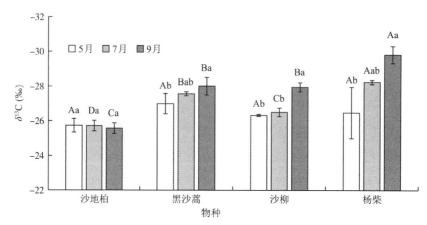

图 3-9 毛乌素沙地 4 种植物的叶片稳定碳同位素值

注：不同大写和小写字母分别表示不同月份之间和不同物种之间差异显著（$P<0.05$）。

毛乌素沙地的 4 种灌木和半灌木（沙地柏、黑沙蒿和沙柳及其伴生植物杨柴）采取资源依赖型水分利用策略，即生长季不同月份根据土壤水的可利用性，主要利用不同深度的土壤水。其中，沙地柏 5 月主要利用 25cm 浅层土壤水，7 月和 9 月均主要利用 10~25cm 浅层和 100~200cm 深层土壤水。黑沙蒿及伴生植物杨柴一直利用相同的水分来源，即 5 月主要利用 10cm 浅层土壤水，7 月同时利用 10cm 浅层土壤水和 150cm 深层土壤水，9 月则利用 10~150cm 土壤水。沙柳 5 月主要利用 10~25cm 浅层土壤水，伴生植物杨柴主要利用 50~200cm 土壤水；7 月，两者同时利用 10~25cm 浅层土壤水和 100~200cm 深层土壤水；9 月均主要利用 25~200cm 土壤水。研究区的浅层地下水被采煤破坏后，植被几乎难以吸收深层地下水，因此降雨成为植物所利用的土壤水的主要补充来源。7 月和 9 月三种灌木群落内浅层土壤水的稳定氧同位素值均接近采样之前几天的雨水。本研究的结果与前人的研究结果不同，这主要是生境的地下水状况差异造成的。例如，毛乌素沙地的乔木旱柳和灌木沙地柏主要利用深层土壤水和地下水，而半灌木黑沙蒿主要利用浅层地下水。丘间地旱柳的地下水埋深是 1.0m，沙丘上沙地柏生境的地下水埋深是 1.5m，而黑沙蒿生境的地下水埋深是 1.3m（Ohte et al., 2003）。

伴生植物杨柴与群落优势种黑沙蒿或沙柳的水分来源范围一致，说明它与两种灌木均存在水分竞争。灌木在沙地生态系统中利用的水分来源与其根系类型密切相关，特别是细根分布。毛乌素沙地的杨柴根系深度超过80cm，生物量主要分布在0~40cm（张雷等，2017）。它的根系与黑沙蒿和沙柳的范围部分重叠。黑沙蒿的根系深度是200cm，细根主要分布在0~40cm（张军红等，2012）。沙柳的根系最深是150cm，细根主要分布在0~50cm（刘健等，2010）。这种情况在其他沙地植被中也存在。例如，科尔沁沙地的黄柳主要利用0~50cm土壤水，而差不嘎蒿主要利用10~150cm土壤水（刘保清等，2017）。黄柳和差不嘎蒿混交群落内二者的根生物量均主要分布在0~40cm（黄刚等，2007）。因此，退化沙地植被恢复过程中栽植灌木需要考虑深根系植物的合理配置，避免过度水分竞争。建议毛乌素沙地等半干旱区今后的生态建设中营造杨柴与黑沙蒿或沙柳等灌木混交林时保持合理的造林密度。

毛乌素沙地的常绿灌木沙地柏的叶片$\delta^{13}C$值很稳定，而黑沙蒿、沙柳和杨柴3种落叶植物的叶片$\delta^{13}C$值存在明显的季节动态，即5月高于9月。5月采样之前降雨量低，气候干旱，黑沙蒿和沙柳群落的土壤表层含水量也较低。因此，这3种植物通过提高长期水分利用效率适应干旱。此外，从种间差异来看，5月4种植物的叶片$\delta^{13}C$值类似；然而，7月和9月沙地柏的叶片$\delta^{13}C$值显著高于其他3种植物，表现出竞争优势。常绿植物的这种优势在其他生态系统中也存在。例如，秋季乌兰布和沙漠沙冬青的叶片$\delta^{13}C$值高于黑沙蒿、白刺和柠条锦鸡儿（朱雅娟等，2010）。黑河流域上游山区沙地柏的叶片$\delta^{13}C$值最高，达到-23.88‰；青海云杉（-24.94‰）和祁连圆柏（-25.40‰）次之。这三种常绿植物均高于其他植物（苏培玺和严巧娣，2008）。

总之，降雨补充的土壤水是毛乌素沙地的沙地柏、黑沙蒿和沙柳三种灌木群落利用的主要水分来源。三种灌木及其伴生植物杨柴均采取资源依赖型水分利用策略，即根据不同深度土壤水的可利用性，在不同季节利用不同深度的土壤水。杨柴与黑沙蒿或沙柳伴生时均存在水分竞争。常绿灌木沙地柏的叶片稳定碳同位素值较高，可能具有竞争优势。干旱时三种落叶灌木黑沙蒿、沙柳和杨柴通过提高叶片稳定碳同位素值来适应环境。建议毛乌素沙地等半干旱区今后的生态林业工程注意灌木的合理配置和造林密度，避免水分竞争导致的人工植被衰退。

3.3.2 覆土砒砂岩区植被水分利用策略

覆土砒砂岩区位于鄂尔多斯高原的东部和东南部。当地位于半干旱区，地带性植被是典型草原，优势植物包括本氏针茅、克氏针茅、披碱草、细叶韭和百里香等多年生草本和小半灌木。该地区的地形以黄土丘陵为主，覆土层较薄，在夏季暴雨和风力、重力侵蚀下极易发生水土流失，是黄河中下游粗泥沙的主要来源地。人工造林是当地防治水土流失的重要措施。水土保持林建立之后能否适应当地的半干旱环境是其能否保持长期稳定性的关键。

目前，关于鄂尔多斯高原植物水分利用策略的研究主要集中在南部的毛乌素沙地（Ohte et al.，2003；Cheng et al.，2006；李巧燕等，2019），对东部砒砂岩覆土丘陵区的研究较少。因此，本节选择鄂尔多斯高原覆土砒砂岩区的水土保持树种沙棘、油松和山杏，利用稳定同位素技术，研究3个树种在生长季的水分利用策略。本研究假设三个树种在不同季节选择利用不同水源，并且干旱时提高水分利用效率以适应环境变化。本研究旨在明确三个树种如何调整水分利用策略来适应半干旱环境，为人工植被可持续管理和生态工程建设提供科学依据。

研究区位于内蒙古自治区鄂尔多斯市准格尔旗暖水乡，地处东经110°05′~110°27′，北纬39°16′~40°20′，采样地点位于纳林川上游圪秋沟小流域的什布尔太沟坡顶。该区属于大陆性半干旱气候。年均气温7.3℃，≥10℃积温3400℃；年潜在蒸发量2100~3700mm；年降水量251.1~522.2mm，多以暴雨形式出现，主要集中在7~8月；平均风速12.3m/s，无霜期仅140d（党晓宏等，2012）。研究区内主要造林树种为沙棘、油松和山杏等。天然植被的优势种包括克氏针茅、百里香、披碱草和细叶韭等。研究地点的土壤类型以黄绵土为主，伴随栗钙土和风沙土，黄绵土厚度为0.3~1m，下层为砒砂岩（王浩等，2019）。

2018年5月12日、7月16日和9月22日采样，在沙棘、油松和山杏林中各选择4株形态特征相近植株，设置4个5m×5m的样方，在样方内使用土钻采集土壤样品，分别在10、25、50、75和100cm深度采样。将新鲜土壤装入8mL玻璃样品瓶中，快速拧好瓶盖并包裹封口膜放入冷藏箱中，随后带回实验室移入-18℃冰箱中保存，用于测定稳定氧同位素比率。以4个样方内的土壤采样点为中心各选择4~5株植物。使用钢卷尺首先在垂直地面方向测量植株高度，其次在平行地面方向分别测量东西和南北冠幅（表3-10）。剪取直径约为0.3~0.5cm的2年生枝条（避免1年生枝条上气孔蒸腾作用导致氢、氧同位素富集），迅速用枝剪除去外皮，留下木质部，选择未直接接触到的4~5cm木质部装入8mL玻璃样品瓶中，迅速用封口膜密封。每个样地四次重复，枝条样品同土壤样品一起冷藏保

表3-10 沙棘、油松和山杏林的基本情况

造林树种	株高（m）	冠幅（m×m）	株行距（m×m）	亚优势植物
沙棘 Hr	2.10±0.36	2.11×1.86	2×2	披碱草 Ed、克氏针茅 Sc
油松 Pt	2.14±0.16	1.70×1.63	3×4	细叶韭 At、胡枝子 Lb
山杏 As	2.71±0.15	1.49×1.40	3×4	百里香 Tm、蒙古莸 Cm

注：Hr，沙棘 *Hippophae rhamnoides*；Pt，油松 *Pinus tabuliformis*；As，山杏 *Amygdalus sibirica*；Ed，披碱草 *Elymus dahuricus*；Sc，克氏针茅 *Stipa capillata*；At，细叶韭 *Allium tenuissimum*；Lb，胡枝子 *Lespedeza bicolor*；Tm，百里香 *Thymus mongolicus*；Cm，蒙古莸 *Caryopteris mongholica*。

存，测定稳定氧同位素比率。在采集枝条的植株上，采摘健康完整的叶片，每种植物视叶片大小采集50~100片，装入牛皮纸袋。每种植物采集3袋叶片作为重复，在70℃干燥箱中干燥48h，粉碎机粉碎，过70目筛，测量稳定碳同位素比率。实验期间在距离研究地点10km之外的暖水乡收集自然降水的雨水，装入8mL玻璃样品瓶中，每次降雨采集3瓶作为重复，用封口膜密封后在2~3℃冰箱冷藏保存。

2018年4月，在沙棘林中安装土壤水分监测系统，包括CR300数据采集器、EC-5土壤水分传感器、太阳能板和蓄电池等。随后应用该系统对沙棘林内深度分别为10、20、30、40、50、60、70、80和100cm土壤的体积含水量分层监测。采样时，下载监测数据计算得出沙棘林土壤体积含水量。2018年4~9月的降雨量来自特拉沟气象站，距离研究地点北方大约30km。

植物、土壤和雨水样品的测试方法同3.3.1。

通过Iso-source多元线性混合模型分别计算3种树木对不同深度土壤水分的利用比例。首先初步判断水分来源，将木质部水的氧同位素值作为混合物，各潜在水源(各层土壤水和雨水)的氧同位素值作为来源代入模型，设定来源增量为1%，质量平衡公差为0.1‰。

运用SPSS 22.0单因素方差分析法(One-way ANOYA)分析不同采样时间对同一深度土壤水源中稳定氧同位素比率的影响，运用双因素方差分析法(Two-way ANOYA)分析不同物种和不同采样时间对植物叶片稳定碳同位素比率的影响，分析后通过Tukey's多重比较进行假设检验差异是否显著。

2018年4月1日至9月30日，研究区总降雨量为325.2mm。最大降雨量为7月11日的39.7mm，其次是5月19日的33.9mm和9月1日的32.3mm。4~9月的月降雨量分别为10.8mm、84.9mm、8.9mm、137.6mm、33.3mm和50.6mm(图3-10)。

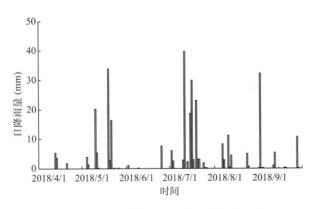

图3-10　2018年4~9月研究区的日降雨量

从不同月份看,除 70cm 土壤深度之外,沙棘林 9 月的其他各层土壤含水量均高于 5 月和 7 月。7 月 50cm 和 70cm 土壤含水量高于 5 月。从不同土壤深度来看,5 月、7 月和 9 月的沙棘林体积含水量最高的土壤深度分别是 20cm、50cm 和 30cm(图 3-11)。

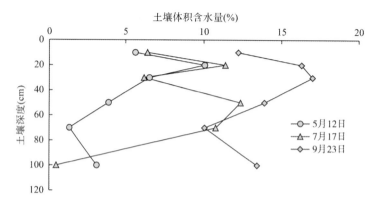

图 3-11 2018 年 5~9 月沙棘林土壤体积含水量

5 月 12 日沙棘枝条水 δ¹⁸O 比率-5.47‰接近 10cm 土壤水的-5.09‰($P>0.05$)。7 月 16 日沙棘枝条水 δ¹⁸O 比率-8.24‰接近 10cm 土壤水的-8.66‰($P>0.05$)。9 月 23 日沙棘枝条水 δ¹⁸O 比率-10.85‰接近 25cm、75cm 及 100cm 土壤水的-11.00‰、-10.58‰和-10.79‰($P>0.05$)(图 3-12)。

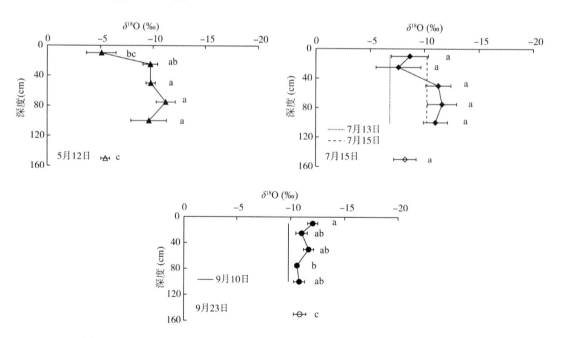

图 3-12 2018 年 5~9 月沙棘林的枝条水、土壤水和雨水的稳定氧同位素比率

注:黑色图标是土壤水,白色图标是植物枝条水,虚线是雨水。不同小写字母表示枝条水和各层土壤水之间差异显著。

5月12日油松枝条水 δ¹⁸O 比率-4.98‰接近10cm 土壤水的-4.55‰($P>0.05$)。7月16日油松枝条水 δ¹⁸O 比率-7.16‰接近7月降雨的-10.24‰($P>0.05$)。9月23日油松枝条水 δ¹⁸O 比率-11.25‰接近25cm、75cm 及 100cm 土壤水的-10.93‰、-10.58‰和-10.79‰($P>0.05$)(图3-13)。

5月12日山杏枝条水 δ¹⁸O 比率-4.82‰接近10cm 土壤水的-4.59‰($P>0.05$)。7月16日山杏枝条水 δ¹⁸O 比率-9.56‰接近75cm 和100cm 土壤水的-11.65‰和-11.04‰($P>0.05$)。9月23日山杏枝条水 δ¹⁸O 比率-9.92‰接近25cm、75cm 及 100cm 土壤水的-9.85‰、-10.58‰和-10.79‰($P>0.05$)(图3-14)。

Iso-source 分析表明，沙棘5月主要利用10cm 土壤水，占总水源的88.5%；7月主要利用10~25cm 土壤水，占总水源的87.6%；9月主要利用25cm 和75~100cm 土壤水，占总水源的88.9%(表3-11)。油松5月主要利用10cm 土壤水，占总水源的94.0%；7月水分来源为7月13日降雨，占总水源的93.7%；9月主要利用10cm 和50~75cm 土壤水，占总水源的84.6%(表3-12)。山杏5月主要利用10cm 土壤水，占总水源的91.6%；7月主要利用50cm 土壤水，占总水源的96.0%；9月主要利用10~75cm 土壤水，占总水源的87.6%(表3-13)。

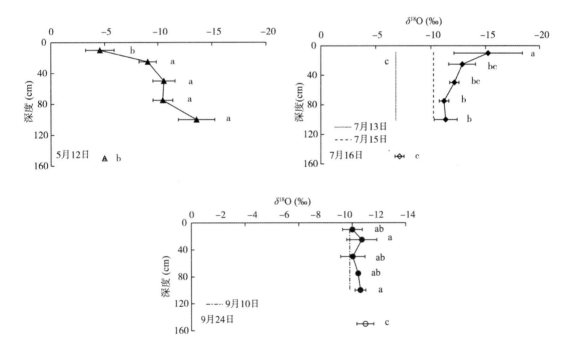

图3-13 2018年5~9月油松林的枝条水、土壤水和雨水的稳定氧同位素比率

注：不同小写字母表示枝条水和各层土壤水之间差异显著。

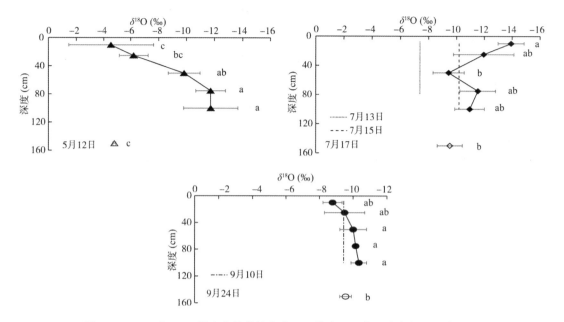

图 3-14 2018 年 5~9 月山杏林的枝条水、土壤水和雨水的稳定氧同位素比率

注：不同小写字母表示枝条水和各层土壤水之间差异显著。

表 3-11 沙棘对各水源的利用比例（%，平均值±标准误）

土壤深度（cm）	5月12日	7月15日	9月23日
10	88.5±0.7	15.6±12.5	4.60±3.8
25	3.10±2.8	72.0±8.9	17.0±13.3
50	3.00±2.8	4.10±3.6	6.4±5.2
75	1.90±2.2	3.70±3.2	41.4±18.3
100	3.40±2.6	4.50±3.8	30.5±22.8

表 3-12 油松对各水源的利用比例（%，平均值±标准误）

土壤深度	5月12日	7月17日	9月23日
10	94.0±0.9	0.6±0.8	36.8±21.0
25	1.8±2.3	1.2±1.2	7.1±5.3
50	1.6±1.7	1.3±1.2	36.1±21.7
75	1.6±1.7	1.5±1.6	11.6±8.7
100	0.9±1.1	1.6±1.7	8.4±6.3
7月13日雨水	—	93.7±0.7	—

表 3-13　山杏对各水源的利用比例(%，平均值±标准误)

土壤深度(cm)	5月12日	7月17日	9月24日
10	91.6±3.3	0.4±0.6	30.4±10.4
25	5.7±4.4	0.8±0.9	27.1±21.1
50	1.2±1.2	96.0±0.9	15.9±12.6
75	0.7±0.9	1.2±1.2	14.2±11.3
100	0.7±0.9	1.7±1.6	12.4±9.9

物种($P<0.01$)、时间($P<0.01$)及其相互作用($P<0.01$)对于叶片稳定碳同位素比率的影响都达到显著水平(表3-14)。从季节动态来看，不同月份之间沙棘叶片的稳定碳同位素比率差异显著($P<0.05$)。5月和7月沙棘叶片稳定碳同位素比率极显著高于9月($P<0.001$)。7月油松叶片稳定碳同位素比率极显著高于9月($P<0.05$)。但是，不同月份山杏叶片稳定碳同位素比率没有显著差异($P>0.05$)。从种间差异来看，5月和7月三个树种叶片碳稳定同位素比率差异显著($P<0.05$)；沙棘叶片碳稳定同位素比率显著高于油松和山杏($P<0.05$)(图3-15)。

表 3-14　物种和时间对叶片稳定碳同位素影响的双因素方差分析

变异来源	平方和	均方	F 值	P 值
物种	8.862	4.431	9.502	<0.01
时间	6.523	3.261	6.993	<0.01
相互作用	9.548	2.387	5.118	<0.01

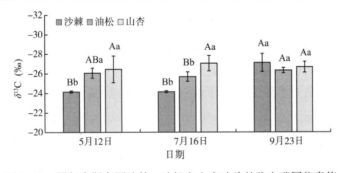

图 3-15　鄂尔多斯高原沙棘、油松和山杏叶片的稳定碳同位素值

注：不同大写和小写字母分别表示不同时间之间和不同物种之间差异显著($P<0.05$)。

三种树木木质部$\delta^{18}O$比率表现出季节差异，表明植物在生长季前中后期利用水源非固定，吸收不同深度土壤水或雨水。5月，当地降雨频率低且雨量少，浅层土壤含水量较高而深层土壤含水量较低，三个树种的水分来源均以表层土壤水(10cm)为主。7月，随雨季到来，降雨频率增加且雨量较大，部分雨水下渗补充深层土壤水，三个树种主要利用不同水源。其中，沙棘主要利用浅层土壤水(10~25cm)，油松主要利用雨水，而山杏主要利用中层土壤水(50cm)。9月，经过之前多次降雨的入渗补充以及高温导致表层土壤水含量降低的共同作用，三个树种的水分来源更复杂。沙棘主要利用浅层和深层土壤水(25cm和75~100cm)，油松主要利用表层和较深层土壤水(10cm和50~75cm)，而山杏利用各层土壤水(10~100cm)。因此，同一生境下的沙棘、油松和山杏虽具有相同的潜在水源，但它们不同季节主要利用的水源却不尽相同。半干旱环境中的三个树种在不同季节调整自身水分利用策略，选择不同水源维持生长。

半干旱区的其他植物也能够通过调整水分来源适应季节变化。例如，浑善达克沙地的黄柳5月主要利用深层土壤水(120~160cm)和地下水，6月主要利用浅层土壤水(0~40cm)，7月主要利用深层土壤水(120~160cm)，8月以地下水为主(菅晶等，2017)。同地区的银白杨利用水分具有明显的季节性规律，生长期前期和后期(4、5、10月)主要利用浅层土壤水(0~50cm)和深层土壤水(150cm以下)或地下水，生长季中期(6~9月)主要利用各层土壤水(0~150cm)(李雪松等，2018)。共和盆地的沙柳7月夏季利用地下水和浅层土壤水(10~25cm)，9月秋季主要利用深层土壤水(50~150cm)和地下水；乌柳5月春季主要利用浅层土壤水(10~25cm)和地下水，7月夏季同时利用各层土壤水(10~200cm)和地下水，9月秋季主要利用深层土壤水(100~200cm)(Zhu et al.，2016)。黄土高原六道沟流域的柠条锦鸡儿和沙柳在旱季(5~6月)主要利用深层土壤水(40~80cm)；雨季(7~9月)柠条锦鸡儿利用表层(0~10cm)和浅层土壤水(10~40cm)，而沙柳利用浅层土壤水(10~40cm)(杨国敏等，2018)。因此，干旱时植物能够利用深层土壤水或地下水等较稳定的水源，对半干旱环境具有较高的适应能力。

沙棘和油松的长期水分利用效率均存在季节动态。其中，春季沙棘叶片长期水分利用效率显著高于夏季和秋季，作为沙棘林春季主要水分来源的表层土壤含水量低于夏秋季节。夏季油松叶片长期水分利用效率显著高于秋季。但是，生长季山杏长期水分利用效率无明显变化。干旱区和半干旱区的其他植物也会在干旱时提高长期水分利用效率。例如，从毛乌素沙地、库布齐沙漠到河西走廊沙地，沙柳叶片长期水分利用效率在6月明显高于8月(刘海燕等，2008)。此外，覆土砒砂岩区的3个不同树种的长期水分利用效率存在种间差异。春季和夏季沙棘水分利用效率显著高于油松和山杏。毛乌素沙地南缘不同植物间的水分利用效率也存在显著的种间差异。其中，甘草水分利用效率最高，蒙古冰草和牛枝子水分利用效率变化灵活，猪毛蒿和短花针茅具有稳定的水分利用效率(胡海英等，2019)。

因此，鄂尔多斯高原东部覆土砒砂岩区的沙棘、油松和山杏都采用资源依赖型水分利用策略适应半干旱环境。它们在不同季节根据不同水源的可利用性，选择利用不同水源，包括浅层土壤水、深层土壤水或雨水。沙棘和油松干旱时能够提高水分利用效率适应环境变化，可能比山杏更适应当地的半干旱环境。

3.4 植被对砒砂岩环境的适应策略

砒砂岩区大部分位于半干旱区。覆沙砒砂岩区的固沙林和覆土砒砂岩区的水土保持林建立之后，人工植被的水分平衡是其能否维持稳定性的关键。因此，研究降雨和土壤水能否满足人工植被的耗水量，对于评估砒砂岩区植被稳定性至关重要。通过热扩散（Thermal Dissipation Probe，TDP）技术监测林木的液流可以计算其耗水量，评估林分的水分平衡（党宏忠等，2010；刘潇潇等，2017）。

3.4.1 覆沙砒砂岩区沙地柏耗水特征

沙地柏是柏科圆柏属的常绿匍匐灌木，中文名叉子圆柏，又名臭柏，高 0.3~1m。它具有耐旱性强的优点，可作水土保持及固沙造林树种（郑万钧和傅立国，2007）。沙地柏群落主要分布在浑善达克沙地、毛乌素沙地、贺兰山、阴山、青海湖环湖沙地、祁连山、天山和阿尔泰山（王林和等，2014）。在鄂尔多斯高原，沙地柏是沙地灌丛的优势物种，也是固沙造林的主要树种之一。

沙地柏自身的形态、生理和生态特征对半干旱环境具有特殊适应性，包括枝条异型、叶片异型和苗龄等。例如，沙地柏直立枝的净光合速率和蒸腾速率低于匍匐枝，但是水分利用效率较高。刺叶的净光合速率和蒸腾速率高于鳞叶，但是水分利用效率较低（He et al.，2003）。沙地柏鳞叶的蒸腾失水较小，渗透调节和保水能力较强，耐旱性较高（张金玲等，2018）。干旱胁迫下沙地柏通过降低密度、自疏和下部枝叶干枯来维持种群生存。叶片气孔关闭，光合速率与蒸腾速率降低，提高水分利用率。同时，增强渗透调节能力，增加角质层厚度，减少水分散失，从而提高耐旱性（温国盛等，2002）。从 1a、3a 到 5a，随着苗龄的增加，沙地柏枝叶保水力逐渐增强，3a 沙地柏的瞬时水分利用效率最高（刘建峰等，2011）。

随着各种环境因素的变化，包括群落演替阶段、降雨、土壤含水量和地形等，沙地柏的形态、生理和生态特征也随之改变。例如，从半固定沙地到固定沙地，沙地柏叶片含水量逐渐降低（红雨和王林和，2002）。随着降雨量的增加，土壤含水量提高，沙地柏叶片水分饱和亏缺和组织密度降低（何维明，2001）。沙地柏的净光合速率、夜间呼吸速率与土壤含水量呈显著正相关（He and Zhang，2003）。沙丘顶部沙地柏的蒸腾速率和叶片水势低于滩地。沙地柏的蒸腾速率主要受气温、相对湿度和光合有效辐射影响（张国盛等，2005）。固定沙地、丘间低地、流动沙地和滩地的沙地柏根系均具有水分共享，可以通过提水作用减少水分胁迫，维持较高的蒸腾速率，有利于生态系统的水分平衡（何维明和张新时，2001）。这些研究从不同角度认识了沙地柏对半干旱环境的生理生态适应对策，为沙地灌丛的保护与可持续管理提供了一定的理论依据。然而，目前还未见对于沙地柏液流特征的报道。

水分是影响半干旱区植被生存与生长的主要因素。由于沙地柏是克隆植物，群落盖度逐渐增加，对土壤水分消耗加剧；同时，土壤结皮的发育阻碍雨水入渗，从而导致沙地柏群落衰退（郭爱莲等，2002）。此外，在沙丘顶部不能利用地下水的条件下，过大的密度引起蒸腾耗水，植物处于严重的水分胁迫中，从而发生退化甚至枯死（董学军等，1999）。因此，沙地柏的耗水特征是它在半干旱区生存和生长的关键。本节目的是研究鄂尔多斯高原沙地柏的液流特征，明确其主要影响因素，从而为沙地灌丛的保护与可持续管理提供理论依据。

研究地点是内蒙古自治区鄂尔多斯市伊金霍洛旗。该旗地处鄂尔多斯高原东南部，位于毛乌素沙地东北缘，海拔范围是1000~1500m。该旗具有中温带大陆性气候，年平均气温6.2℃，年均降水量358mm，多集中在6~8月；年均潜在蒸发量2563mm；无霜期127~136d（全昌明等，2004）。当地土壤主要是栗钙土和风沙土。天然植被主要包括沙地柏、黑沙蒿、沙柳、中间锦鸡儿灌丛以及本氏针茅和马蔺草原等。

沙地柏灌丛位于伊金霍洛旗纳林陶亥镇西部。2018年4月19日，随机选择4株生长健壮的沙地柏，分别测量株高（m）和树干直径（cm），计算沙地柏木质部横截面面积，结果见表3-15。在每株沙地柏的树干上分别安装一对长度1cm、直径2mm的TDP液流探针，加热探针与参比探针垂直间距10cm。先用塑料泡沫固定探针，再用铝箔包裹密封，减少阳光和雨水等干扰。然后将4对探针与CR1000数采器连接，每1min采集一次数据，每5min存储一次数据。根据Granier（1987）推导的液流通量与温差系数经验公式，计算沙地柏的液流通量：

$$F_d = 119 \times 10^{-4} [\Delta T_{max} - \Delta T]/\Delta T]^{1.231} \times 3600 \tag{3-3}$$

式中：F_d为液流通量[g/(cm²·h)]；ΔT_{max}为昼夜最大温差；ΔT为瞬时温差。

表3-15 沙地柏样株的基本参数

编号	株高(m)	地径(cm)	木质部横截面面积(cm²)
1	0.92	3.18	5.82
2	0.84	2.98	5.11
3	1.22	4.52	11.76
4	0.82	2.71	4.24

气象数据来自距离研究地点500m外的内蒙古鄂尔多斯草地生态系统国家野外科学观测研究站，包括气温（℃）、相对湿度（%）、风速（m/s）、光合有效辐射[μmol/(m²·s)]、降水量（mm）等。计算水汽压亏缺（kPa）的公式为：

$$VPD = 0.611 \times \exp[17.502/(T+240.97)] \times (1-RH) \tag{3-4}$$

式中：VPD为水汽压亏缺；T为气温；RH为相对湿度。

沙地柏每小时耗水量的计算公式为：

$$F_s = F_d \times A_s \tag{3-5}$$

式中：F_s 为耗水量；F_d 为液流通量；A_s 为木质部横截面面积(cm^2)。

通过 Excel 2013 计算耗水量并作图。通过 SPSS 19.0 对沙地柏耗水量与各气象因子进行 Pearson 相关分析、多元线性回归和显著性检验($P<0.05$)。

4~9 月晴天沙地柏的耗水量大部分呈单峰曲线，12：00~14：00 达到峰值，19：00 以后迅速下降(图 3-16)。然而，7 月 21 日样株 2 以及 9 月 16 日样株 1、3 和 4 的耗水量为双峰曲线，表现出午休现象。6 月样株 2 的耗水量最高，其他时间均为样株 3 的耗水量最高。晴天耗水量最高值是 9.43~186.40g/h。从月份差异来看，5、7、8 月的耗水量较高，4 月和 9 月次之，6 月最低。

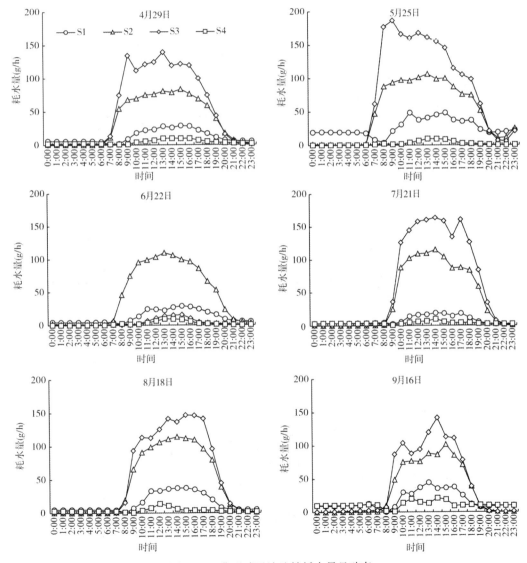

图 3-16 典型晴天沙地柏耗水量日动态

雨天沙地柏耗水量的日变化不规律,呈单峰或双峰曲线,峰值出现在 9:00~16:00 (图3-17)。5~8月降雨时,耗水量昼夜变化比晴天较小。样株2和3的耗水量大于样株1和4。雨天耗水量最高值仅为 1.18~110.31g/h。

2018年生长季的自然降雨量为336.8mm。其中,5~8月的月降水量分别为46.7、11.4、144.2、92.2mm。4株沙地柏的耗水量具有明显的季节动态(图3-18)。其中,样株3的耗水量最高,样株2次之,样株1再次之,样株4的耗水量最低。6月干旱时4株沙地柏样株的耗水量均较低。生长季内4株沙地柏的总耗水量分别为42.85、137.25、188.62、11.42kg,平均值为95.04±82.17kg。

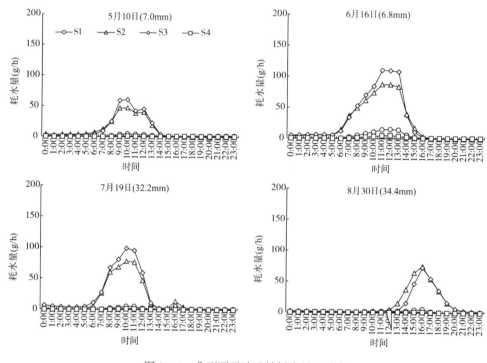

图3-17 典型雨天沙地柏耗水量日动态

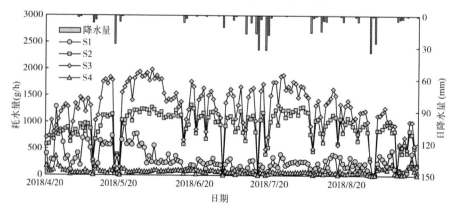

图3-18 沙地柏耗水量季节动态

沙地柏日耗水量与各气象因子的相关性不同(表3-16)。其中,样株1和样株4的耗水量与气温呈显著负相关,而样株2与样株3的耗水量与气温呈显著正相关。4个样株的耗水量均与 PAR 和 VPD 呈显著正相关,而与相对湿度和降水量呈显著负相关。样株4的耗水量与风速呈负相关,其他样株的耗水量与风速呈正相关,但是都未达到显著水平。沙地柏日耗水量的平均值与气温、PAR 和 VPD 呈显著正相关,而与相对湿度和降水量呈显著负相关。

表3-16 沙地柏日耗水量与气象因子的相关系数(n=152)

样株	气温 T	相对湿度 RH	降水量 P	风速 V	PAR	VPD
1	-0.180*	-0.636**	-0.339**	0.047	0.660**	0.509**
2	0.482**	-0.586**	-0.558**	0.066	0.786**	0.747**
3	0.454**	-0.628**	-0.519**	0.097	0.820**	0.763**
4	-0.347**	-0.367**	-0.327**	-0.119	0.433**	0.228**
平均值	0.335**	-0.697**	-0.556**	0.077	0.874**	0.783**

注:**表示在0.01水平上显著相关;*表示在0.05水平上显著相关。

采用多元线性回归分析得到沙地柏耗水量与 PAR、VDP 和降水量的回归方程(表3-17)。

表3-17 沙地柏耗水量与气象因子的回归方程

编号	回归方程	R^2	P
1	$F_s = 0.883PAR + 32.484VPD - 0.545P - 116.503$	0.427	<0.001
2	$F_s = 0.918PAR + 195.272VPD - 9.191P + 343.205$	0.710	<0.001
3	$F_s = 1.658PAR + 302.503VPD - 8.852P + 263.614$	0.743	<0.001
4	$F_s = 0.156PAR - 17.687VPD - 1.388P + 31.368$	0.208	<0.001
平均值	$F_s = 0.904PAR + 128.143VPD - 4.994P + 130.421$	0.827	<0.001

注:PAR 为光合有效辐射,VPD 为水汽压亏缺,P 为降水量。

在鄂尔多斯高原的沙地灌丛中,沙地柏的耗水量日动态随天气而变化:4~9月的晴天为单峰曲线,最高值为9.43~186.40g/h。干旱时沙地柏的部分耗水量为双峰曲线,具有午休现象,这说明它可以通过降低液流通量来减少耗水。沙地柏适应干旱的生理机制包括气孔关闭、减缓气体交换速率、降低叶片的蒸腾速率、气孔导度和水势等(He et al.,2003;张国盛等,2005)。雨天沙地柏的耗水量为单峰或双峰曲线,最高值仅为1.18~110.31g/h,明显低于晴天。从季节变化来看,夏季(5月、7月和8月)耗水量最高,秋季(9月)和春季(4月)次之,干旱时(6月)最低。本研究中4株沙地柏的日耗水量动态差异较大,它们的最高值是363.27~1987.53g/d。而且,它们的日耗水量与各气象因子的相关性也不同。样株1和4的耗水量与气温呈显著负相关,而样株2和3的耗水量与气温呈显著正相关。样株4的耗水量与风速呈负相关,而其他3个样株的耗水量与风速呈正相关。

这种现象可能是沙地柏的个体差异造成的。

沙地柏的耗水量与 PAR 和 VPD 均呈显著正相关，与相对湿度和降雨量呈显著负相关。因此，沙地柏耗水量的主要影响因子是太阳辐射和水分。太阳辐射是液流的驱动力，决定液流的瞬间变化。它通过提高叶面温度，增大叶片内外的蒸汽压差而加强蒸腾作用（彭小平等，2013）。毛乌素沙地其他乔灌木的液流主要也受太阳辐射、气温或相对湿度的影响，例如，旱柳、小叶杨（徐丹丹等，2017）、白榆（赵奎等，2008）、中间锦鸡儿（臧春鑫等，2009）和沙木蓼（郭跃等，2010）。因此，毛乌素沙地的木本植物的液流变化对环境具有一定的趋同适应。

总之，鄂尔多斯高原沙地柏的耗水量随天气而变化。晴天呈单峰曲线；干旱时呈双峰曲线；雨天呈单峰或双峰曲线。太阳辐射和水分是沙地柏耗水量的主要影响因素。沙地柏耗水量主要受 PAR、VPD、相对湿度、降雨和气温影响。建议当地注意沙地柏灌丛的保护，避免因植被盖度过大和土壤水分过度消耗导致的植被衰退，从而确保沙地灌丛的长期稳定。

3.4.2 覆土砒砂岩区沙棘耗水特征

沙棘是胡颓子科沙棘属落叶灌木或乔木，俗名酸刺，高 1~5m（中国科学院植物志编辑委员会，1983）。沙棘是砒砂岩区水土保持林的主要造林树种之一。它具有生长迅速、耐旱、耐土壤贫瘠等优点；其萌蘖能力强，水平根系发达，能够有效保持土壤，防止水土流失；而且，作为固氮植物，沙棘还能够改良土壤，提高土壤肥力（党晓宏等，2012）。

目前，国内外关于沙棘的水分生理生态学的研究主要是环境因子对蒸腾作用的影响，包括干旱、温度、太阳辐射和土壤水分等。例如，极端干旱时黄土高原沙棘的蒸腾作用有明显的午休现象，呈双峰曲线；而偏旱或正常降水时为单峰曲线。干旱时夜间蒸腾所占比例较大。叶片温度、光合有效辐射和气孔阻力是沙棘蒸腾速率的主要限制因子（郭卫华等，2007）。干旱影响沙棘的净光合速率、生物量累积与分配。水分胁迫增加后叶片和群落水平的水分利用效率均降低（Guo et al.，2010）。影响沙棘蒸腾作用的主要因子是光合有效辐射、水汽压亏缺和土壤含水量。土壤水分充足时，PAR 和 VPD 是主要因子；土壤水分缺乏时，土壤含水量是主要因子。6月到9月沙棘林的累积蒸腾量是 236.3mm（Jian et al.，2015）。净光合速率、蒸腾速率、气孔导度、叶水势、谷胱甘肽还原酶和脱落酸的含量可作为不同品种沙棘抗旱性的判定指标（何彩云等，2015）。这些研究从不同角度认识了沙棘耗水特征对半干旱环境的生理生态适应对策，为沙棘林的营造和管理提供了一定理论依据。

在半干旱区，水分是影响水土保持林生存与生长的一个主要因素（陈文思等，2016）。由于沙棘是克隆植物，从造林后第三年开始萌蘖幼苗（郭建英等，2009），群落盖度逐渐增加，对土壤水分消耗加剧，导致部分老龄林发生退化（李甜江，2011），严重影响其保持水土和改良土壤等功能（刘蕾蕾等，2014）。因此，沙棘的耗水特征是它在半干旱区生存和生长的关键。本节通过监测覆土砒砂岩区沙棘林的液流特征,计算沙棘的耗水量,并且明确其主要影响因素,从而为水土保持林的可持续管理提供理论依据。

研究地点是内蒙古自治区鄂尔多斯市准格尔旗。该旗位于黄河中游,地处鄂尔多斯高原东部,大部分属于覆土砒砂岩区,地貌以丘陵沟壑为主。全旗海拔范围为820~1585m,地处半干旱区,具有中温带大陆性气候,年平均气温6.2~8.7℃,年均降水量400mm左右,年均潜在蒸发量2093mm,年均湿润度0.30~0.34;平均日照时数2900~3100h,无霜期145d;年均风速3.2m/s,年均大风天数10d。当地的土壤主要是栗钙土、淡栗钙土和风沙土(刘朝霞等,2002)。天然植被主要是本氏针茅草原,沟谷有旱柳和杨树。山坡栽植有油松、杜松和侧柏林。在侵蚀严重的坡顶和缓坡,人工栽植了水土保持树种,主要有沙棘、油松和山杏等。

沙棘林位于准格尔旗纳林川流域的什布尔太沟坡顶,造林时间是2013年。采用鱼鳞坑造林,规格为50cm×50cm×50cm,株行距为1m×2m,3行一带,带间距6m,密度为3000株/hm²。2018年4月18日,随机选择4株生长健壮的沙棘,分别测量株高(m)、冠幅(m)和树干分枝处的直径(cm),计算沙棘木质部横截面面积,结果见表3-18。沙棘树皮的体积百分比为26.42%(刘晓丽,2002)。因此,沙棘木质部的体积百分比为73.58%。根据沙棘的树干直径计算树干横截面面积,再计算木质部横截面面积。计算公式为:

$$As = 3.14 \times (D/2)^2 \times 73.58\% \tag{3-6}$$

式中:D 为沙棘的树干直径(cm)。

表3-18 沙棘样株的基本参数

编号	株高(m)	冠幅(m)	地径(cm)	木质部横截面面积(cm²)
1	2.32	2.02/1.80	5.55	17.79
2	2.26	1.82/1.68	4.94	14.10
3	2.14	2.88/2.46	6.41	23.73
4	3.12	3.06/2.24	8.60	42.72

本研究主要关注沙棘边材的液流。在每株沙棘主干上分别安装一对长度1cm、直径2mm的TDP液流探针,加热探针与参比探针垂直间距10cm。先用塑料泡沫固定探针,再用铝箔包裹密封,减少阳光和雨水等干扰。然后将4对探针与CR1000数采器连接,每分钟采集一次数据,每5min存储一次数据。根据Granier(1987)推导的液流通量与温差系数经验公式(见3.4.1),计算沙棘的液流通量。沙棘单株每小时耗水量的计算公式为:

$$F_s = F_d \times A_s \tag{3-7}$$

式中:F_s 为耗水量(g/h);F_d 为液流通量;A_s 为木质部横截面面积(cm²)。

气象数据来自最近的气象站,即距离研究地点西南方45km外的内蒙古鄂尔多斯草地生态站，包括气温(℃)、相对湿度(%)、风速(m/s)、光合有效辐射(μmol/(m^{-2}·s)]、降水量(mm)等。计算水汽压亏缺(kPa)，公式同式(3-4)。

耗水量与各气象因子的日均值分析，其中降雨量为日累积值。通过 SPSS 19.0 对沙棘液耗水量与各气象因子进行 Pearson 相关分析、多元线性回归和显著性检验($P<0.05$)。

4~9月晴天沙棘的耗水量大部分呈单峰曲线，12:00~14:00 达到峰值，18:00 以后迅速下降(图3-19)。然而，6月20日样株1以及8月20日样株1、2和3的耗水量为双峰曲线，表现出午休现象。4~5月样株1的耗水量明显大于其他3个样株。6月4个样株的耗水量都较低。然而，7~9月样株2和3的耗水量较高，样株1和4的耗水量较低。晴天耗水量最高值是 146.39~363.30g/h。

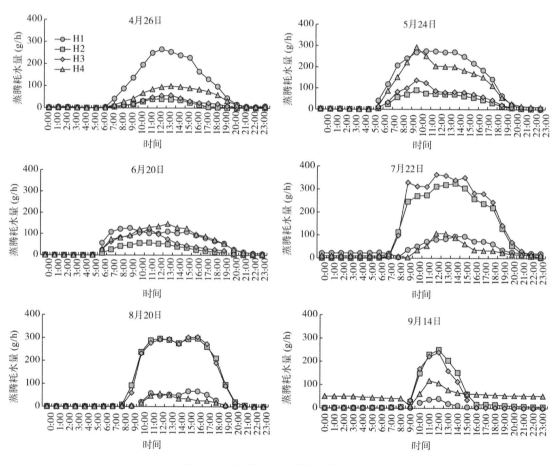

图 3-19　典型晴天沙棘耗水量日动态

5~8月雨天沙棘耗水量呈单峰、双峰或多峰曲线，峰值出现在 10:00~16:00 (图3-20)。雨天沙棘耗水量昼夜变化比晴天较小。5月19日样株4的耗水量较高。6月16日和7月15日样株1的耗水量较高，样株4次之。8月30日样株2的耗水量最高，样株3

次之。雨天沙棘耗水量最高值小于晴天，仅为 12.64~206.34g/h。

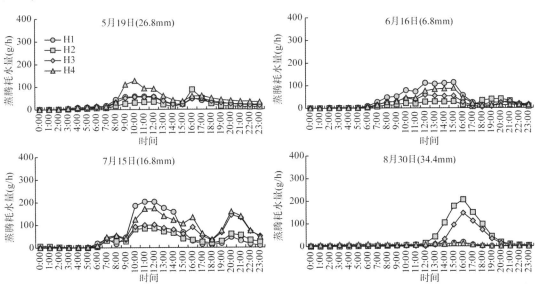

图 3-20 典型雨天沙棘耗水量日动态

2018 年生长季的自然降雨量为 336.8mm。其中，5~8 月的月降水量分别为 46.7、11.4、144.2、92.2mm。4 株沙棘的耗水量具有明显的季节动态（图 3-21）。其中，4~5 月样株 1 的耗水量最高，样株 2 次之，样株 3 和样株 4 的耗水量较低。6 月干旱时 4 株沙棘样株的耗水量均较低。7~9 月样株 2 和样株 3 的耗水量较高，样株 1 和样株 4 的耗水量较低。生长季内 4 株沙棘的总耗水量分别为 219.44、201.95、219.15、185.77kg，平均值为 206.58±16.10kg。根据沙棘林的造林密度（3000 株/hm²），单位面积沙棘林的耗水量为 619740±48300kg/hm²。

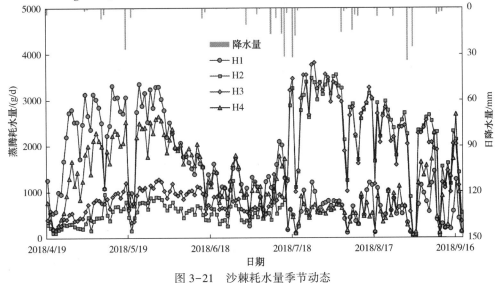

图 3-21 沙棘耗水量季节动态

表 3-19　沙棘日耗水量与气象因子的相关系数（$n=154$）

样株	气温 T	相对湿度 RH	降水量 P	风速 V	PAR	VPD
1	-0.181**	-0.784**	-0.325**	0.172**	0.650**	0.626**
2	0.373**	0.334**	-0.081	-0.193**	0.051	-0.152
3	0.436**	0.247**	-0.124	-0.171**	0.167*	-0.050
4	-0.198**	-0.706**	-0.288**	0.102	0.596**	0.585**
平均值	0.255**	-0.290**	-0.340**	-0.071	0.591**	0.368**

注：**表示在 0.01 水平上显著相关。

表 3-20　沙棘耗水量与气象因子的回归方程

编号	回归方程 Regression equation	R^2	P
1	$F_s = 108.553V + 2.728PAR + 518.228VPD + 1.164P - 636.381$	0.491	<0.001
2	$F_s = -145.206V + 1.893PAR - 728.198VPD - 17.575P + 1696.619$	0.100	0.003
3	$F_s = -122.170V + 2.372PAR - 585.9871.025VPD - 12.633P + 1383.783$	0.105	0.002
4	$F_s = 28.845V + 1.842PAR + 426.719VPD + 4.229P - 136.859$	0.412	<0.001
平均值	$F_s = -32.495V + 2.209PAR - 92.309VPD - 6.204P + 576.791$	0.362	<0.001

注：V 为风速，PAR 为光合有效辐射，VPD 为水汽压亏缺，P 为降水量。

本研究中的 4 株沙棘的日耗水量动态差异较大，最高值为 146.39~363.30g/h；而且，它们的日耗水量与各气象因子的相关性也不同。这种现象可能是沙棘的个体差异和土壤异质性等原因造成的。然而，生长季沙棘的总耗水量类似，平均值为 206.58±16.10kg。而且，本研究得到的生长季沙棘耗水量仅是黄土高原安塞县侧柏耗水量（520kg）的一半（于占辉等，2009）。沙棘日耗水量的平均值与 PAR、VPD 和气温呈显著正相关，而与相对湿度和降水量呈显著负相关。因此，沙棘的日耗水量主要受太阳辐射和水分影响。这与前人在黄土高原的研究结果一致：降雨前沙棘液流主要受 PAR 和 VPD 影响，降雨后则主要受 0~20cm 土壤含水量、PAR 和 VPD 影响（卢森堡等，2017）。黄土高原的沙棘属于变水植物，气孔对蒸发量变化的敏感性低，气孔调节行为相对较弱。它在干旱胁迫下主要通过气孔活动降低叶片水势，以维持较高的叶片气孔导度，叶片水势变化的幅度较大，短期干旱时能够维持正常生长（刘潇潇等，2017）。

本研究沙棘林的密度为 3000 株/hm^2，2018 年降水量为 336.8mm，沙棘林平均耗水量为 619740kg/hm^2。黄土高原北部吴起县 9 年生沙棘林的密度为 4200 株/hm^2，2007 年降水量为 350.00mm，沙棘林蒸腾量为 1032832kg/hm^2，土壤蒸发量为 1775986kg/hm^2，沙棘林的稳定密度为 1586 株/hm^2（吴宗凯等，2009）。与吴起县相比，位于覆土砒砂岩区的准格尔旗的降水量更低，土壤层更薄，沙棘林的耗水量更低，土壤蒸发量更高，稳定密度应更低。因此，干旱年份覆土砒砂岩区可能需要通过降低密度来减少水分消耗，从而维持沙棘林的稳定性。

总之，晴天沙棘耗水量最高值为 146.39～363.30g/h。雨天沙棘耗水量最高值仅为 12.64～206.34g/h。沙棘的日耗水量主要受 PAR、VPD、气温、相对湿度和降水量影响。生长季沙棘的单株总耗水量为 185.77～219.44kg，平均值为 206.58kg。沙棘林平均耗水量为 619740kg/hm^2。建议当地保持沙棘林的合理密度，维持水分平衡，避免因土壤水分过度消耗导致的林分衰退，从而确保沙棘林的长期稳定性。

3.5 砒砂岩区植被稳定性评价

稳定性是植物群落结构与功能的一个综合特征。植被稳定性的概念包括三种类型：①群落达到演替顶极以后出现的能够进行自我更新和维持并使群落的功能长期保持在一个较高的水平、波动较小的现象；②群落在受到干扰后结构维持其原来结构状态的能力，即抵抗力；③群落受到干扰后回到原来状态的能力，即恢复力。其中类型①与群落演替有关，顶级群落的稳定性高；类型②和类型③属于干扰稳定性，因干扰形式与群落类型而异。目前的研究多以生物量和生物多样性等功能指标或者群落种类组成等结构指标来判定植被稳定性（张继义和赵哈林，2003）。

砒砂岩区地处半干旱区，水分平衡是当地植被能否维持稳定的关键。然而，受各种条件影响，目前无法对该区域的植被水分平衡进行系统的定量研究。当地的长期植被监测数据也非常有限。砒砂岩区的植被类型因地表覆盖物不同而具有明显差异。自 2000 年国家实施退耕还林还草工程以来，砒砂岩区的植被覆盖度得到大幅提升。其中，覆沙砒砂岩区的主要人工植被是固沙林，覆土砒砂岩区的主要人工植被是水土保持林。因此，本节分别对两个区域进行植被稳定性评价。本研究将有助于了解砒砂岩区人工植被的可持续性，为覆沙砒砂岩区的土地沙漠化防治和覆土砒砂岩区的水土流失治理提供科学依据。

3.5.1 覆沙砒砂岩区植被稳定性评价

影响覆沙砒砂岩区植被动态的自然因素包括降水、生境和生物土壤结皮等。首先，降水是影响覆沙砒砂岩区植被动态的决定因子。随着降水梯度的降低，鄂尔多斯高原荒漠化草原和草原化荒漠灌木类群的多样性逐渐减小（李新荣和张新时，1999）。降雨增加会显著增加毛乌素沙地优势物种沙柳、黑沙蒿和杨柴的高度和生物量（肖春旺等，2002）。其次，生境影响覆沙砒砂岩区植被的结构与功能。随着距水源距离的增加，毛乌素沙地植物群落的植物群落及其功能群的丰富度增大，植物群落总盖度、灌木和禾草的盖度均表现出增加趋势，而杂类草的盖度却呈现下降趋势（喻泓等，2015）。鄂尔多斯高原覆沙坡地的中上部分布着以本氏针茅为主的典型草原群落，而在坡地的中下部则分布着以黑沙蒿为主的沙生植物群落（陈玉福等，2002）。最后，生物土壤结皮也会在一定程度上影响覆沙砒砂岩区植被的动态。例如，毛乌素沙地生物土壤结皮可以通过提高表层土壤养分促进黑沙蒿、沙柳和柠条锦鸡儿群落生长（董金伟等，2019）。

影响覆沙砒砂岩区植被动态的人为因素包括采矿、放牧和围封等。首先，采矿直接破坏原生植被。毛乌素沙地矿产开采区的采矿塌陷，打破当地的平衡状态，改变了矿区环境地质及水文地质条件，使塌陷区植被的水分和养分吸收受到影响，矿区植被遭到严重破坏（赵国平等，2017）。鄂尔多斯乌兰木伦矿区因为采矿塌陷导致植物种类较为稀少，物种相对单一，生态较为脆弱，但植物群落主要组成成分没有发生明显变化（周莹等，2009）。其次，过度放牧导致植被退化。放牧强度增加导致毛乌素沙地放牧区植被地上生物量减少，其所产生的凋落物也随之减少，导致植被退化（张军红，2014）。随着放牧强度的增加，毛乌素沙地的黑沙蒿草场的盖度也会降低（高丽等，2017）。最后，围封会明显改善植被的结构和功能。围栏禁牧5a左右，毛乌素沙地群落物种组成就会有较大的恢复，但是物种多度增加程度却不大，即去除放牧干扰后群落物种丰富度的恢复要比物种多度的恢复更容易（熊好琴等，2011）。围栏禁牧16a后，毛乌素沙地黑沙蒿群落有衰退迹象，而多年生禾草增加，植物群落结构发生良性改变（熊好琴等，2012）。毛乌素沙地围封禁牧草地生物量比放牧草地显著提高（高丽等，2017）。

以上这些研究结果从自然因素和人为因素两个方面解释了覆沙砒砂岩区植被结构与动态变化，对于我们理解覆沙砒砂岩区植被稳定性具有一定参考意义。然而，这些研究大部分只针对一种影响因子研究植被动态，没有综合考虑各种因素的影响，而且缺乏长期植被监测研究。通过综合植被结构与功能特征以及土壤养分特征建立稳定性指数，研究发现：毛乌素沙地东南缘沙漠化过程中，非沙漠化阶段的针茅群落处于稳定状态，潜在沙漠化阶段的糙隐子草+针茅群落处于基本稳定状态，而轻度沙漠化阶段开始均为不稳定（杨梅焕等，2017）。但是，该研究没有关注不同生境的植被稳定性。因此，本节利用鄂尔多斯生态站的长期监测数据评估黑沙蒿群落植被稳定性的时间动态，并且通过植被调查比较不同生境的沙地柏、沙柳和黑沙蒿群落的植被稳定性。

本研究黑沙蒿群落数据来源于鄂尔多斯生态站，以该站的综合观测场黑沙蒿群落为研究对象。综合观测场地处海拔1300m的高原地带，土壤为风沙土。灌木层为黑沙蒿和杨柴，草本层为糙隐子草、硬质早熟禾和刺藜等。调查时间为2005年10月、2010年10月和2015年9月。调查黑沙蒿样方大小为5m×5m，样方数量分别为5个、9个和8个。调查指标为黑沙蒿群落灌木层丰富度、密度、优势种高度、群落总盖度和地上生物量。地上枝叶使用生态站内烘箱在70℃烘干，48h后称重。

2019年7月在覆沙砒砂岩区选择优势灌木沙柳、黑沙蒿和沙地柏。沙柳和黑沙蒿选择丘间地和半固定沙丘，沙地柏选择固定沙丘和丘间地。设置5m×5m样地进行植被调查，每个生境都调查4个样方，累计24个。每个样地内设置1m×1m草本样方，累计24个。调查内容有群落的高度、盖度、多度、生物量和0~5cm、5~10cm和10~15cm三个土壤深度的土壤含水量。草本样方调查的内容有盖度、多度、丰富度和生物量。生物量测量方法为采集地上枝叶带回生态站，在70℃干燥箱中烘干，48h后称重。其中，沙地柏为克隆植物，没有调查多度。丘间地的黑沙蒿群落中发育较厚的生物土壤结皮。土壤含水量测定用环刀法采集土样,带回鄂尔多斯生态站,在105℃干燥箱内烘干,24h后称重。

选择黑沙蒿群落的灌木层丰富度、群落密度、优势种高度、群落总盖度和地上生物量作为指标,构建黑沙蒿群落稳定性评价体系。所选择的各指标均具有代表性,认为其权重相当。对2005—2015年植物特征分析,表明黑沙蒿群落在2015年较稳定,将2015年所测的8个黑沙蒿群落样方中各指标的最大值作为其阈值,各指标与阈值的比值为测度值,其值在0~1。植被稳定性指数则是选取指标测度值的算术平均值(赵哈林和赵学勇,2007;杨梅焕等,2017)。计算公式如下:

$$SI_1 = (C/V_1 + R/V_2 + B/V_3 + H/V_4 + D/V_5)/5 \qquad (3-8)$$

式中:SI_1为群落稳定性指数;C为群落总盖度;R为丰富度;B为地上生物量;H为优势种高度;D为群落密度;V_1为群落总盖度阈值;V_2为丰富度阈值;V_3为地上生物量阈值;V_4为优势种高度阈值;V_5为群落密度阈值。

参考前人在科尔沁沙地和毛乌素沙地的研究,根据砒砂岩地区植被特征对其稳定性评价体系做了改进,构建群落稳定性指数(SI_2)。选取植被高度(m)、乔木层或灌木层盖度(%)、草本样方丰富度(种/m²)、优势种多度(株/m²)、乔木层生物量(kg)或灌木层生物量(kg)、草本层生物量(kg)和0~5cm、5~10cm和10~15cm三个深度土壤含水量的平均值(%)为参考指标。对相同植被类型而言,缺少某项调查指标时可按0值计算。参考前人对稳定性指标的权重,设定各因子指标如下:植被盖度和土壤含水量权重为0.2,其他的各因子权重为0.1(赵哈林和赵学勇,2004;张继义和赵哈林,2011;杨梅焕等,2017)。计算公式如下:

$$SI_2 = 0.2C + 0.2W + 0.1H + 0.1R + 0.1A + 0.1B_1 + 0.1B_2 \qquad (3-9)$$

式中:SI_2为群落稳定性指数;C为乔木层盖度;W为0~15cm土壤含水量平均值;H为高度;R为草本层丰富度;A为优势种多度;B_1为乔木层生物量或灌木层生物量;B_2为草本层生物量。

利用Origin 2018软件对黑沙蒿群落数据进行处理与分析绘图。用单因素方差分析法(One-way ANOVA)和Fisher检验分析不同年份黑沙蒿群落属性的变化。利用Excel 2016对砒砂岩区植被调查数据进行预处理;使用SPSS 25.0独立样本T检验对该数据进行处理,并使用Origin 2018绘图。黑沙蒿群落植被稳定性参考指标和砒砂岩区植被稳定性参考指标以平均值±标准差表示。

2005—2015年,黑沙蒿群落的丰富度没有显著差异($P<0.05$)(图3-22)。2005—2015年,黑沙蒿群落的群落密度发生显著变化($P<0.05$),密度逐渐增加。其中,2010—2015年黑沙蒿群落密度显著增加($P<0.05$)(图3-22)。2005—2015年,黑沙蒿群落的优势种平均高度发生显著变化($P<0.05$),黑沙蒿的平均高度逐渐增加。其中,2005—2010年黑沙蒿平均高度显著增加($P<0.05$)(图3-22)。2005—2015年,黑沙蒿群落总盖度发生显著变化($P<0.05$),总盖度显著升高。其中,2005到2010年,2010年到2015年黑沙蒿群落的总盖度均显著提高($P<0.05$)(图3-22)。2005—2015年,黑沙蒿群落的地上生

物量发生显著变化($P<0.05$),地上生物量逐年增加。其中,2010—2015 年黑沙蒿群落地上生物量显著增加($P<0.05$)(图3-22)。2005—2015 年,黑沙蒿群落植被稳定性指数发生显著变化($P<0.05$),稳定性指数显著增加。其中,2010 年和 2015 年黑沙蒿群落植被稳定性指数显著增加($P<0.05$)(图3-22)。

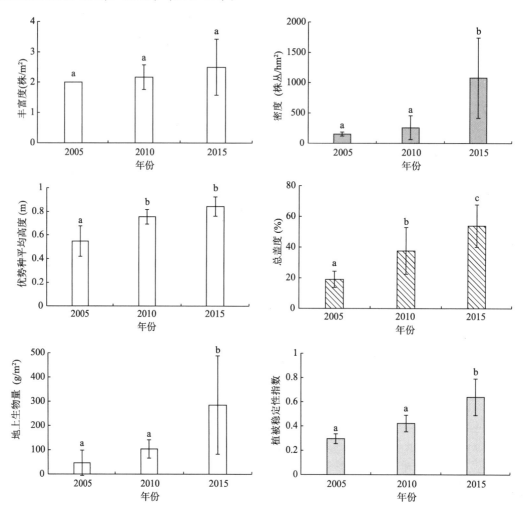

图 3-22 覆沙砒砂岩区黑沙蒿群落结构、生物量和植被稳定性指数变化

注:不同小写字母表示差异显著($P<0.05$)。

本研究表明,经过长期围封后,黑沙蒿群落的物种组成没有发生显著变化,但是结构和功能逐渐增强,表现在密度、高度、盖度和地上生物量显著增加,因而植被稳定性也增加。这种围封改善植被结构与功能的现象在很多荒漠地区都存在。例如,围栏禁牧 5 年毛乌素沙地群落物种组成就会有较大的恢复(熊好琴等,2011)。围栏禁牧 16 年后,毛乌素沙地的黑沙蒿群落有衰退迹象,多年生禾草增加,植物群落结构改善(熊好琴等,2012)。围封显著提高毛乌素沙地黑沙蒿草地的生物量(高丽等,2017)。科尔沁沙地差不嘎蒿群落的封育过程中植被盖度和地上生物量明显增加(吕朋等,2018)。因此,封育对固沙植被稳定性具有促进作用。

在覆沙砒砂岩区,沙柳群落两个生境的盖度有显著差异($P<0.05$);丘间地沙柳的盖度显著($P<0.05$)高于半固定沙丘。黑沙蒿群落两个生境的各指标均差异不显著($P>0.05$)。沙地柏群落两个生境的灌木层生物量和土壤含水量有显著差异($P<0.05$);丘间地的沙地柏灌木层生物量和土壤含水量均显著高于固定沙丘($P<0.05$)(表3-21)。

表3-21 覆沙砒砂岩区不同生境植被特征(平均值±标准差)

群落	生境类型	高度(m)	盖度(%)	草本层丰富度(种/m²)	多度(株/m²)	灌木层生物量(kg)	土壤含水量(%)
沙柳	半固定沙丘	2.66±0.32 a	35.00±9.13 a	5.00±0.82 a	0.52±0.32 a	41.71±11.57 a	2.47±1.54 a
	丘间地	2.75±0.11 a	52.50±9.57 b	5.75±1.50 a	0.53±0.19 a	32.84±11.83 a	1.32±0.90 a
黑沙蒿	半固定沙丘	0.83±0.13 a	66.67±20.82 a	3.00±1.00 a	1.47±1.15 a	2.73±1.25 a	3.52±1.49 a
	丘间地	0.70±0.06 a	48.33±17.56 a	5.00±1.73 a	1.53±0.19 a	3.59±1.29 a	3.01±2.24 a
沙地柏	固定沙丘	0.50±0.06 a	90.00±5.00 a	3.00±2.00 a	/	1.33±0.25 a	2.57±0.39 a
	丘间地	0.56±0.10 a	91.67±5.77 a	6.00±2.65 a	/	2.31±0.33 b	3.46±0.39 b

注:不同小写字母表示一种植物在两个生境的某个指标差异显著($P<0.05$)。

半固定沙丘和丘间地的沙柳群落的植被稳定性指数差异不显著($P>0.05$)(表3-22)。半固定沙丘和丘间地的黑沙蒿群落的植被稳定性指数差异不显著($P>0.05$)(表3-22)。固定沙丘和丘间地的沙地柏群落的植被稳定性指数差异不显著($P>0.05$)(表3-22)。

表3-22 覆沙砒砂岩区3种植物群落的植被稳定性指数

物种	生境	植被稳定性指数
沙柳	半固定沙丘	12.48±1.06 a
	丘间地	14.95±2.98 a
黑沙蒿	半固定沙丘	14.84±3.89 a
	丘间地	11.35±2.91 a
沙地柏	固定沙丘	19.00±0.85 a
	丘间地	19.91±1.17 a

注:不同小写字母表示差异显著($P<0.05$)。

与半固定沙丘相比,丘间地沙柳群落的盖度显著增加,高度较大,生物量较低,土壤含水量也较低,稳定性较高。沙柳的生长可能是丘间地土壤水分消耗的主要因素(刘健等,2010)。因此,丘间地的沙柳群落需要通过平茬降低盖度,并且减少土壤水分消耗,维持群落的长期稳定性。与半固定沙丘相比,丘间地黑沙蒿群落的多度较高,盖度较低,草本植物更丰富，生物量更高，稳定性较低，表现出衰退趋势。黑沙蒿的生长以及草本植物的发育，加上生物土壤结皮对降雨的截留，可能导致土壤水分不足，从而影响黑沙蒿群落的结构(郭柯，2000)。因此，丘间地的黑沙蒿群落需要适度干扰，破坏生物土壤结皮来改善群落结构，提高稳定性。与半固定沙丘相比，丘间地的沙地柏群落生物量显著增加，土壤含水量显著提高，草本植物更丰富，稳定性也较高。因此，丘间地的沙地柏的生长既提高了生物多样性，也有利于减少土壤蒸发，从而维持较高的植被稳定性。

3.5.2 覆土砒砂岩区植被稳定性评价

覆土砒砂岩区位于黄土高原北缘，其植被稳定性可以参考黄土高原的相关研究。黄土高原植被动态受气候、生境和演替等自然因素影响，包括盖度、重要值和多样性等指标。首先，影响植被的气候因素中最重要的是降雨和气温。例如，随着降雨量从250mm增加到500mm，黄土高原退耕地的植被盖度逐渐增加，而生物结皮的盖度则逐渐降低(王一贺等，2016)。随着年均温度的升高和年均降水量的减少，封禁草原的草本植物重要值的年际变化受温度影响，而且与年降水量极显著正相关(程杰等，2010)。林下草本层的多样性受地理距离和生境差异影响，物种组成则受地理距离和年降水量影响(游晶晶等，2019)。其次，影响植被的各种生境因子中研究较多的是坡向。例如，茭蒿对覆土区沟谷生境具有独特适应性。其在条件恶劣的阳坡形成单优群落；在条件较好的阴坡与硬质早熟禾、假苇拂子茅共建形成群落；而在条件优越的梁顶是伴生种(刘芳等，2010)。茭蒿在不同生境的分布格局也不同。在梁顶随着撂荒恢复演替的进行由随机分布变为小尺度聚集分布再转变为较大尺度聚集分布；在沟谷呈现典型随机分布(刘芳等，2011)。自然草地群落中，半阴坡的物种丰富度最高，阴坡其次，均显著高于阳坡和半阳坡。而且，阴坡的株高显著高于阳坡和半阳坡，比叶面积显著高于阳坡(朱云云等，2016)。最后，随着演替的进行，植被也发生明显变化。例如，子午岭林区群落演替过程中，多样性在不同层次的变化规律不同。其中，草本层呈单峰变化，在白桦群落达到最大，然后逐渐降低。灌木层多样性逐渐减小，而乔木层多样性逐渐增加(王世雄等，2013)。

人类活动也对黄土高原的植被动态产生强烈影响，包括抚育、封禁和放牧等。例如，卫生伐显著提高油松人工林下的草本层叶面积、干物质含量、叶片厚度以及灌木层叶片厚度，显著降低草本层比叶面积(原志坚等，2018)。封禁11年后，草甸草原、梁塬典型草原、丘陵典型草原和荒漠草原的生物量均显著高于各类型的封禁初期草地和退化草地(程积民等，2012)。中度放牧能够提高柠条锦鸡儿群落的物种多样性和均匀度，但是过度放牧则降低多样性和均匀度(周伶等，2012)。

以上这些研究结果从自然因素和人为因素两个方面解释了黄土高原植被结构与动态变化，对于我们理解覆土砒砂岩区植被稳定性具有一定参考意义。然而，这些研究大部分只针对一种影响因子研究植被动态，没有综合考虑各种因素的影响，而且缺乏长期植被监测研究。因此，本节通过植被调查比较覆土砒砂岩区典型水土保持林山杏和油松的植被稳定性。

本研究在覆土砒砂岩区选择不同树龄（15a、35a）的山杏和油松，分别设置 10m×10m 样方进行植被调查。每个样地类型都调查 4 个重复样方，累计 16 个。每个样方内设置 1m×1m 草本样方，累计 16 个。调查内容有山杏和油松的树高、冠幅、胸径、群落高度、盖度、多度和 0~5cm、5~10cm 和 10~15cm 三个深度的土壤含水量。草本样方调查的内容有盖度、多度、丰富度和生物量。山杏和油松地上生物量参考计算模型进行估算（曾伟生等，2015；刘平等，2019）。草本层生物量测量方法为采集地上枝叶带回准格尔旗水保站，在 70℃干燥箱中烘干，48h 后称重。土壤含水量用环刀法采集土样，带回准格尔旗水保站，在 105℃干燥箱内烘干，24h 后称重。

群落稳定性指数的构建和数据处理方法同 3.5.1。

在覆土砒砂岩区，两个树龄山杏林的盖度、多度、草本层和乔木层生物量存在显著差异（$P<0.05$）。35a 山杏林的盖度、多度和乔木层生物量显著高于 15a 山杏林（$P<0.05$），但是它的草本层生物量显著低于 15a 山杏林（$P<0.05$）。两个树龄油松林的高度、盖度、乔木层生物量和土壤含水量有显著差异（$P<0.05$）。35a 油松林的高度、盖度、乔木层生物量显著高于 15a 油松林（$P<0.05$），但是它的土壤含水量显著低于 15a 油松林（$P<0.05$）（表 3-23）。

15a 和 35a 山杏林的植被稳定性指数差异显著（$P<0.05$），35a 山杏林的植被稳定性指数显著高于 15a 山杏林（$P<0.05$）（图 3-23）。15a 和 35a 油松群落的植被稳定性指数差异显著（$P<0.05$），35a 油松林的植被稳定性指数显著高于 15a 油松林（$P<0.05$）（图 3-23）。

表 3.23 覆土砒砂岩区植被特征（平均值±标准差）

群落	树龄(a)	高度(m)	盖度(%)	草本层丰富度（种/m²）	多度（株/m²）	草本层生物量(kg)	乔木层生物量(kg)	土壤含水量(%)
山杏	15	3.57±0.19 a	20.00±10.00 a	10.33±0.58 a	0.06±0.00 a	0.09±0.01 b	34.91±3.95 a	5.69±0.64 a
	35	3.34±0.34 a	53.33±11.55 b	10.00±1.73 a	0.09±0.02 b	0.06±0.01 a	50.77±5.23 b	7.56±1.16 a
油松	15	2.77±0.57 a	22.33±7.64 a	9.67±0.58 a	0.11±0.09 a	0.12±0.04 a	113.18±18.70 a	7.05±0.76 b
	35	5.07±1.06 b	66.67±5.77 b	8.00±2.00 a	0.08±0.04 a	0.04±0.00 a	487.85±174.00 b	3.41±0.71 a

注：不同小写字母表示差异显著（$P<0.05$）。

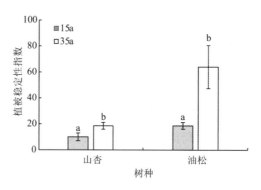

图 3-23 覆土砒砂岩区油松林和山杏林的植被稳定性指数

注：不同小写字母表示不同树龄的稳定性差异显著（$P<0.05$）。

与 15a 相比，35a 山杏林的群落结构与功能均显著改善，表现在盖度、多度和乔木层生物量的显著增加，土壤含水量较高，因此其稳定性也显著增加。然而，山杏盖度的增加影响了林下草本植物的生长，导致草本层生物量降低。与 15a 相比，35a 油松林的群落结构与功能也明显改善，表现在高度和盖度的显著增加，因此其稳定性也显著增加。然而，油松林的生长消耗了土壤水分，导致土壤含水量显著下降。因此，今后可能需要对 35a 油松进行修枝或间伐减少土壤水分消耗，维持长期稳定性。

总之，在覆沙砒砂岩区，10a 的围封明显改善了黑沙蒿群落的结构与功能，从而提高了群落的稳定性。沙丘和丘间地两种生境的沙柳和沙地柏的群落结构与功能差异显著，这两种生境黑沙蒿的群落结构与功能接近，但是两种生境的群落稳定性分别都类似。在覆土砒砂岩区，随着水土保持林的生长，山杏林和油松林的群落结构与功能都逐渐改善，稳定性也逐渐提高。但是，35a 油松林对土壤水分消耗较大，需要修枝或间伐。

3.6 结论

本研究抓住影响半干旱区植被生长、繁殖的主导因素——水分，从植被耗水特征和水分平衡角度揭示植被稳定性格局形成机理。首先开展了降水对鄂尔多斯高原植被分布的影响，其次研究了沙棘和沙地柏的液流变化和耗水特性，然后研究了沙棘、山杏、油松、沙地柏、黑沙蒿和沙柳的水分利用策略，最后从生态系统的水分平衡角度，评价覆土砒砂岩区和覆沙砒砂岩区的植被稳定性特征。研究主要有以下发现。

降水影响鄂尔多斯高原的植被分布。克隆植物的物种数量、占物种总数的比例和重要值均与降水量呈显著正相关。5 种优势植物克氏针茅、本氏针茅、黑沙蒿、赖草和短花针茅均为克隆植物。降水增加促进前四种植物生长，抑制短花针茅生长。

砒砂岩区的固沙林和水保林均采取资源依赖型水分利用策略。覆沙砒砂岩区的沙地柏、黑沙蒿和沙柳3种固沙林在不同季节选择性地利用不同深度的土壤水。杨柴与黑沙蒿或沙柳伴生时均存在水分竞争。沙地柏的长期水分利用效率高于其他三种灌木。覆土砒砂岩区的沙棘、油松和山杏三种水保林在不同季节选择性地利用不同深度的土壤水或雨水。沙棘的水分利用效率高于油松和山杏。

砒砂岩区灌木的液流或耗水量主要受太阳辐射和水分影响。沙地柏的耗水量晴天呈单峰曲线，干旱时呈双峰曲线，雨天呈单峰或双峰曲线。沙地柏耗水量主要受 PAR、VPD、相对湿度、降雨和气温影响。生长季沙地柏的单株耗水量是 11.42~188.62kg，平均值为 95.04kg。晴天沙棘耗水量日变化呈单峰或双峰曲线。沙棘耗水量主要受 PAR、气温、VPD、风速和相对湿度影响。生长季沙棘的单株总耗水量是 185.77~219.44kg，平均值为 206.58kg。

砒砂岩区的植被稳定性受围封、生境和造林年限的影响。在覆沙砒砂岩区，10a 的围封明显改善了黑沙蒿群落的结构与功能，从而提高了群落的稳定性。沙丘和丘间地两种生境的沙柳和沙地柏的群落结构与功能差异显著，这两种生境黑沙蒿的群落结构与功能接近，但是两种生境的群落稳定性分别都类似。在覆土砒砂岩区，随着水土保持林的生长，山杏林和油松林的群落结构与功能都逐渐改善，稳定性也逐渐提高。但是，35a 油松林对土壤水分消耗较大。

参考文献

Cheng X, An S, Li B, et al, 2006. Summer rain pulses size and rain-water uptake by three dominant desert plants in a desertified grassland ecosystem in northwest China[J]. Plant Ecology, 184: 1-12.

Dong M, Yu F H, Alpert P, 2004. Ecological consequences of plant clonality preference[J]. Annals of Botany, 114(2): 367-367.

Granier A, 1987. Sap flow measurements in Douglas fir tree trunk by means of a new thermal methods[J]. Annals of Forest Science, 44(1): 1-14.

Guo W, Li B, Zhang X, et al, 2010. Effects of water stress on water use efficiency and water balance components of *Hippophae rhamnoides* and *Caragana intermedia* in the soil-plant-atmosphere continuum[J]. Agroforestry Systems, 80(3): 423-435.

He W M, Zhang X S, Dong M, 2003. Gas exchange, leaf structure, and hydraulic features in relation to sex, shoot form, and leaf form in an evergreen shrub-*Sabina vulgaris* in the semi-arid Mu Us Sandland in China[J]. Photosynthetica, 41(1): 105-109.

He W, Zhang X, 2003. Responses of an evergreen shrub-*Sabina vulgaris* to soil water and nutrient shortages in the semi-arid Mu Us Sandland in China[J]. Journal of Arid Environments,

53(3): 307-316.

Jian S, Zhao C, Fang S, et al, 2015. Evaluation of water use of *Caragana korshinskii* and *Hippophae rhamnoides* in the Chinese Loess Plateau[J]. Canadian Journal of Forest Research, 45(1): 15-25.

Kang M Y, Dai C, Ji W Y, et al, 2013. Biomass and its allocation in relation to temperature, precipitation, and soil nutrients in Inner Mongolia grasslands, China[J]. PLoS ONE, 8: e69561.

New M, Lister D, Hulme M, et al, 2002. A high-resolution data set of surface climate over global land areas[J]. Climate Research, 21(1): 1-25.

Ohte N, Koba K, Yoshikawa K, et al, 2003. Water utilization of natural and planted trees in the semiarid desert of Inner Mongolia, China[J]. Ecological Applications, 13(2): 337-351.

Phillips D L, Gregg J W, 2003. Source partitioning using stable isotopes: coping with too many sources[J]. Oecologia, 136: 261-269.

Song L, Zhu J, Li M, et al, 2014. Water utilization of *Pinus sulvestris* var. *mongolica* in a sparse wood grassland in the semi-arid sandy regions of Northeast China[J]. Trees, 28: 971-982.

Song M H, Dong M, Jiang G M, 2002. Importance of clonal plants and plant species diversity in the Northeast China Transect[J]. Ecological Research, 17: 705-716.

Su H, Li Y, Liu W, et al, 2014. Changes in water use with growth in *Ulmus pumila* in semiarid sandy land of northern China[J]. Trees, 28: 41-52.

Wang G H, 2002. Plant traits and soil chemical variables during a secondary vegetation succession in abandoned fields on the Loess Plateau[J]. Acta Botanica Sinica, 44(8): 990-998.

Wang L M, Li L H, Chen X, et al, 2014. Biomass allocation patterns across China's terrestrial biomes[J]. PLoS ONE, 9: e93566.

Wei Y F, Fang J, Liu S, et al, 2013. Stable isotope observation of water use sources of *Pinus sulvestris* var. *mongolica* in Horqin Sandy Land, China[J]. Trees, 27(5): 1249-1260.

Yang H, Auerswald K, Bai Y, et al, 2011. Complementarity in water sources among dominant species in typical steppe ecosystems of Inner Mongolia, China[J]. Plant and Soil, 340(1/2): 303-313.

Yang Y H, Fang J Y, Ma W H, et al, 2010. Large-scale pattern of biomass partitioning across

China's grasslands[J]. Global Ecology and Biogeography, 19: 268-277.

Ye X H, Liu Z L, Zhang S D, et al, 2019. Experimental sand burial and precipitation enhancement alter plant and soil carbon allocation in a semi-arid steppe in north China[J]. Science of the total Environment, 651: 3099-3106.

Zhu Y, Wang G, Li R, 2016. Seasonal dynamics of water use strategy of two *Salix* shrubs in alpine sandy land, Tibetan Plateau[J]. PLoS ONE, 11(5): e0156586.

常骏, 王忠武, 李怡, 等, 2010. 内蒙古三种草地植物群落地上净初级生产力与水热条件的关系[J]. 内蒙古大学学报: 自然科学版, 41(6): 689-694.

陈文思, 朱清科, 刘蕾蕾, 等, 2016. 陕北半干旱黄土区沙棘人工林的死亡率及适宜地形因子[J]. 林业科学, 52(5): 9-16.

陈旭东, 陈仲新, 赵雨兴, 1998. 鄂尔多斯高原生态过渡带的判定及生物群区特征[J]. 植物生态学报, 22(4): 312-318.

陈玉福, 宋明华, 董鸣, 2002. 鄂尔多斯高原覆沙坡地植物群落格局[J]. 植物生态学报, 26(4): 501-505.

程积民, 程杰, 杨晓梅, 等, 2012. 黄土高原草地植被碳密度的空间分布特征[J]. 生态学报, 32(1): 226-237.

程杰, 呼天明, 程积民, 2010. 黄土高原半干旱区云雾山封禁草原30年植被恢复对气候变化的响应[J]. 生态学报, 30(10): 2630-2638.

党宏忠, 张劲松, 赵雨森, 2010. 应用热扩散技术对柠条锦鸡儿主根液流速率的研究[J]. 林业科学, 46(3): 29-36.

党晓宏, 高永, 汪季, 等, 2012. 砒砂岩沟坡沙棘根系分布特征及其对林下土壤的改良作用[J]. 中国水土保持科学, 10(4): 45-50.

董金伟, 李宜坪, 李新凯, 等, 2019. 毛乌素沙地植被类型对生物结皮及其下伏土壤养分的影响[J]. 水土保持研究, 26(2): 112-117.

董鸣, 1997. 陆地生物群落调查观测与分析[M]. 北京: 中国标准出版社: 15-17.

董学军, 陈仲新, 阿拉腾宝, 等, 1999. 毛乌素沙地沙地柏(*Sabina vulgaris*)的水分生态初步研究[J]. 植物生态学报, 23(4): 311-319.

段义忠, 李娟, 杜忠毓, 等, 2018. 毛乌素沙地天然植物多样性组成及区系分析[J]. 西北植物学报, 38(4): 770-779.

樊江文, 张良侠, 张文彦, 等, 2014a. 中国草地样带植物氮磷元素空间格局及其与气候因子的关系[J]. 草地学报, 22(1): 1-6.

樊江文, 张良侠, 张文彦, 等, 2014b. 中国草地样带植物根系N、P元素特征及其与地理气候因子的关系[J]. 草业学报, 23(5): 69-76.

付京晶, 周华坤, 赵新全, 等, 2013. 青海海北不同类型高寒草地的克隆植物及其重要性[J]. 草地学报, 21(6): 1065-1072.

高丽, 朱清芳, 闫志坚, 等, 2017. 放牧对鄂尔多斯高原油蒿草场生物量及植被-土壤碳密度的影响[J]. 生态学报, 37(9): 3074-3083.

高清竹, 何立环, 江源, 等, 2006. 黄河中游砒砂岩地区土地利用对生物多样性的影响评价[J]. 生物多样性, 14(1): 45-51.

高阳, 高甲荣, 温存, 等, 2006. 宁夏盐池沙地土壤水分条件与植被分布格局[J]. 西北林学院学报, 21(6): 1-4.

郭爱莲, 张卫兵, 朱志诚, 等, 2002. 固沙植物臭柏的死亡原因及保护对策[J]. 水土保持通报, 22(2): 16-18.

郭建英, 曹波, 孙保平, 等, 2009. 中国沙棘在砒砂岩地区的克隆性能与环境解释[J]. 干旱区资源与环境, 23(6): 147-150.

郭柯, 2000. 毛乌素沙地油蒿群落的循环演替[J]. 植物生态学报, 24(2): 243-247.

郭柯, 董学军, 刘志茂, 2000. 毛乌素沙地沙丘土壤含水量特点——兼论老固定沙地上油蒿衰退原因[J]. 植物生态学报, 24(3): 275-279.

郭卫华, 李波, 张新时, 等, 2007. 水分胁迫对沙棘 (*Hippophae rhamnoides*) 和中间锦鸡儿 (*Caragana intermedia*) 蒸腾作用影响的比较[J]. 生态学报, 27(10): 4132-4140.

郭跃, 丁国栋, 吴斌, 等, 2010. 毛乌素沙地沙木蓼茎干液流规律研究[J]. 水土保持通报, 30(5): 22-26.

何彩云, 李梦颖, 罗红梅, 等, 2015. 不同沙棘品种抗旱性的比较[J]. 林业科学研究, 28(5): 634-639.

何维明, 2000. 不同生境中沙地柏根面积分布特征[J]. 林业科学, 36(5): 17-21.

何维明, 2001. 水分因素对沙地柏实生苗水分和生长特征的影响[J]. 植物生态学报, 25(1): 11-16.

何维明, 张新时, 2001. 水分共享在毛乌素沙地4种灌木根系中的存在状况[J]. 植物生态学报, 25(5): 630-633.

红雨, 王林和, 2008. 臭柏群落在不同演替阶段叶片含水量、叶绿素含量变化的研究[J]. 内蒙古师范大学学报(自然科学汉文版), 37(1): 94-97.

胡海英, 李惠霞, 倪彪, 等, 2019. 宁夏荒漠草原典型群落的植被特征及其优势植物的水分利用效率[J]. 浙江大学学报(农业与生命科学版), 45(4): 460-471.

胡云峰, 艳燕, 阿拉腾图雅, 等, 2012. 内蒙古东北-西南草地样带植物多样性变化[J].

资源科学,34(6):1024-1031.

胡云锋,巴图娜存,毕力格吉夫,等,2015. 乌兰巴托-锡林浩特样带草地植被特征与水热因子的关系[J]. 生态学报,35(10):3258-3266.

黄富祥,傅德山,刘振铎,2001. 鄂尔多斯油蒿-本氏针茅群落生物量对气候的动态影响[J]. 草地学报,9(2):148-153.

黄富祥,高琼,傅德山,等,2001. 内蒙古鄂尔多斯高原典型草原百里香-本氏针茅草地地上生物量对气候响应动态回归分析[J]. 生态学报,21(8):1339-1346.

黄刚,赵学勇,赵玉萍,等,2017. 科尔沁沙地两种典型灌木独生和混交的根系分布规律[J]. 中国沙漠,27(2):239-243.

黄咏梅,张明理,2006. 鄂尔多斯高原植物群落多样性时空变化特点[J]. 生物多样性,14(1):13-20.

菅晶,贾德彬,郭少峰,等,2017. 2014年浑善达克沙地黄柳生长季水分来源同位素示踪研究[J]. 干旱区研究,34(2):350-355.

蒋高明,董鸣,2000. 沿中国东北样带(NECT)分布的若干克隆植物与非克隆植物光合速率与水分利用效率的比较(英文)[J]. 植物学报,42(8):855-863.

李博,1990. 内蒙古鄂尔多斯高原自然资源与环境研究[M]. 北京:科学出版社.

李巧燕,来利明,周继华,等,2019. 鄂尔多斯高原草地灌丛化不同阶段主要植物水分利用特征[J]. 生态学杂志,38(1):89-96.

李秋爽,张超,王飞,等,2009. 鄂尔多斯高原油蒿种群分布格局对降水梯度的反应[J]. 应用生态学报,20(9):2105-2110.

李仁强,2007. 植被生产力与植物克隆性的样带分析[D]. 北京:中国科学院植物研究所.

李甜江,2011. 中国沙棘人工林衰退的水分生理生态机制[D]. 北京:北京林业大学.

李新荣,张新时,1999. 鄂尔多斯高原荒漠化草原与草原化荒漠灌木类群生物多样性的研究[J]. 应用生态学报,10(6):665-669.

李新荣,赵雨兴,杨志忠,等,1999. 毛乌素沙地飞播植被与生境演变的研究[J]. 植物生态学报,23(2):116-124.

李雪松,贾德彬,钱龙娇,等,2018. 基于同位素技术分析不同生长季节杨树水分利用[J]. 生态学杂志,37(3):840-846.

刘保清,刘志民,钱建强,等,2017. 科尔沁沙地南缘主要固沙植物旱季水分来源[J]. 应用生态学报,28(7):2093-2101.

刘朝霞,张俊义,张二生,2002. 内蒙古准格尔旗丘陵沟壑区退耕还林(草)模式[J]. 中国沙漠,22(5):506-509.

刘芳, 杨劼, 宋炳煜, 等, 2010. 内蒙古鄂尔多斯黄土丘陵沟壑区茭蒿种群结构及群落特征[J]. 生态学杂志, 29(9): 1685-1690.

刘芳, 杨劼, 王鑫厅, 等, 2011. 内蒙古鄂尔多斯黄土丘陵沟壑区茭蒿群落种间关系[J]. 生态学杂志, 30(12): 2706-2712.

刘海燕, 李吉跃, 赵燕, 等, 2008. 沙柳稳定碳同位素值的特点及其水分利用效率[J]. 干旱区研究, 25(4): 60-64.

刘建峰, 赵秀莲, 江泽平, 2011. 不同年龄沙地柏生理生态特性差异研究[J]. 西北林学院学报, 26(3): 17-20.

刘健, 贺晓, 包海龙, 等, 2010. 毛乌素沙地沙柳细根分布规律及与土壤水分分布的关系[J]. 中国沙漠, 30(6): 1362-1366.

刘蕾蕾, 朱清科, 赵维军, 等, 2014. 陕北黄土区衰退沙棘人工林改良土壤的作用[J]. 水土保持通报, 34(3): 311-315.

刘平, 韩金城, 于磊, 等, 2019. 辽东山区油松人工林生物量研究[J]. 沈阳农业大学学报, 50(6): 740-746.

刘潇潇, 李国庆, 闫美杰, 等, 2017. 黄土高原主要树种树干液流研究进展[J]. 水土保持研究, 24(3): 369-373.

刘哲荣, 刘果厚, 岳秀贤, 等, 2015. 鄂尔多斯成吉思汗陵周边野生种子植物区系研究[J]. 草地学报, 23(5): 983-989.

卢森堡, 陈云明, 唐亚坤, 等, 2017. 黄土丘陵区混交林中油松和沙棘树干液流对降雨脉冲的响应[J]. 应用生态学报, 28(11): 3469-3478.

吕朋, 左小安, 岳喜元, 等, 2018. 科尔沁沙地封育过程中植被特征的动态变化[J]. 生态学杂志, 37(10): 2880-2888.

吕晓敏, 王玉辉, 周广胜, 等, 2015. 温度与降水协同作用对短花针茅生物量及其分配的影响[J]. 生态学报, 35(3): 752-760.

彭小平, 樊军, 米美霞, 等, 2013. 黄土高原水蚀风蚀交错区不同立地条件下旱柳树干液流差异[J]. 林业科学, 49(9): 38-45.

秦洁, 韩国栋, 乔江, 等, 2016. 内蒙古不同草地类型针茅属植物对放牧强度和气候因子的响应[J]. 生态学杂志, 35(8): 2066-2073.

全昌明, 刑小军, 李振昌, 等, 2004. 伊金霍洛旗樟子松和油松引种试验对比研究[J]. 北京林业大学学报, 26(2): 63-67.

宋明华, 陈玉福, 董鸣, 2002. 鄂尔多斯高原风蚀沙化梁地克隆植物的分布及其与物种多样性的关系[J]. 植物生态学报, 26(4): 396-402.

宋明华，董鸣，2002. 群落中克隆植物的重要性[J]. 生态学报，22（11）：1960-1967.

宋明华，董鸣，蒋高明，等，2001. 东北样带上的克隆植物及其重要性与环境的关系[J]. 生态学报，21（7）：1095-1103.

苏培玺，严巧娣，2008. 内陆黑河流域植物稳定碳同位素变化及其指示意义[J]. 生态学报，28（4）：1616-1624.

孙建，刘苗，李胜功，等，2011. 内蒙古典型草原克氏针茅与冰草的生存策略[J]. 生态学报，31（8）：2148-2158.

王浩，黄晨璐，杨方社，等，2019. 砒砂岩区沙棘根系的生境适应性[J]. 应用生态学报，30（1）：157-164.

王静璞，刘连友，贾凯，等，2015. 毛乌素沙地植被物候时空变化特征及其影响因素[J]. 中国沙漠，35（3）：624-631.

王林和，党宏忠，张国盛，等，2014. 中国天然臭柏群落的分布与生物量特征[J]. 内蒙古农业大学学报，35（1）：37-45.

王世雄，王孝安，郭华，2013. 黄土高原植物群落演替过程中的β多样性变化[J]. 生态学杂志，32（5）：1135-1140.

王一贺，赵允格，李林，等，2016. 黄土高原不同降雨量带退耕地植被-生物结皮的分布[J]. 生态学报，36（2）：377-386.

王愿昌，吴永红，寇权，等，2007. 砒砂岩分布范围界定与类型区划分[J]. 中国水土保持科学，5（1）：14-18.

温国盛，张明如，张国盛，等，2006. 干旱条件下臭柏的生理生态对策[J]. 生态学报，26（12）：4059-4065.

吴宗凯，刘广全，匡尚富，等，2009. 黄土高原半干旱区退耕地沙棘林密度调控[J]. 国际沙棘研究与开发，7（3）：5-10.

肖春旺，周广胜，马风云，2002. 施水量变化对毛乌素沙地优势植物形态与生长的影响[J]. 植物生态学报，26（1）：69-76.

肖春旺，周广胜，赵景柱，2001. 不同水分条件对毛乌素沙地油蒿幼苗生长和形态的影响[J]. 生态学报，21（12）：2136-2140.

熊好琴，段金跃，王妍，等，2012. 围栏禁牧对毛乌素沙地土壤理化特征的影响[J]. 干旱区资源与环境，26（3）：152-157.

熊好琴，段金跃，张新时，2011. 围栏禁牧对毛乌素沙地植物群落特征的影响[J]. 生态环境学报，20（2）：233-240.

徐丹丹，尹立河，侯光才，等，2017. 毛乌素沙地旱柳和小叶杨树干液流密度及其与气象因子的关系[J]. 干旱区资源与环境, 34(2): 375-382.

杨国敏, 王爱, 王力, 2018. 六道沟流域 2 种典型灌木不同季节水分来源及利用效率[J]. 西北植物学报, 38(1): 140-149.

杨洪晓, 张金屯, 吴波, 等, 2016. 毛乌素沙地油蒿种群点格局分析[J]. 植物生态学报, 30(4): 563-570.

杨久俊, 张磊, 肖培青, 2016. 黄河中游砒砂岩区植物图鉴[M]. 郑州: 黄河水利出版社.

杨梅焕, 曹明明, 朱志梅, 2017. 毛乌素沙地东南缘沙漠化过程中植被的退化和稳定性[J]. 水土保持通报, 37(5): 10-15.

杨秀静, 黄玫, 王军邦, 等, 2013. 青藏高原草地地下生物量与环境因子的关系[J]. 生态学报, 33(7): 2032-2042.

游晶晶, 赵鸣飞, 王宇航, 等, 2019. 黄土高原腹地人工林下草本层群落构建机制[J]. 植物生态学报, 43(9): 834-842.

于海玲, 李愈哲, 樊江文, 等, 2016. 中国草地样带不同功能群植物叶片氮磷含量随水热因子的变化规律[J]. 生态学杂志, 35(11): 2867-2874.

于占辉, 陈云明, 杜盛, 2009. 黄土高原半干旱区侧柏($Platycladus\ orientalis$)树干液流动态[J]. 生态学报, 29(7): 3970-3976.

喻泓, 吴波, 何季, 等, 2015. 毛乌素沙地水源圈植物群落的分布格局[J]. 应用生态学报, 26(2): 388-394.

原志坚, 王孝安, 王丽娟, 等, 2018. 抚育对黄土高原油松人工林林下植被功能多样性的影响[J]. 生态学杂志, 37(2): 339-346.

臧春鑫, 杨劼, 袁劼, 等, 2009. 毛乌素沙地中间锦鸡儿整株丛的蒸腾特征[J]. 植物生态学报, 33(4): 719-727.

曾伟生, 白锦贤, 宋连城, 等, 2015. 内蒙古柠条和山杏单株生物量模型研建[J]. 林业科学研究, 28(3): 311-316.

张国盛, 刘海东, 王林和, 等, 2005. 毛乌素沙地臭柏匍匐茎蒸腾速率和水势的日变化[J]. 干旱区资源与环境, 19(6): 173-180.

张浩, 王新平, 张亚峰, 等, 2015. 干旱荒漠区不同生活型植物生长对降雨量变化的响应[J]. 生态学杂志, 34(7): 1847-1853.

张继义, 赵哈林, 2003. 植被(植物群落)稳定性研究评述[J]. 生态学杂志, 22(4): 42-48.

张继义, 赵哈林, 2011. 短期极端干旱事件干扰后退化沙质草地群落恢复力稳定的测度与比较[J]. 生态学报, 31(20): 6060-6071.

张继义,赵哈林,崔建垣,等,2005.沙地植被恢复过程中克隆植物分布及其对群落物种多样性的影响[J].林业科学,41(1):5-9.

张金玲,陈海鹏,李玉灵,等,2018.臭柏异形叶水分特性比较[J].干旱区资源与环境,32(5):154-159.

张军红,2014.毛乌素沙地油蒿群落生物结皮的分布特征[J].水土保持通报,34(3):227-230.

张军红,韩海燕,雷雅凯,等,2012.不同固定程度沙地油蒿根系与土壤水分特征研究[J].西南林业大学学报,32(6):1-5.

张雷,王晓江,洪光宇,等,2017.毛乌素沙地不同飞播年限杨柴根系分布特征[J].生态学杂志,36(1):31-36.

张恰咛,朱清科,任正龑,等,2017.地形对陕北黄土区衰退沙棘人工林天然更新的影响[J].林业科学研究,30(2):300-306.

张新时,1994.毛乌素沙地的生态背景及其草地建设的原则与优化模式[J].植物生态学报,18(1):1-16.

张益源,2011.内蒙古鄂尔多斯退耕还林地植被演替过程研究[D].北京:北京林业大学.

赵国平,史社强,李军保,等,2017.毛乌素沙地采煤塌陷区土壤水分空间变异研究[J].水土保持学报,31(6):90-93+219.

赵哈林,赵学勇,2007.沙漠化的生物过程及退化植被的恢复机理[M].北京:科学出版社:317-321.

赵奎,丁国栋,原鹏飞,等,2008.盐池毛乌素沙地白榆树干液流研究[J].水土保持研究,5(6):85-88.

赵洋,张鹏,胡宜刚,等,2014.黑岱沟露天煤矿排土场不同植被配置对生物土壤结皮拓殖和发育的影响[J].生态学杂志,33(2):269-275.

赵洋,张鹏,胡宜刚,等,2015.露天煤矿排土场不同配置人工植被对草本植物物种多样性的影响[J].生态学杂志,34(2):387-392.

郑万钧,傅立国,2007.中国植物志第七卷:裸子植物门[M].北京:科学出版社.

中国科学院内蒙古宁夏综合考察队,1985.内蒙古植被[M].北京:科学出版社.

中国科学院植物志编辑委员会,1983.中国植物志第52卷第(2)分册[M].北京:科学出版社.周伶,上官铁梁,郭东罡,等,2012.晋、陕、宁、蒙柠条锦鸡儿群落物种多样性对放牧干扰和气象因子的响应[J].生态学报,32(1):111-122.

周莹,贺晓,徐军,等,2009.半干旱区采煤沉陷对地表植被组成及多样性的影响[J].生态学报,29(8):4517-4525.

朱选伟,刘海东,梁士楚,等,2004.浑善达克沙地赖草分株种群与土壤资源异质性分析[J].生态学报,24(7):1459-1464.

朱雅娟,贾志清,卢琦,等,2010.乌兰布和沙漠5种灌木的水分利用策略[J].林业科学,46(4):15-21.

朱云云,王孝安,王贤,等,2016.坡向因子对黄土高原草地群落功能多样性的影响[J].生态学报,36(21):6823-6833.

第四章

流域尺度植被与侵蚀耦合规律

近些年来，出于对水土资源的需求，毁林开荒、过度放牧等事件频发，掠夺式的人类活动导致生态环境破坏、水土流失严重，出现水土资源不足的恶性循环，地球的生态环境也面临着严峻的考验。黄河流域的生态保护和高质量发展是重大国家战略。其中，黄土高原贡献了黄河流域约97%的泥沙，是我国土壤侵蚀最严重的地区，直接影响着黄河的生态安全，长期制约区域经济社会可持续发展。因此，黄土高原的水土保持是黄河流域生态保护的主要内容和治理的根本措施，也是黄河高质量发展的基本保障。

然而，流域内植被与水沙条件相互影响，机制复杂，土壤侵蚀引起的土壤颗粒物损失直接影响土壤肥力，严重破坏黄河流域生态环境，导致植被多样性、覆盖度等下降。反过来，流域内的植被通过减少地表蒸发、蓄养土壤水分，减少土壤侵蚀、维护生态平衡。了解流域植被与侵蚀的耦合规律，对改善流域覆被和水沙条件，维持流域可持续发展具有重要意义。

4.1 研究意义与研究区概况

4.1.1 研究意义

在气候变化和人类活动的持续影响下，黄土高原的水土流失问题一直以来都是水土保持研究的重点与难点(赵景波，1993)。大量的研究结果表明，20世纪以来人为因素是黄土高原水土流失的主控因素。20世纪30年代末至40年代初，人类长期的滥垦、滥伐使自然植被遭到严重破坏，地表扰动，水土流失加剧(赵景波等，2002；He et al.，2004)。黄土高原地区从20世纪60年代开始修建梯田、造林和种草，增加了流域的林草覆盖度；同时还修建了大量的淤地坝，减少了进入黄河的泥沙量。1999年以来，国家在该地区大力实施退耕还林(草)工程，植被保育、恢复和重建成为该地区治理水土流失的主要措施(刘宇等，2013)。这些措施显著改善了该地区的植被状况和水沙条件(刘震等，2013)。

流域水沙关系的变化则是流域径流及泥沙形成过程中最为活跃的部分（刘敬伟，2015），是区域自然条件和人类活动影响的综合反映，多年来一直是流域泥沙侵蚀动力学和河流动力学等相关领域的研究热点。同时，植物是生态系统的重要组成部分，是连接和沟通气候、水分、土壤物质与能量循环的纽带，具有截留降雨、减少雨滴击溅、保水固土等功能，对减少水土流失有重要作用（王涛，2017）。认识植被覆盖特征在不同时间和空间尺度上的变化规律对揭示全球植被及生态系统格局和演变规律具有重要意义（陈福军，2018；张宝庆，2011；曹永强，2018）。植被通过固结土壤，拦蓄径流，发挥减少水土流失的作用（谭学进等，2019）；反过来，水土流失的减少可以改善流域土壤的营养和水分条件，从而促进植被的生长（张婷等，2016）。流域内植被与水沙条件相互影响，机制复杂，了解流域植被与水沙变化之间的互馈关系，对指导流域水土保持和植被恢复工作具有重要意义，为制定流域可持续管理和高质量发展策略提供科学依据。

4.1.2 研究区概况

皇甫川流域是黄土高原粗泥沙的主要来源地之一，退耕还林以来，该流域植被和水沙条件发生显著改变（黎铭等，2019a；黎铭等，2019b）。本章将以皇甫川流域为研究区，基于水文观测数据分析流域水沙条件的时间变化；基于流域空间侵蚀模型，在验证模型适用性的基础上，模拟2000—2015年间流域水沙条件的空间分布；通过遥感分析获取植被覆盖指数的时空特征，并采用情景模拟和相关分析法探讨植被变化和水沙条件的互馈关系，以期为流域侵蚀治理和植被恢复提供理论依据。

皇甫川流域（$39°12'\sim39°54'$N，$110°18'\sim112°12'$E）位于黄河中游河口镇至龙门区间的右岸上段，地处鄂尔多斯高原与黄土高原的过渡地带，流经内蒙古自治区准格尔旗，流域面积为3246km^2，水系主要由干流纳林川（干流长137km）和支流十里长川组成（图4-1）。该流域地处内陆，属大陆性季风气候，年平均气温9.1℃，多年平均降水量为350～450mm，降水分布总趋势为由东南向西北递减，年均减少速率为1.1929mm/a。由于流域地处农牧过渡带，天然林灌草大量消失，被人工植被代替，流域土地利用类型以草地、耕地和林地为主，草地占流域面积的65%以上。土壤类型以栗钙土和粗骨土为主，是黄河主要的粗泥沙来源区之一，年均入黄河泥沙约为0.41亿t，流域年均输沙模数为12733t/（km^2·a）。其西北地区有较大的裸露砒砂岩区，按照侵蚀程度可分为砒砂岩丘陵沟壑区、黄土丘陵沟壑区和沙化黄土丘陵沟壑区三个水土流失类型区，面积分别为948km^2、1756km^{2}和542km^2。在流域出口的皇甫设置水文站，有1960—2015年的长时期日径流和日含沙浓度数据。

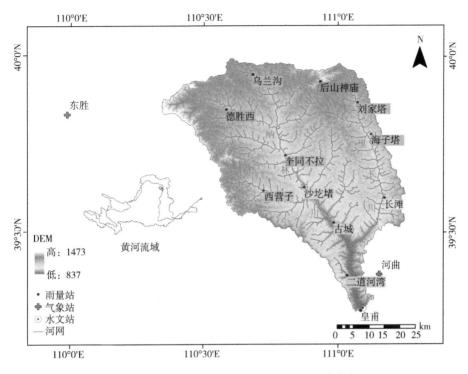

图 4-1　皇甫川流域位置及站点分布图（文后彩版）

4.2　流域植被覆盖的时空变化特征

4.2.1　植被覆盖在时间尺度上的变化特征

归一化植被指数（$NDVI$）是目前使用最为广泛的植被指数之一，用来表示地表植被覆盖特征（Zheng，2018；Barati，2011）。近年来，国内外众多学者运用 $NDVI$ 对不同地区的植被时空变化特征及其对气候变化的响应做了大量研究（刘宪锋，2013；易浪，2014；Piao，2003）。Liu（2016）研究发现，北半球中高纬度的植被覆盖受到全球变暖的影响有增加的趋势。中国西部、西北部地区植被覆盖普遍增高且存在明显的空间差异（陈效述，2009）。赵安周（2016）基于 MODIS-$NDVI$ 数据，运用一元线性回归分析和 Mann-Kendall 检验等方法分析出 2000—2014 年黄土高原 $NDVI$ 呈增加趋势。亦有学者发现水热条件不同时，植被生长的响应亦有所不同，有时会产生"时滞效应"（崔林丽，2009）。

本研究的植被遥感数据来源于美国航空航天局 NASA（http：//ladsweb.nascom.nasa.gov）的 MODISBQI NDVI 产品，时间跨度为 2000—2015 年，时间分辨率为 16d，空间分辨率为 250m，共计 192 期。利用 ENVI 4.6 软件对所需的 MODIS-NDVI 产品进行格式和投影转换、辐射校正、云体掩膜以及大气校正等操作消除大气和云层等因素对地物反射的影响（吴广昌，2012），从而增加数据的可靠性和精度。在 ArcGIS 10.2 中利用皇甫川边界提取 $NDVI$ 栅格图像，最终获得研究区 2000—2015 年逐年平均、多年平均和生长季平均的 NDVI 影像。本研究内所有栅格图像数据的坐标投影均统一采用 WGS-84 投影。

4.2.1.1 年际尺度

在年际尺度上,2000—2015 年皇甫川流域 NDVI 整体呈波动上升趋势(图 4-2a),NDVI 平均值的变化范围为 0.429~0.630,上升速率为 0.0042/a,上升趋势显著($r>0.4973$),植被覆盖情况总体在不断改善。期间流域 NDVI 经历了 4 次较大波动,时间分别是 2001—2002、2005—2007、2011—2012 和 2013—2015 年,增减速率分别为+8.95%、+6.65%、+16.40%和-6.59%。整体上看,从 1999 年开始皇甫川流域 NDVI 呈增加趋势。这说明退耕还林还草政策的实施,使皇甫川地区的生态环境逐年改善,植被生长状态总体呈变好趋势。同时,三种砒砂岩区中,裸露砒砂岩区地表植被较差,给植被恢复带来一定的困难,其次是覆沙区,植被恢复最容易的地区是覆土区;且覆沙区和裸露区的植被破坏现象较覆土区严重。

研究期间皇甫川流域年平均气温和平均降水量都在波动中呈现上升趋势(图 4-2b)。从全国气候变暖趋势来看,近 100a 内流域平均气温上升了 0.5~0.8℃,与全球趋势相同(IPCC,2007)。皇甫川流域气温的年增量为 0.065℃,增长斜率为 0.0348℃/a($R^2=0.2$),同时降水的年增量为 6.28mm,增长斜率为 6.27mm/a($R^2=0.31$)。由于降水量和气温的年际波动较大,研究区降水量和气温增加的趋势不显著($r<0.4973$)。

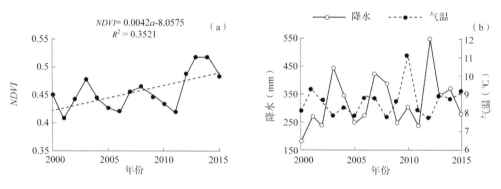

图 4-2 皇甫川流域 NDVI、降水及气温年际变化特征

4.2.1.2 月际尺度

图 4-3a 为皇甫川流域 16a 间 NDVI 的月变化特征图,将其划分为生长季(4~9 月)和非生长季(10 月至次年 3 月)。皇甫川流域在冬季(11 月至次年 1 月)的 NDVI 值较低,变幅为 0.31~0.35。随着气温和降水的增加,相应的植被覆盖也逐步增加。4 月 NDVI 增长趋势最为显著,增长速度快,5 月达到最大值(0.71)。4~9 月 NDVI 值较高,变幅为 0.24~0.79。这主要是因为 4 月植物开始生长,树木也开始抽枝发芽,随着降水和气温增加,植被愈发茂密,至 9 月份大多植被均处于生长旺盛阶段。这与国外学者得出的北半球

春季植被活动增强的结论保持一致(Zhou et al.,2001)。Piao et al.(2003)等认为生长季的延长和生长加速是致使北半球植被生长活动剧烈的两个重要原因。9月份流域内大多数植被开始落叶、凋零，农作物开始收割，地表植被减少，NDVI下降(平均值为0.33)。

降水和气温的逐月变化能更清楚地反映植被不同生长阶段下的变化情况。从图4-3b和c可以看出，月平均降水量和月均气温的变化趋势基本一致。降水量和气温的最小值均出现在1月和2月，其中降水量和温度较高的月均在4~9月，在7月和8月达到峰值(降水量最大值为841.8mm，气温最大值为23.21℃)。这与植被在5月达到峰值有所不同，说明植被覆盖与水热因子在时间上存在一定的不同步性。

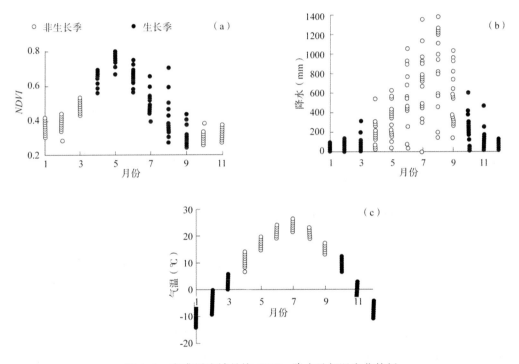

图4-3 皇甫川流域月均NDVI、降水及气温变化特征

4.2.2 植被覆盖在空间尺度上的变化特征

4.2.2.1 空间上的多年平均分布特征

图4-4为皇甫川流域2000—2015年多年平均的NDVI空间分布。皇甫川流域整体植被覆盖状况较差，NDVI范围在0~0.4之间，大部分地区的NDVI值在0.2~0.3之间浮动。流域沿十里长川附近地区植被覆盖度较高，NDVI变幅范围为0.25~0.4；而纳林川附近地区植被覆盖度较低，NDVI变幅范围为0.1~0.3。流域内远离主河道的坡面植被覆盖度低，NDVI变幅范围在0~0.25。对于皇甫川流域整体而言，植被覆盖度呈现出"沟道高—坡面低"的空间格局。

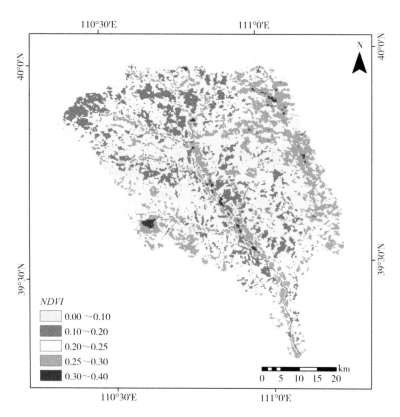

图 4-4 皇甫川流域 2000—2015 年 NDVI 分布（文后彩版）

基于皇甫川流域 30m 精度的土地利用图，将皇甫川流域分为耕地、林地、草地、水域、城乡/工矿/居民用地和未利用土地 6 种土地类型。计算不同土地利用类型下的 NDVI 平均值（图 4-5）。草地和耕地所占比例较高，分别为 66.1% 和 20.9%，未利用土地、林地、水域和城乡/工矿/居民用地所占比例较低，分别为 4.5%、4.7%、2% 和 0.8%。各土地利用类型的植被覆盖较低，NDVI 值均在 0.2~0.25 之间。林地的 NDVI 值最高，为 0.2482，未利用土地 NDVI 值最低，为 0.2141。各土地类型 NDVI 排列顺序为：林地>城乡/工矿/居民用地>耕地>水域>草地>未利用土地。

4.2.2.2 空间上的多年变化趋势及显著性特征

为了进一步分析皇甫川流域 NDVI 在空间上的变化趋势，利用线性回归计算 2000—2015 年间 NDVI 在空间栅格上的变化率，计算公式如下（Guo，2018；Menne J，2012）：

$$y = ax + b \tag{4-1}$$

$$a = \frac{\sum_{i=1}^{n} x_i y_i - n\overline{xy}}{\sum_{i=1}^{n} x_i^2 - n\overline{x}^2} \tag{4-2}$$

式中：y 为 2000—2015 年流域 NDVI 的年均值或生长季均值；x 为 2000—2015 年的年份，

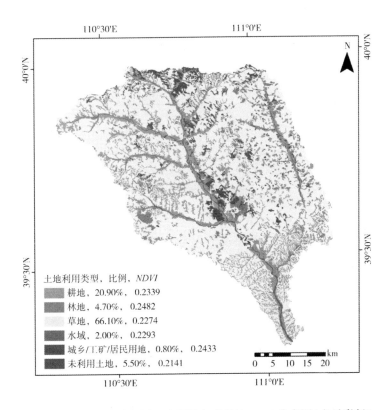

图 4-5　皇甫川流域不同土地利用方式下的 NDVI 分布图（文后彩版）

2000 年对应的 x 值为 1，以此类推；a 为变化趋势；b 为常数；$\bar{x}$、$\bar{y}$ 为对应均值。a 为增加或减少的速率，当 $a>0$ 表示 2000—2015 年间流域植被覆盖呈增长趋势，且数值越大其增长趋势越明显；$a<0$ 则表示植被覆盖呈降低趋势；$a=0$ 表示植被无变化。

计算结果见图 4-6a，并采用相关系数检验法将结果分为极显著下降、显著下降、不显著、显著上升和极显著上升 5 个等级（图 4-6b）。由图 4-6a 可以看出，16a 间皇甫川地区 NDVI 变化率总体上以线性增加为主，且存在明显的空间差异。纳林川沟道内 NDVI 变化率范围为-0.09~0，呈下降趋势，而沟道周围地区变化率范围为 0~0.12，呈上升趋势；同样，十里长川沟道内的 NDVI 变化率范围为 0~0.4，而沟道周围地区变化率范围为 0.04~0.12。对于以上两条主沟道，其变化率均呈现出"沟道附近增幅低，坡面地区增幅高"的分布格局。本研究将 NDVI 变化斜率 a 小于零（即植被减少）的地区定义为植被退化区。植被退化区主要分布在城镇周边，主要由于城市的扩张影响区域植被的生长，值得注意的是，虽然城市扩张范围有限，但其对植被破坏的影响远远大于气候。

图 4-6b 为 2000—2015 年皇甫川流域 NDVI 空间变化显著性。结果显示，流域多数面积为上升趋势，四周远离沟道的坡面地区为典型代表。其原因可能是这些地区原本由于水分缺乏、地处山地条件恶劣使得植被覆盖较低，后因"退耕还林还草"工程的实施效果显

著，植被覆盖显著上升。对于纳林川和十里长川两条主沟道，沟道附近区域上升趋势显著，而靠近水体部分未呈现明显趋势。显著性趋势呈现出"坡面极显著—沟道附近显著—沟道不显著"的空间格局。

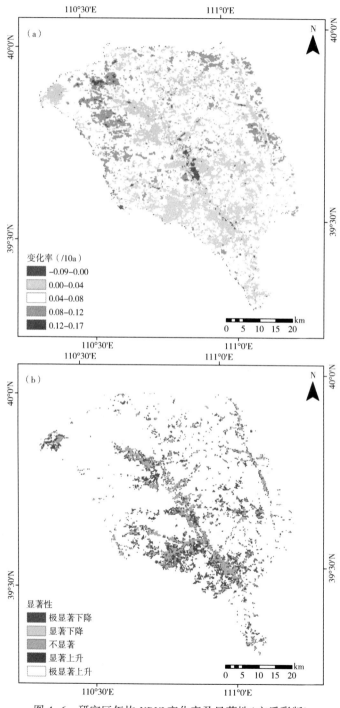

图 4-6　研究区年均 $NDVI$ 变化率及显著性（文后彩版）

4.2.2.3 不同土地类型条件下的变化趋势

计算不同土地类型下植被覆盖度指数 NDVI 的变化趋势如图 4-7 所示。6 种土地类型均呈上升趋势分布，NDVI 增长速率的顺序为草地>未利用土地>林地>耕地>水域>城乡/工矿/居民用地。草地均匀分布在流域内部且增速最大，为 0.0054/a；未利用土地主要分布在流域北部山区和中部河流附近，增速为 0.0052/a；林地主要分布在流域西南部，增速为 0.0050/a；耕地主要分布在河流、河谷周边及流域南部地带，增速为 0.0049/a；城乡/工矿/居民用地依靠水域而建，两者增速分别为 0.0040/a 和 0.0037/a。林地、草地等土地类型植被覆盖增加，说明国家"退耕还林还草"战略实施效果显著，植被恢复良好，人类活动对植被覆盖起促进作用。水域和城乡/工矿/居民用地植被覆盖增加，说明皇甫川流域人类活动对植被的影响在不断加强，并以促进作用为主导。

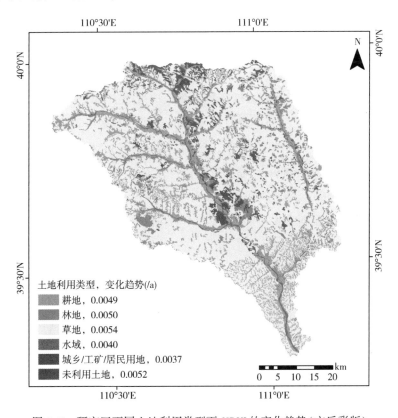

图 4-7 研究区不同土地利用类型下 NDVI 的变化趋势（文后彩版）

4.2.3 小结

本节以皇甫川流域 2000—2015 年 MODIS NDVI 数据为基础，结合气温、降水数据，利用线性趋势回归法和相关系数法对流域 NDVI 时空异质性及其对降雨和温度的响应进行分析，结果如下。

(1) 自 1999 年实施退耕还林工程以来,皇甫川流域总体植被状况有所改善。年际尺度上,NDVI 平均值范围为 0.429~0.630,并以每年 0.0042 的线性速率上升。气候变化呈现"暖湿化",气温增长速率为 0.0348/a,降水量增长速率为 6.27/a。月际尺度上,皇甫川流域 NDVI 值在冬季(11 月到次年 1 月份)较低,4 月 NDVI 增长趋势最为显著,5 月达到最大值(0.71)。降水量和气温的最小值均出现在 1 月和 2 月,在 7 月和 8 月达到峰值。

(2) 在空间尺度上,皇甫川流域 NDVI 呈现"沟道高,坡面低"的分布格局(西南及东北地区亦有高植被覆盖率);多年的变化趋势主要呈线性增加,且存在明显的空间差异。不同土地类型下的 NDVI 均呈现上升趋势,其增长速率排名为草地>未利用土地>林地>耕地>水域>城乡/工矿/居民用地。

4.3 流域水沙关系

4.3.1 水沙特性与突变分析

皇甫川流域 1960—2015 年实测天然径流量多年均值为 1.13 亿 m^3,输沙量多年均值为 0.31 亿 t(图 4-8)。年径流量序列呈现波动下降的趋势,其减少速率为 0.331 亿 m^3/10a,最大值和最小值出现在 1979 年和 2015 年,分别为 4.37 亿 m^3 和 0.0005 亿 m^3,折合径流深分别为 1.35×10^5 mm 和 16.98mm。输沙量变化与径流量相似,同样呈显著减少趋势,减少速率约为 0.101 亿 t/10a,最大值和最小值出现在 1979 年和 2015 年,分别为 1.47×10^8 t 和 54.1t,折合侵蚀模数分别为 4.7×10^{-4} t/($km^2 \cdot a$) 和 1.7×10^{-2} t/($km^2 \cdot a$),径流量、泥沙量最大值均出现相同年份。

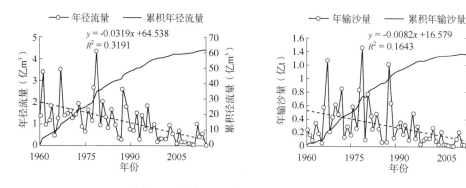

图 4-8 皇甫川流域年径流量和输沙量变化趋势

降雨因素在较大程度上影响着径流量和输沙量。研究表明,以降雨量为主要因子的降雨-径流、降雨-输沙模型在黄河流域应用最为广泛(孙维婷,2015)。实际结果显示,黄土高原年降雨量和年径流量、年降雨量和年输沙量之间都存在较好的相关关系。从流域控制站皇甫水文站累积降雨量和累积径流量、累积降雨量和累积输沙量的关系曲线可以看出(图4-9),皇甫水文站大部分降雨量与径流量(输沙量)的关系点均密集分布在相关线附近,各年代点在相关线两侧均有分布,水沙关系未出现明显偏离。且累计降雨量与累计径流量、累计降雨量与累计输沙量的关系变化趋势基本上一致。1960—1979年的斜率较大,说明该阶段单位降雨量下的流域产流产沙量处于增加趋势,而1980—2003年间斜率较缓,单位降雨量流域产流产沙量有所减少,到了2003年以后,斜率大大减少,且趋于平缓,说明流域产流产沙量处于较低的水平。

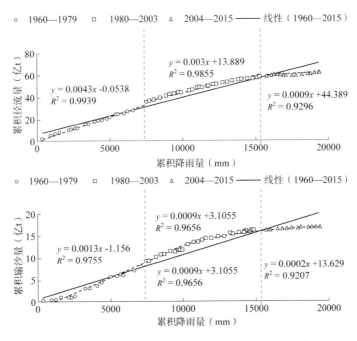

图4-9 累积降雨量与累积径流量、输沙量的关系曲线

同时,利用双累积曲线法,将累积径流量作为横坐标,累积输沙量作为纵坐标,点绘两者关系图(图4-10),从图中可以看出,双累积曲线基本呈一条直线($a=0.3045$),但随时间的变化也表现出一定的波动,大致分成3个阶段:①1960—1979年累积曲线斜率呈小幅度降低($a=0.2966$),说明该阶段单位产流量下的流域产沙量处于轻微减少趋势。这一时段流域内修建了大量的梯田增加了林草面积,同时开始进行淤地坝的建设,但由于淤地坝处于尚未投入或刚刚投入使用,且植被覆盖度较低(高健健等,2016),对泥沙影响较小,因而此时段内拦沙效果不明显。②1980—2003年累积曲线斜率上升($a=0.3072$),此时段内流域悬移质输沙量轻微增大,为上升段。由于多沙粗沙区的淤地坝大部分修建于20世纪70年代,且淤地坝的寿命为5~10年(许炯心,2010),使得该时段内的淤地坝大部分淤满失效,拦沙作用大大减弱。尽管林草面积继续扩大,但林草措施的减沙拦沙效果远小于淤地坝,因此导致流域产沙量升高。③2004—2015年,累积曲线斜率大幅降低($a=$

0.2032),输沙量显著减少,说明在这一阶段中人类活动的作用显著,与 Peng(2010)的研究一致。国家从 1998 年开始实施大规模的自然封禁治理和退耕还林还草工程,流域植被覆盖度不断增加,$NDVI$ 的上升速率达到 0.0042/a。同时国家于 2002 年后投入大量资金进行淤地坝的建设,大大增加了淤地坝的拦沙效益。因此,该时段的流域产沙量显著下降。

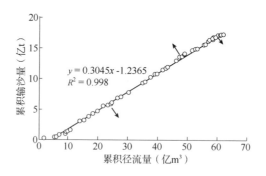

图 4-10 累积年径流量-输沙量的双累积曲线

4.3.2 长时期内的水沙关系曲线

很多学者通过水沙关系曲线(Rating Curves)来开展流域产流产沙过程的统计学和动力学研究,主要体现在悬沙输移特征(陈西庆,1997)、计算泥沙通量(Wang,2008;Xu,2005)和河道治理(恽才兴,2004)等方面。其中,Hu et al.(2011)运用水沙关系曲线对长江流域的洪峰特征及其水沙关系进行了详细分析。Yang et al.(2007)运用水沙关系曲线讨论了人类活动和东南亚季风等因素对长江流域水文过程的影响。同时随着时间尺度的延长,流域治理工程的实施使水沙关系在不同时间尺度(多年尺度至洪水场次尺度)内发生了显著变化,同时引起了学者的广泛关注。其中,Fan et al.(2012)对黄河上游的宁夏—内蒙古地段不同洪水事件中的 C-Q(Concentration-Discharge)环路特征进行了探究。目前,关于黄河流域的研究主要集中于水沙趋势(王小军,2009)、土壤侵蚀(李天宏,2012)和土地利用变化(刘晓君,2016)等方面,而对于水沙关系和洪峰事件下的 C-Q 环路分析仍存在许多空白。

径流的产生主要来自降水,泥沙以径流为载体,径流冲刷产生土壤侵蚀,流域的水沙关系直接决定了河道的冲淤状况。流域的水沙协同性对于研究及治理流域水沙异源状况有着重要的意义(师长兴,2012)。一般情况下,悬沙浓度都是随着流量的增加而增加的,而增加的速率随着时间条件的变化而显示出极大的差异性。水沙关系曲线用来反映流域产沙特征及河流输沙特性,被定义为流量(Q)与悬移质输沙量(S)间的幂指数关系,表达形式为:

$$S = aQ^b \tag{4-3}$$

或者

$$\log S = \log a + b \log Q \tag{4-4}$$

式中：a 为系数，代表在一定边界条件下，单位流量的输沙量，其值越大表明研究区中可以被侵蚀的物质越多；b 为幂指数，代表在河道边界、泥沙特性一定条件下的水流输沙能力，其值越大表明河流对泥沙的搬运或侵蚀能力越强（王冰洁和傅旭东，2020）。a 和 b 的值表示该条件下物源供应情况以及相应的悬移质输沙量增长速率的变化情况（Kim et al.，2018；Zheng，2018）。

图 4-11 为皇甫川流域 1960—2015 年的水沙关系曲线，其水沙关系符合幂指数关系，决定系数为 0.871，拟合效果较好。各相关点均分布在水沙关系曲线附近，未出现系统偏离。相关点集中分布在年径流量小于 2 亿 m³ 的范围内，在大于 2 亿 m³ 的范围内零星分布。水沙关系曲线中，表征外界影响的因子（a）数值为 0.2266，表征河流本身输沙能量的因子（b）数值为 1.4422。

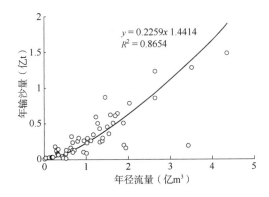

图 4-11　年径流量-年输沙量的水沙关系曲线

为进一步探究 1960—2015 年水沙关系中各指数的变化情况，按照降雨-径流、降雨-输沙量、径流-输沙量三个关系曲线所确定的阶段特性，分不同时期分别建立流域年径流量与输沙量之间的关系曲线，并采用公式 4-4 计算特征指数 $\ln a$ 和 b 值在全时段和不同阶段的变化规律。

1960—2015 年，$\ln a$ 和 b 的总体均值分别为 1.72 和 0.87，变化趋势均不显著（$P>0.05$）。分析水沙关系的三个阶段，如图 4-12 所示，1960—1979 年 $\ln a$ 的平均值为 1.53，有轻微下降，但趋势不显著；b 的平均值为 0.91，呈极显著下降趋势（$P<0.01$），下降速率为 0.019/a。1980—2003 年，$\ln a$ 的平均值为 1.79，存在不显著的轻微上升；b 的平均值为 0.80，存在不显著的轻微下降。2004—2015 年，$\ln a$ 的平均值为 1.87，呈现显著的下降趋势（$P<0.05$），下降速率为 0.240/a；b 的平均值为 0.94，存在不显著的轻微上升。1960—1979 年，b 的极显著下降，说明河流的输沙能力出现明显的下降。这可能与人类大规模修建淤地坝有关，由黄河水利委员会提供的淤地坝资料统计表明，流域中 1980 年之

前建有156座淤地坝,其中大型淤地坝(库容>100万 m^3)共计18座,总控制面积达到336.03km^2,约占流域总面积的10.35%(李二辉,2016)。在淤地坝的影响下,流域沟道逐渐淤平,坡降减小,河流的水流速度、流量下降,侵蚀和搬运能力显著降低。2004—2015年,$\ln a$ 的显著下降说明流域的可侵蚀物质减少。这可能是由于1998年开始实施的大规模自然封禁治理和退耕还林还草工程开始生效,流域植被覆盖度增加,同时大量的耕地和未利用地转化为林地和草地,植被根系固结土壤,明显增强土壤的渗透性及土体的剪切强度,同时拦蓄径流,使坡面汇流时间增加,降低了土壤可蚀性;同时流域中兴建大量大型坝系工程,如乌拉素坝系工程等。截至2009年已建成大中型淤地坝507座,总库容达4.7亿 m^3,控制面积占流域总面积的三分之二(魏艳红,2017)。淤地坝的建设抬高了侵蚀基准面,降低了降雨侵蚀能量,流域侵蚀物源大量减少。

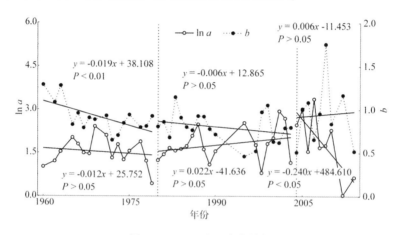

图4-12 $\ln a$ 和 b 变化趋势

4.3.3 基于洪水场次的径流-悬移质泥沙环路特性

流域的水沙关系存在一定的峰值滞后现象,并形成不同的C-Q环路类型(王随继,2010)。因此,C-Q环路可用于解释沉积物运移过程(Oeurng et al.,2010)。皇甫川流域洪水期的径流量和输沙量产生的特征之一是产沙和产水的速率不匹配,这就意味着随着洪水过程的时间延长,输沙量和径流量的峰值会存在不一致性的问题,输沙量的峰值可能在径流量峰值之前或之后。

为了分析流域洪峰水沙变化的阶段特征,统计流域内1960—2015年有资料记载的洪水场次(5~10月),流域内1960—2015年间洪峰总量为309个。其中1960—1979年洪峰次数为172个,占洪峰总量的56%;1980—2003年洪峰次数为95个,占洪峰总量的31%;2004—2015年洪峰个数为42个,占洪峰总量的13%。可见,在1960—2015年洪水出现次数不断减少。对洪水场次下的水沙过程进行分析发现,流域内水沙过程呈以下5种C-Q环路类型:顺时针、逆时针、逆"8"字形(高径流为顺时针、低径流为逆时针)、正"8"字形(高径流为逆时针、低径流为顺时针)和线形。这与 Williams(1989)的研究结果一致。其中,顺时针环路表示输沙量早于径流量达到峰值,这是由于支流的沉积物供给增多的原因造成的(Klein,1984)。当河流的支流汇入量增大,其所携带的泥沙增多,泥沙的物质来源途径增加,导致泥沙量显著升高,沙量提前达到峰值,因此出现"顺时针"环路。逆时针环路表示径流量早于输沙量达到峰值,沉积物的传播速率受水流速度、流量、沙级配比等内部因素影响较大,当河流输沙能力下降导致传播速率降低,沙量峰值出现滞后,因此出现"逆时针"环路。"8"字形环路是顺时针和逆时针环路的集合,表示该洪水期的环路既在高径流(或低径流)处表现为顺时针,同时又在低径流(或高径流)处表现为逆时针,这是由于泥沙和径流的输移时间不同步造成的。线形环路则代表径流量和输沙量的变化比例相同。

由 1977 年 9 月 12 日至 21 日的水沙关系可知(图 4-13a),流域输沙量于 9 月 15 日达到最大值,最大值为 87.7kg/m³;径流量于 9 月 16 日达到最大值,最大为 103m³/s。输沙量较径流量提早达到峰值,之后虽然径流持续增加,但输沙量开始下降并于 21 日达到最小值,为 4.38kg/m³。上述过程在图 4-13b 中表现为顺时针环路,当径流增大时输沙量随之增大,但当径流达到某个特定值后,输沙量开始急剧下降最后达到最小值。

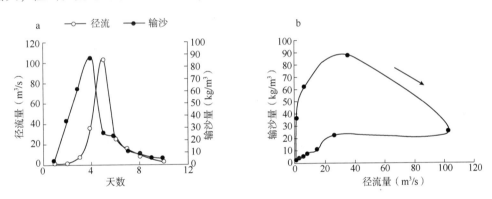

图 4-13 1977 年 9 月 12 日至 21 日的水沙趋势变化及 C-Q 环路

由 1966 年 7 月 11 日至 17 日的水沙过程图 4-14a 可知,径流量于 7 月 13 日达到最大值,最大为 25m³/s;输沙量于 7 月 15 日达到第一个最大值,最大值为 461kg/m³。径流量较输沙量提早达到峰值,之后尽管径流量不断下降但输沙量持续上升并于 21 日达到第二个最大值,为 778kg/m³。上述过程在图 4-14b 中表现为逆时针环路,当径流增大时输沙量开始增大,但当径流不再增加甚至下降时,输沙量依旧呈上升趋势达到某个特定值后再下降。

1986 年 8 月 10 日至 17 日的水沙过程表现为正"8"字形环路(图 4-15)。从图 4-15a 知,输沙量较径流量稍早达到最大值,最大值分别为 171kg/m³ 和 3.58m³/s,之后输沙量的下降速度更慢,之后才逐渐加快。从图 4-15b 可见,输沙量在高径流时呈现逆时针环路,而在低径流时呈现顺时针环路。

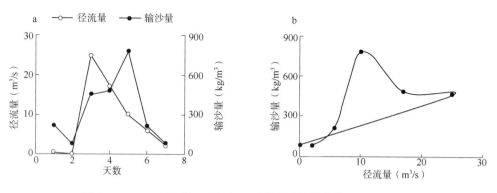

图 4-14　1966 年 7 月 11 日至 17 日的水沙趋势变化及 C-Q 环路

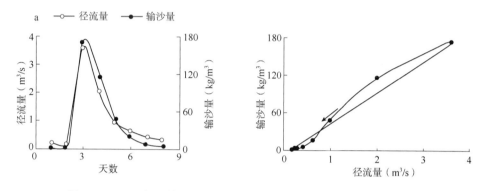

图 4-15　1986 年 8 月 10 日至 17 日的水沙关系变化曲线及 C-Q 环路

对于 1984 年 9 月 5 日至 9 日的水沙关系,由图 4-16a 可知,输沙量较径流量稍早达到最大值,最大值分别为 99.1kg/m³ 和 11.4m³/s,之后输沙量的下降速度更快。上述过程在图 4-16b 中表现为逆"8"字形环路,输沙量在高径流时呈现顺时针环路,而在低径流时呈现逆时针环路。

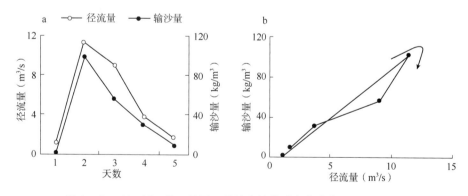

图 4-16　1984 年 9 月 5 日至 9 日的水沙关系变化曲线及 C-Q 环路

在 1977 年 8 月 13 日至 16 日的水沙过程(图 4-17)中,径流量和输沙量同时于 8 月 14 日达到最大值,最大值分别为 9.56m³/s 和 285kg/m³,之后均呈下降趋势,且二者变化趋势大致一致(图4-17a)。图4-17b中输沙量与径流量变化斜率一致，表现为线形环路。

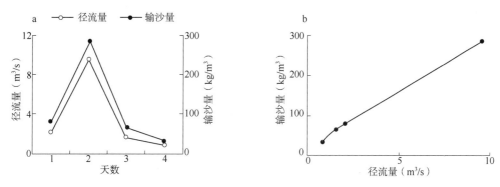

图4-17　1977年8月13日至16日的水沙关系变化曲线及C-Q环路

进一步分别统计1960—1979年、1980—2003年和2004—2015年三个阶段的水沙峰值中各环路的变化比例，结果如表4-1所示。在全时段内，水沙环路以顺时针为主，比例为46.3%~52.3%，与史运良(1986)的研究一致。这是由皇甫川流域的自然地理条件和季节因素决定的。首先，该流域处于黄土高原，泥沙物质来源多，尤其是砒砂岩区在降雨条件下极易侵蚀，植被盖度低且暴雨集中(7~9月)，是典型的"高产沙区"。而且，中下游无湖泊洼地拦蓄调节水沙，流域内的松散土壤无法输出只能留在河床内，到了夏季雨量增大，将流域内淤积泥沙冲刷至下游，泥沙沉积物增多。其次，冬季和春季积攒的沉积物存在"释放周期"现象(Fang，2010)。冬季和春季由于人类活动、风化等因素使流域的沉积物不断积攒，到了夏季和秋季开始释放，在洪水较大时(如1977年9月洪水峰值达到103m³/s)，前期河道内大量松散的沉积物就被冲起，向下游转移，导致出现"顺时针"C-Q环路。逆时针回路比例其次，占到31.4%~48.7%，一般出现在洪峰流量较小的洪水过程中(如1966年7月洪水峰值为25m³/s)。由于植被和淤地坝的作用，洪水前期河道的泥沙输送能力不足，泥沙沉积，导致泥沙晚于径流达到峰值。"8"字形和线形环路出现频次较少，二者相加约占总环路的11.9%~17.9%，为小概率事件。顺时针环路在1960—1979年的比例为52.3%，1980—2003年的比例为46.3%，2004—2015年的比例为47.0%，总体呈下降趋势，恰好对应ln a 的变化(图4-12)。这说明随着ln a 的减小，流域水沙的顺时针环路逐渐减少，表明在退耕还林和水土保持工程措施等人类活动的作用下，流域泥沙来源减少。逆时针环路在1960—1979年的比例为31.4%，1980—2003年的比例为34.8%，2004—2015年的比例为48.7%，呈逐年上升趋势，恰好对应 b 值的变化(图4-12)。这说明河流输沙能力降低，减小了沉积物的传播速率，泥沙较径流更晚达到峰值，因此呈现逆时针环路，且导致逆时针比例不断增大。逆"8"字形(高径流呈顺时针、低径流呈逆时针)环路在1960—1979年的比例为7.0%，1980—2003年的比例为6.3%，2004—2015年比例为0，呈逐年下降趋势。这说明短而急促的泥沙类型减少，泥沙较径流同时出现或提前出现的概率增大。正"8"字形(高径流呈逆时针、低径流呈顺时针)环路在1960—1979年的比例为4.2%,1980—2003年的比例为9.5%,2004—2015年的比例为4.8%,呈先上升后下降趋势。这说明平缓而长久的泥沙类型总体呈波动下降趋势。线形环路在1960—1979年的比例为4.1%,1980—2003年的比例为2.1%,2004—2015年比例为7.1%,为偶然发生的小概率事件。各环路所占比例为顺时针>逆时针>"8"字形>线形环路。

表4-1 皇甫川流域各阶段环路形式所占比例(%)

时段	顺时针	逆时针	逆"8"字形(高顺低逆)	正"8"字形(高逆低顺)	线形
1960—1979	52.3	31.4	7.0	4.2	4.1
1980—2003	46.3	34.8	6.3	9.5	2.1
2004—2015	47.0	48.7	0	4.8	7.1

4.3.4 小结

基于皇甫川流域1960—2015年实测降雨量、径流量和输沙量数据,运用双累积曲线、水沙关系曲线等方法对皇甫川流域水沙变化进行分析,得到以下认识。

(1)皇甫川流域1960—2015年径流量、输沙量均呈显著下降趋势,并表现出明显的阶段特性;1960—1979年间流域内修建了大量的梯田和淤地坝,林草面积和拦沙效益增大,导致流域侵蚀量降低;1980—2003年间淤地坝大部分淤满失效,拦沙作用大大减弱,致使流域侵蚀量升高;2004—2015年间在大规模退耕还林还草工程和大量建设淤地坝的背景下,流域植被覆盖度不断增加,流域侵蚀量再次降低。

(2)皇甫川流域水沙关系的河流输沙能力因子(b)在1960—1979年间呈极显著下降趋势($P<0.01$),下降速率为0.019/a,说明淤地坝的修建使河流流速、流量下降,河流本身的能量不断减少,河流的输沙能力逐渐降低。流域可侵蚀物源因子(a)在2004—2015年间呈显著下降趋势($P<0.05$),下降速率为0.240/a,说明退耕还林还草和淤地坝工程使降雨侵蚀力下降、土壤抗蚀性增强,流域可侵蚀物源减少。

(3)皇甫川流域的水沙C-Q环路存在以下5种类型:顺时针、逆时针、逆"8"字形(高径流为顺时针、低径流为逆时针)、正"8"字形(高径流为逆时针、低径流为顺时针)和线形。流域的洪峰总量为306个,线性回路仅4.43%的比例,表明该流域的水沙关系存在明显的不同步性。其中水沙环路以顺时针为主,比例为46.3%~52.3%;逆时针环路比例其次,占到31.4%~48.7%;"8"字形和线形环路出现频次较少,二者相加约占总环路的11.9%~17.9%,为小概率事件。各环路所占比例大小排序为顺时针>逆时针>"8"字形>线形环路。在三个时段内顺时针的减少和逆时针的增加,分别表明人类活动因素的增加和河流本身输沙能量的降低。

4.4 植被影响下水沙动态过程模拟

水文和土壤侵蚀模型是评估流域水沙条件的重要工具,可用于评价土壤侵蚀程度、估算土壤侵蚀的空间分布、量化关键影响因子的贡献,在国内外得到广泛应用(Lai et al., 2019;郦宇琦等,2019)。

SWAT(Soil and Water Assessment Tool)模型是由美国农业部(USDA)农业研究中心开发的半分布式流域水文模型,具有连续模拟、系统完善、界面友好、功能丰富、适用性强等优点(Arnold et al., 1998;赖格英等,2012)。Arnold et al. (1996)将 SWAT 模型应用于美国伊利诺伊州中部三个流域,验证了在进行土地利用管理、覆被变化、取用地表地下水的背景下,模型具有年尺度、月尺度模拟流域地表径流、地下水、潜在蒸散发等水文要素的适用性。随着模型开发和应用的不断完善,SWAT 模型在气候和人类活动对水沙过程的影响评价中得到了广泛的应用。朱楠等(2016)以黄土高原沟壑区典型小流域罗玉沟流域为研究区,利用 SWAT 模型进行了土地利用结构的情景假设,明确了土地利用结构对流域水沙过程的影响。

WEPP(Water Erosion Prediction Project)因其基于 EPIC 模型构建的植被生长模块,而在区分植被措施的减水减沙效益时得到广泛的应用。同时在计算流域产沙时,WEPP 使用的稳态泥沙连续方程相比于基于经验公式 MUSLE(Modified Universal Soil Loss Equation)具有更加明确的物理意义。基于该模型,李想等(2018)探究了树冠特征和降雨特征对径流侵蚀过程的影响;高建恩等(2012)优化了果园水窖配置;刘章勇等(2010)评价了不同植物篱的防蚀效应。GeoWEPP(The Geo-spatial interface for WEPP)模型是基于 WEPP 开发的流域尺度的半分布式水力侵蚀模型(Renschler et al., 2003),可有效模拟侵蚀模数在空间上的分布,在国际上得到了广泛应用。该模型以流域为研究对象,根据流域产汇流物理机制,建立基于物理过程的数学方程,对流域降水-径流过程进行数学模拟。这一概念于20世纪50年代提出,随着入渗理论、土壤水运动理论、产汇流理论的发展,流域水文模型经历了由基于数学关系的系统模型(黑箱模型),发展至基于简单物理概念及经验公式的概念性模型,再到依据水流连续性方程和动量方程的物理模型的发展(金鑫等,2006)。水文模型可分为集总式和分布式水文模型。集总式模型对流域进行均匀处理,将流域作为整体进行建模。分布式模型则认为流域水文过程、水力学特征为非均匀分布。它通过将流域划分为子流域及水文响应单元,基于严格的物理基础、参数计算进行水文模拟,充分考虑了流域水文过程的复杂性和气象及下垫面因素的空间异质性(金鑫等,2006)。

4.4.1 SWAT 模型原理及数据库构建

与传统的经验统计模型不同,基于物理过程的 SWAT 分布式水文模型充分考虑了气候、地形地貌、土壤植被等的空间差异性，通过数学物理方程描述水文过程中的产汇流、侵蚀产沙、输沙等物理过程，描述过程更接近实际，并且可以对未来气候、下垫面条件下的水沙过程做出预测，为流域开展综合治理、生态环境建设提供依据。

SWAT模型是一个连续时间分布式水文模型，具有基于物理机制、输入变量易获取、计算效率高、可对流域进行长期模拟的特点。SWAT模型水文建模主要包括两个阶段：第一阶段为水文循环的陆地阶段，控制子流域内水流、泥沙、杀虫剂、营养物质等向河道的输入，主要包括对气候、水文、土地覆盖/植被生长、侵蚀、营养物、杀虫剂、管理措施等模块的输入和管理；第二阶段为水文循环的汇流阶段，主要指流域内水流、泥沙、杀虫剂、营养物质等向出水口的输移过程，包括洪水演算、泥沙演算、营养物演算、杀虫剂演算及水库演算(Neitsch et al., 2012)。

SWAT模型水文循环基于水量平衡方程进行：

$$SW_t = SW_0 + \sum_{i=1}^{t}(R_{day} - Q_{surf} - E_a - W_{seep} - Q_{gw}) \tag{4-5}$$

式中：SW_t为土壤最终含水量(mm)；SW_0为第i天土壤初始含水量(mm)；t为时间(d)；R_{day}为第i天降水量(mm)；Q_{surf}为第i天地表径流量(mm)；E_a为第i天蒸散发量(mm)；W_{seep}为第i天从土壤剖面进入包气带的水量(mm)；Q_{gw}为第i天的基流量(mm)。

SWAT模型基础数据库包括空间数据库和属性数据库这两大类别。其准确性、完整性以及其信息的详细程度是影响模型是否准确模拟结果的关键因素。研究流域的数字高程模型、土地利用类型和土壤类型的空间分布，数据构成了空间数据库；属性数据库则指的是土壤属性和气象数据，其中降水、相对湿度等数据包括在气象数据之内。表4-2给出了本研究涉及的各项原始空间数据的详细信息。

表4-2 SWAT模型所需数据

数据库	数据	内容
空间数据库	DEM	来源于地理空间数据云，分辨率30m
	土地利用	来源于中国科学院资源环境科学数据中心资源环境数云平台，分辨率30m
	土壤类型	来源于Harmonized World Soil Database (HWSD) v1.2，分辨率30m
属性数据库	气象	日降水量、日最高最低气温、风速、露点温度、相对湿度、太阳辐射等
	水文	皇甫出口站的逐月径流量和输沙量

4.4.1.1 DEM数据和流域河网的生成

数字高程模型(Digital Elevation Model, DEM)是SWAT模型运行的基础数据，主要用于流域河网的生成、子流域的划分及坡度、坡向的提取，是流域径流泥沙演算的前提。在此应用ArcGIS 10.2对研究区进行图像融合拼接、流域边界提取、填注等处理，得到子流域和河网图(图 4-18)。

图 4-18　子流域及河网

4.4.1.2　土地利用/土地覆被数据

对皇甫川流域 1984、2000、2015 年的土地利用类型进行重分类(表 4-3)。

表 4-3　土地利用重分类

编码	土地利用类型	模型代码
1	耕地	AGRC
2	有林地	FRSD
3	草地	PAST
4	城乡/工矿/居民用地	URBN
5	水域	WATR
6	未利用土地	RNGE

基于土地利用类型图,将皇甫川流域的土地利用/覆被类型分为草地(PAST)、耕地(AGRC)、林地(FRSD)、城乡/工矿/居民用地(URBN)、水域(WATR)和未利用土地(RNGE),草地面积所占比例为 65%,是流域的第一优势景观,其次为耕地和林地,面积分别占 20% 和 5%,如图 4-19 所示。

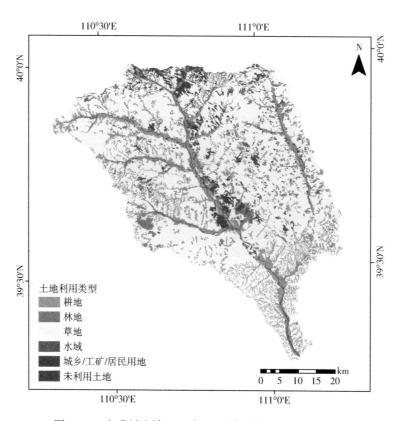

图 4-19　皇甫川流域 2000 年土地利用类型图(文后彩版)

4.4.1.3　土壤数据

模型所使用的土壤数据包括土壤类型分布图及土壤物理属性数据。其中,化学属性数据用来为模型的初始运行赋值,是可选的;而物理属性数据对土壤剖面中水分和气体的运动以及水文相应单元(Hydrologic Response Units,HRUs)中的水循环过程均具有重要作用,各属性数据值的精确与否会对模型模拟结果产生较大影响。因此,建立土壤物理属性数据库是 SWAT 模型建模过程中较为重要的环节。

研究区所使用的 1∶500000 土壤类型分布图来自黄土高原生态环境数据库(http://www.loess.csdb.cn/),通过对原图按流域边界进行分割,得到研究区流域的不同土壤类型分布。研究区土壤类型共分为 7 类,分别为黑垆土、栗钙土、黄绵土、新积土、风沙土、粗骨土和石质土,各类土壤所占比例分别为 0.63%、3.31%、19.31%、29.8%、17.99%、24.4%、4.56%,新积土与粗骨土所占比例最高。模型中用到的土壤物理属性数据共包括 19 种,见表 4-4。

表4-4 土壤物理属性参数输入文件

序号	参数名称	参数含义
1	TITLE	位于.sol文件的第一行,用于说明文件
2	SNAM	土壤名称
3	TEXTURE	土壤层结构
4	HYDGRP	土壤水文学分组
5	ANION_EXCL	阴离子交换孔隙度
6	SOL_ZMX	土壤剖面最大根系深度
7	SOL_CRK	土壤最大可压缩量
8	SOL_Z	土壤表层到底层的深度
9	SOL_BD	土壤湿密度
10	SOL_AWC	土壤层有效持水量
11	SOL_K	饱和导水力传导系数
12	SOL_CBN	土壤层中有机碳含量
13	SOL_ALB	地表反射率
14	SOL_EC	土壤电导率
15	USLE_K	USLE方程中土壤侵蚀力因子
16	ROCK	砾石(%),直径>2mm的土壤颗粒组成
17	SAND	砂土(%),直径在0.05~2mm的土壤颗粒组成
18	SILT	壤土(%),直径在0.002~0.05mm的土壤颗粒组成
19	CLAY	黏土(%),直径在<0.002mm的土壤颗粒组成

4.4.1.4 划分子流域及水文响应单元(HRUs)的生成

SWAT模型根据提取河网时生成的节点划分不同的子流域,本研究中子流域的划分依据皇甫川流域的实际面积以及DEM的分辨率,以两条河道的交点作为流域出口,划分流域的个数与最小集水面积阈值相关,阈值越大,划分小流域个数越小,根据流域的实际情况最终划分成51个子流域,子流域的出口在51号子流域。

水文响应单元是在上述划分的每一个子流域基础上,划分出含有相同的土地利用类型、坡度范围和土壤类型更好地反映地表情况的单元,可以提高模型的准确性(Pang et al.,2020)。在子流域内划分模型内设两种方式可供选择。一种是优势覆被类型法,选择一个面积最大的土地利用类型和土壤类型代表子流域的土地利用和土壤,一个子流域只生成一个。另一种方法是把每个子流域划分为多个不同的土地利用、土壤和坡度的组合,即多个水文响应单元(庞靖鹏等,2007)。本书采用多个水文响应单元的方法,使用该种方法需要确定几个阈值:土地利用面积阈值、土壤类型面积阈值、坡度类型面积阈值。如果子流域中某种土地利用、土壤类型、坡度的面积比小于该阈值,则在模拟过程中不予考虑。

本研究确定的土地利用面积的阈值是子流域面积的10%，土壤类型的阈值是土地利用类型面积的10%，坡度的阈值是土地利用类型的10%，最终在子流域内共划分出1043个水文响应单元。

4.4.1.5 气象水文数据

在确定模型子流域及HRUs划分后，需要通过"Weather Data Delineation"模块输入模型所需逐日气象数据。本研究按照SWAT模型要求构建用户天气发生器、所需气象点位置文件及气象数据序列，在"Weather Generator Data"窗口处选择"Custom Database"，随后依次选择已准备好的降水量、温度、相对湿度、太阳辐射、风速数据对应的气象站点位置文件。SWAT模型将自动读取同一文件夹下的气象数据文件，并写入相关气象数据文件，在计算过程中为子流域选取距离最近的气象站数据。本研究中，所有气象输入数据均来自流域内2个气象站点1981—1989年逐日的实测数据（表4-5）。研究区降水资料来自流域空间分布均匀、数据序列相对完整的10个雨量站的1976—2015年逐日降水资料，资料的缺测值在输入模型时用-99代替，模型会自动识别缺测值，并用天气发生器补全这些缺测值。水文资料（径流量、输沙量）选取了流域出口水文站—皇甫站的1976—2015年的逐月径流及输沙量数据，用于模型的适用性评价。降水及水文数据来自黄河水文年鉴和黄河水利委员会。

表4-5 气象站相关信息

气象站	纬度(°)	经度(°)	海拔(m)
河曲	39.38	111.15	861.50
东胜	39.83	109.98	1460.40

4.4.2 GeoWEPP模型原理及数据库构建

GeoWEPP模型由美国农业部农业研究司开发，由地形参数化工具（TOPAZ）和TOPWEPP软件产品组成。TOPAZ可实现DEM的参数化，形成产流产沙的坡面计算单元和汇流输沙的沟道单元。TOPWEPP可将土壤属性、土地利用、植被覆盖等空间数据参数化，作为属性赋值给坡面，在每个坡面上具有相同土壤属性和土地利用类型的基本计算单元为"坡面流元素"（OFE, Overland Flow Element），每个OFE内可模拟降雨、产流、土壤的侵蚀、搬运与沉积以及植被生长过程。随后，GeoWEPP按照OFE—坡面—沟道的拓扑顺序估算整个流域的水沙过程，最终得到流域径流和输沙量的空间分布（以坡面为单元输出）以及流域出口的日径流和输沙量过程（图4-20）（Flanagan et al., 2013）。

第四章 流域尺度植被与侵蚀耦合规律

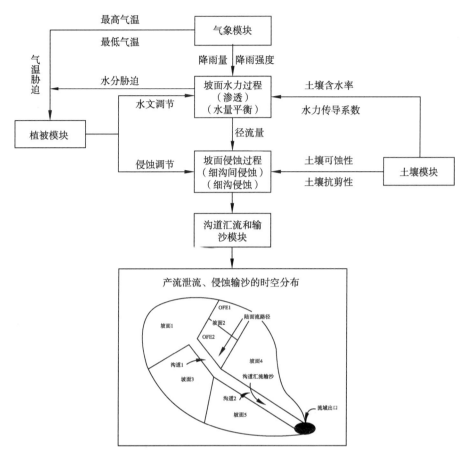

图 4-20 GeoWEPP 模型的基本原理

GeoWEPP 模型由地形、土地利用/植被覆盖、土壤、气象四部分数据构成。模型基础数据库可以分为空间数据库、属性数据库和校正数据库三大类别。其中，空间数据库包括研究流域的数字高程模型、土壤类型和土地利用类型；属性数据库包括气象数据、土壤属性和植被属性；校正数据库需要流量和泥沙浓度计算得到的径流总量和输沙量。表 4-6 给出了本研究涉及的各项数据的详细信息。

表 4-6 GeoWEPP 模型所需数据

数据库	数据	内容
空间数据库	DEM	来自中国科学院计算机网络信息中心地理空间数据云平台（http://www.gscloud.cn/），空间分辨率为 30m
	土地利用	来自中国科学院资源环境科学数据中心资源环境数据云平台（http://www.resdc.cn/），空间分辨率为 1km
	土壤类型	来自中国科学院南京土壤研究所与中国农业部土壤环境处 2002 年发布的《1:100 万数字化中国土壤图》，空间分辨率为 1km

· 143 ·

(续)

数据库	数据	内容
属性数据库	气象	来自中国气象数据网(http://data.cma.cn/)提供的流域内的2个国家级气象站和12个雨量站逐月最高温度、最低温度、降雨天数和逐日降水等
	土壤属性	基于《土壤图》数据库计算,数据库包含土壤质地、阳离子交换量和有机质含量等数据
	植被属性	来自地理空间数据云(http://www.gscloud.cn/)的MOD13Q1植被指数16天合成产品,空间分辨率为250m
校正数据库	水文	来源于黄河水利委员会提供的皇甫站1965—2015年的日流量和日含沙量数据

为满足模型使用和率定要求,均需在数据处理后使用 ARCGIS 10.2 软件的重采样(Resample)和转换工具(Conversion Toolbox)支持下生成空间分辨率为 200m 的 ASCⅡ 格式文件。气象数据文件为 CLI(ASCII)格式。具体数据处理方法如下。

4.4.2.1 地形模块构建

地形模块以数字高程模型为基础,使用 ArcMap 中的填洼(Fill)、流向(Flow-direction)、流量(Flow-accumulation)和栅格计算器(Raster Calculator)获得流域的河网栅格,获取河网后,在河网中选择一个断面作为流域出口计算点构建流域坡面,作为模型最小计算单元,处理结果如图 4-21 所示。

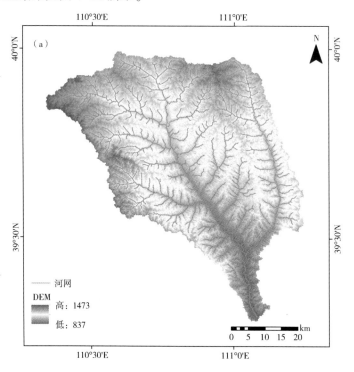

图 4-21 地形模块(a)DEM 及河网(b)坡面(文后彩版)

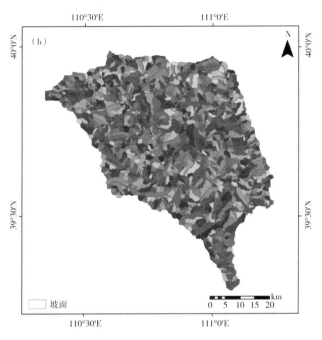

图 4-21 地形模块(a)DEM 及河网(b)坡面(续)(文后彩版)

4.4.2.2 土壤模块及土壤属性

研究区土壤类型共分为 11 类,分别为栗钙土、淡栗钙土、淡栗褐土、黄绵土、新积土、冲积土、草原风沙土、石质土、钙质石质土、粗骨土和钙质粗骨土。各种土壤类型的空间分布见图 4-22。

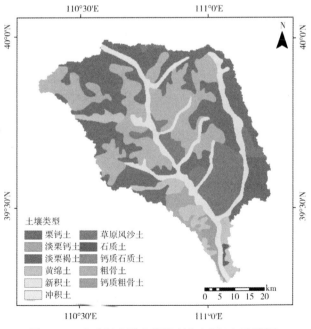

图 4-22 皇甫川流域土壤类型分布图(文后彩版)

模型所需的关键土壤水力学参数包括有效水力传导系数 K_b、细沟间土壤可蚀性系数 K_i、细沟土壤可蚀性系数 K_r 和土壤临界剪切力系数 τ_c，可分别由公式4-6至公式4-9计算得到。公式中的土壤属性由《1∶100万数字化中国土壤图》的数据库获得。

土壤饱和水力传导率 K_b(m/s)的计算公式如下：

$$K_b = \begin{cases} -0.265+0.0086(100SAND)^{1.8}+11.46CEC^{-0.75} & CLAY \leqslant 40\% \\ 0.0066e^{2.44CLAY} & CLAY>40\% \end{cases} \quad (4-6)$$

式中：$SAND$ 为土壤中沙粒含量（粒径为 0.002~2mm）（%）；$CLAY$ 为黏粒含量（粒径<0.002mm）（%）；CEC 为阳离子交换量（mmol/100g）。

细沟间土壤可蚀性参数 K_i[kg/(s·m^4)]的计算公式如下：

$$K_i = \begin{cases} 2728000+192100vfs & SAND \geqslant 30\%，农田 \\ 6054000-5513000CLAY & SAND<30\%，农田 \\ 1810000-19100SAND-63270ORGMAT-846000fc & 草地 \end{cases} \quad (4-7)$$

式中：$ORGMAT$ 为表层土壤有机质含量（%）；fc 为土壤在 0.033MPa 的情况下测得的体积含水量。

细沟可蚀性参数 K_r(s/m)的计算公式如下：

$$K_r = \begin{cases} 0.00197+0.030vfs+0.03863e^{-184orgmat} & SAND \geqslant 30\% \\ 0.0069+0.134e^{-20CLAY} & SAND<30\% \end{cases} \quad (4-8)$$

式中：vfs<40%时按40%计算；$orgmat$ 为土壤有机质含量（%），$orgmat$<0.35%时按0.35%计算。

土壤临界剪切力 τ_c(Pa)的计算公式如下：

$$\tau_c = \begin{cases} 2.67+6.5CLAY-5.8vfs & SAND \geqslant 30\% \\ 3.5 & SAND<30\% \end{cases} \quad (4-9)$$

4.4.2.3 土地利用/植被覆盖模块

将土地利用/覆被类型分为如图4-23所示共25类，其中耕地（旱地、水田）的数据分类精度为85%，其他数据分类精度均可达到75%以上，各种土地利用/覆被类型的空间分布见图4-23。

土地利用/覆盖包括植被覆盖度、作物类型、耕作措施、灌溉条件和作物生长周期等数据，由 Management Editor 模块管理，除植被覆盖度外均为模块默认参数，也可通过人工计算调查进行标定。植被覆盖度在 ENVI 软件的支持下计算年平均值并分类。植被覆盖度计算公式如下：

$$Fc = \frac{(NDVI-NDVI_{soil})}{(NDVI_{veg}-NDVI_{soil})} \quad (4-10)$$

式中：Fc 为植被覆盖度；$NDVI$ 为植被归一化指数；$NDVI_{soil}$ 为纯裸土的 $NDVI$ 值；$NDVI_{veg}$ 为纯植被的 $NDVI$ 值。处理结果见图4-23。

第四章 流域尺度植被与侵蚀耦合规律

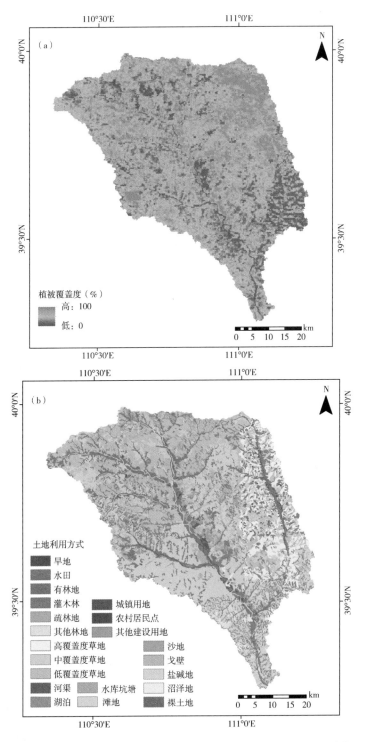

图 4-23 皇甫川流域的(a)植被覆盖度和(b)土地利用类型(文后彩版)

4.4.2.4 气象数据

每日的气象参数由日尺度的降水量、最高温度、最低温度、太阳辐射、风速、风向、露点温度组成。其中除降水量外均由模型中的 CLIGEN 气候发生器的模拟生成。降水量为实测降水量的加权平均。在 ARCGIS 10.2 软件中的反距离权重法(IDW, Inverse Distance Weighted)模块计算空间上的流域降水量。降水量计算公式为:

$$Z_c = \frac{\sum_{i=1}^{n}\left(\frac{Z_i}{(D_i)^p}\right)}{\sum_{i=1}^{n}\left(\frac{1}{(D_i)^p}\right)} \quad (4-11)$$

式中:Z_c 为给流域某一点的降水量估计值;D_i 为第 i 个雨量站到该点的距离;n 为雨量站数目;p 为距离的幂,它显著影响内插的结果,它的选择标准是最小平均绝对误差,一般幂越高插值结果越具有平滑的效果,本文 p 取值为2。整理 2006 年至 2015 年各气象站及雨量站的降雨数据,对个别的缺测的降水(及气象)数据,使用邻近站点插补法完成对连续降水(及气象)序列的插补。

4.4.2.5 校正数据处理

模型的输出为流域的径流总量和输沙量。因此率定前需对观测数据流量和泥沙浓度进行处理,同时为了消除坡面面积对侵蚀强度的影响,使用径流模数和输沙模数作为流域侵蚀强度空间分布的指标。计算公式如下:

$$W = \sum_{i=1}^{n} q\Delta t \quad (4-12)$$

$$Sed = \sum_{i=1}^{n} Sq\Delta t \quad (4-13)$$

$$WY = \frac{W}{1000A} \quad (4-14)$$

$$SY = \frac{Sed}{1000A} \quad (4-15)$$

式中:W 为年径流总量(m^3);Sed 为年输沙量(kg);S 为泥沙浓度(kg/m^3);q 为日平均流量(m^3/s);Δt 为累计时间(s),即 86400s;WY 为年径流模数[$m^3/(km^2 \cdot a)$];SY 为年输沙模数[$t/(km^2 \cdot a)$];A 为流域面积。

4.4.3 模型敏感性分析及率定策略

SWAT 模型和 GeoWEPP 模型是基于物理过程的半分布式水文模型,其中包含的参数众多,使得确定每一个参数的准确值难度很大,只能使那些重要的参数尽可能的准确。通过对分析各个输入参数的敏感性,可以揭示对流域产流汇流、泥沙输移过程影响较大的重要因素,在模型校准时加以重点关注。这也是模型应用中最为基本的一步。

4.4.3.1 SWAT 模型敏感参数的敏感性分析

SWAT 模型参数众多,使用模型参数初始值进行首次模拟运算,往往产生不理想的模拟结果。为了快速寻求对模拟结果影响较高的参数,提高模型的率定效率,需要对参数进行简化,选取较为敏感的参数进行率定,然后采取一定措施获得敏感性较高的参数的最优值带入模型,获得较好的模拟结果。SWAT 模型自带参数敏感性分析模块,采用 LH-OAT 灵敏度分析法进行敏感性分析。该方法结合了 Latin-Hypercube(LH)采样技术和 One-factor-At-a-time(OTA)灵敏度分析法,融合了各自的优点,方便获取影响模型运行的主要因子,减少了需要调整的参数数目,调高模型的适用。

影响皇甫川流域的前 13 个敏感性参数,其定义和排名顺序见表 4-7。

表 4-7 皇甫川流域水沙敏感性参数

参数名称	描述	范围	最适值	敏感性排序
CANMX	最大冠层截流量	(0, 100)	44.167	1
SOL_K	土壤饱和传导率(mm/h)	(0, 2000)	856.667	2
GWQMN	浅层地下水发生回流的阈值(mm)	(0, 5000)	4675	3
GW_DELAY	地下水滞后时间	(0, 500)	144.167	4
ESCO	土壤蒸发补偿系数	(0, 1)	0.468	5
ALPHA_BF	基流消退系数	(0, 1)	0.778	6
CN2	SCS 径流曲线数	(-1, 1)	0.193	7
USLE_P	土壤侵蚀 P 因子	(0, 1)	0.112	8
SPEXP	调整河道泥沙运移方程中的指数参数	(1, 1.5)	1.006	9
GW_REVAP	地下水再蒸发系数	(0.02, 0.2)	0.116	10
SPCON	调整河道泥沙运移方程中的线性参数	(-0.0001, 0.01)	0.009	11
USLE_K	土壤侵蚀 K 因子	(0, 0.65)	0.075	12
SOL_AWC	土壤饱和导水率	(0, 1)	0.341	13

表 4-7 列出了依据 LH-OAT 灵敏度分析方法计算得到的敏感性分析结果,根据敏感度等级和敏感性分析结果,确定较为敏感的参数,进行参数率定,减少模型率定次数。CANMX(最大冠层截流量)、SOL_K(土壤饱和传导率)和 GWQMN(浅层地下水发生回流的阈值)是影响皇甫川流域最敏感的三个系数,其余敏感参数还包括 GW_DELAY(地下水滞后时间)、ESCO(土壤蒸发补偿系数)、ALPHA_BF(基流消退系数)等 10 个参数。

4.4.3.2 GeoWEPP 模型参数敏感性分析

由于 GeoWEPP 模型是基于美国的气候条件、土地利用和土壤类型开发的,将其迁移到国内研究区有必要对模型输入参数进行调整,本文中降水、土地利用/覆盖均采用实测或现场调查数据,因此仅需对模型的土壤水力学参数和基于 CLIGEN 模拟的气象数据,包括初始饱和度 ST、细沟间土壤可蚀性 K_i、细沟土壤可蚀性 K_r、土壤临界剪切力 τ_c、有效

水力传导系数 K、月最高温度 T_{max}、月最低温度等 T_{min}。

将 GeoWEPP 模型参数值较基准值分别变化±10%，±20%，±40%，±60%，±80%，±100%，考察模型输出量的变化程度。经过参数的敏感性分析，本研究确定的敏感参数包括初始饱和度 ST、有效水力传导系数 K、细沟土壤可蚀性 K_r 和土壤临界剪切力 τ_c，利用公式 4-15 计算以上参数敏感度，结果如表 4-8 所示。

表 4-8　GeoWEPP 模型敏感参数率定结果

参数	描述	敏感度		敏感度表征		放缩倍数
		径流总量	侵蚀产沙	径流总量	侵蚀产沙	
ST	初始饱和度	1.03	0.37	特别敏感	一般敏感	0.6835
K_i	细沟间土壤可蚀性	0.01	0.24	不敏感	弱敏感	0.7317
K_r	细沟土壤可蚀性	0.05	0.97	不敏感	比较敏感	0.0318
τ_c	土壤临界剪切力	0.04	1.51	不敏感	特别敏感	0.0085
K	有效水力传导系数	1.94	1.81	特别敏感	特别敏感	0.6835

4.4.3.3　SWAT 模型率定策略

选用 SWAT-CUP 的 SUFI2（Sequential Uncertainty Fitting Version 2）对 SWAT 模型进行参数率定和敏感性分析。SWAT-CUP 是为模型参数率定而开发的一个公开的计算机程序，其优点在于把最优化和不确定分析相结合，能处理大量的参数，目前已经有许多研究使用做模型参数率定和敏感性分析。

使用 SUFI2 进行参数率定时，模型的结果中也包含了参数的不确定性分析。不确定性通过 P 因子来衡量，其为包括在 95% 预测不确定性内的监测数据的百分比（95PPU），另一个衡量校准不确定性分析的因子是 R 因子，表示 95PPU 带的平均厚度除以监测数据的标准偏差，同时还需要通过监测数据和"最佳"模拟之间的相关系数 R^2、模型效率纳什系数（Nash-Sutcliffe，简称 NS）以及相对误差（Re）进一步量化拟合度。

4.4.3.4　GeoWEPP 模型率定策略

为提高 GeoWEPP 模型的率定效率，优先率定敏感度较高的参数。采用基于扰动分析的相对灵敏度分析方法分析模型参数敏感性：

$$S = \frac{\sum_{i=1}^{n-1} \frac{(Q_{i+1} - Q_i)/Q_a}{(P_{i+1} - P_i)/P_a}}{n-1} \qquad (4-16)$$

式中：S 为参数相对敏感度；P_{i+1} 和 P_i 为第 $i+1$ 和第 i 次参数输入的数值，P_a 为两者均值；Q_{i+1} 和 Q_i 为第 $i+1$ 和第 i 次模型输出的结果，Q_a 为两者均值。

采用粒子群优化算法（PSO，Particle Swarm Optimization）率定模型参数：

$$V_x = V_x + C_1 Rand(P-x) + C_2 Rand(G-x) \tag{4-17}$$

$$x = x + V_x \tag{4-18}$$

式中：x 为各参数的放缩倍率（以下简称参数）；V_x 为各参数在模拟中增加（或减少）的量；C_1、C_2 为学习因子，本文中设为2；$Rand$ 为 0~1 的随机数；P 为本组土壤参数历史中的最优解；G 为所有土壤参数组历史已找到的最优解。

4.4.4 模型适用性评价方法及标准

以皇甫站的实测日径流和日输沙过程为标准，将 GeoWEPP 模拟的流域出口处的水沙过程与实测过程对比，使用均值（Average，Avg）、均方根（Root Mean Square，RMS）、标准差（Standard Deviation，STD）、变异系数（Coefficient of Variation，CV）描述实测和模拟结果的特征。

其中 Avg 和 RMS 用于描述数据集的平均水平：

$$Avg = \frac{\sum_{i=1}^{n} x_i}{n} \tag{4-19}$$

$$RMS = \sqrt{\frac{1}{n}\sum_{i=1}^{n} x_i^2} \tag{4-20}$$

式中：n 为时间序列长度；x_i 为第 i 次观测结果或模拟结果。

STD 和 CV 代表数据集的离散程度。越接近0，说明数据集离散程度越低：

$$STD = \sqrt{\frac{1}{n}\sum_{i=1}^{n}(x_i - Avg)^2} \tag{4-21}$$

$$CV = \frac{STD}{Avg} \tag{4-22}$$

使用均方根误差（Root Mean Squared Error，$RMSE$）、观测标差比（Observations Standard Deviation Ratio，RSR）、相对误差（Relative Error，Re）分析模拟结果的偏差。

$$RMSE = \sqrt{\frac{1}{n}\sum_{i=1}^{n}(S_i - Q_i)^2} \tag{4-23}$$

$$RSR = \frac{RMSE}{STD} \tag{4-24}$$

$$Re = \frac{\sum_{i=1}^{n}(S_i - Q_i)}{\sum_{i=1}^{n} Q_i} \times 100\% \tag{4-25}$$

式中：Q_i 和 S_i 分别为观测结果和模拟结果；$\overline{Q}$ 和 $\overline{S}$ 分别为观测结果和模拟结果的均值。

计算相关系数（r，Correlation coefficient）和纳什效率系数（NS，Nash-Sutcliffe efficiency coefficient）对模型进行适用性评价。r 和 NS 的计算公式如下：

$$r = \frac{\sum_{i=1}^{n}(Q_i - \overline{Q})(S_i - \overline{S})}{\sqrt{\sum_{i=1}^{n}(Q_i - \overline{Q})^2}\sqrt{\sum_{i=1}^{n}(S_i - \overline{S})^2}} \quad (4-26)$$

$$NS = \frac{\sum_{i=1}^{n}(S_i - Q_i)^2}{\sum_{i=1}^{n}(Q_i - \overline{Q})^2} \quad (4-27)$$

r 越接近1，说明实测结果和模拟结果的相关性越高；反之说明相关性低。通常认为 $r>0.6$ 时模拟结果可信；NS 值越接近于1表示模拟结果越好。以往研究认为 $NS>0.5$ 时，模型的模拟结果可信。

4.4.5 模型参数的率定及验证

4.4.5.1 SWAT模型模拟评价

SWAT模型的模拟时段，分为校正期和验证期两个时段。在校正期通过模型敏感性参数的调整，达到模拟效果最优；验证期即是利用调整后的参数运行模型，并与实测值对比验证模型的模拟效果。在本章中，根据实测气象数据和水文站径流数据获取的完整性，运用皇甫川流域的皇甫水文站1981—1989年的月尺度径流输沙数据分别进行模拟，1981—1982年为模型率定期，1983—1989年为模型验证期。1978—1980年为预热期，设置预热期的目的是规避模型运行前期参数值为0的影响。图4-24展示了模型月尺度下模拟值与实测值在校准期和验证期的对比结果。

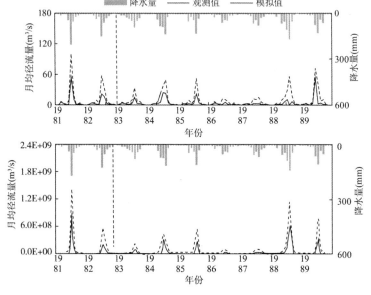

图4-24 率定期和验证期径流和输沙量的变化过程

如表4-9所示，径流和泥沙模拟的率定期的模拟值与实测值基本一致。率定期（1981—1982年）月径流的 NS 系数为0.86，r 为0.93；验证期（1983—1989年）月径流的 NS 系数为0.79，r 为0.92；验证期（1983—1989年）月输沙的 NS 系数为0.47，r 为0.75；验证期（1983—1989年）月径流的 NS 系数为0.77，r 为0.89。表明模型在研究区内对流域径流输沙过程的模拟结果满足精度要求，可以用来评价皇甫川流域水沙演变过程。

表4-9 基于SWAT的皇甫川流域水沙模拟评价指标

指数	率定期(1981—1982)				验证期(1983—1989)			
	径流(m³/s)		输沙量(t/m)		径流(m³/s)		输沙量(t/m)	
	实测结果	模拟结果	实测结果	模拟结果	实测结果	模拟结果	实测结果	模拟结果
Avg	5.23	5.53	5.38E+07	5.15E+07	3.57	4.97	2.56E+07	3.65E+07
STD	11.45	11.45	1.81E+08	1.23E+08	9.08	9.18	8.99E+07	8.31E+07
CV	2.19	2.07	3.37	2.39	2.54	1.85	3.51	2.28
RMS	12.59	12.72	1.89E+08	1.33E+08	9.76	10.44	9.35E+07	9.07E+07
RMSE	4.26		8.40E+07		6.59		4.33E+07	
RSR	0.37		0.46		0.73		0.48	
Re	5.73%		-4.20%		39.39%		42.44%	
r	0.93		0.92		0.75		0.89	
NS	0.86		0.79		0.47		0.77	

图4-25为皇甫川流域径流、泥沙的实测值和模拟值的拟合结果。径流的实测值与模拟值的相关系数 r 为0.6602，而泥沙的实测值与模拟值的相关系数 r 为0.7924。两者相关系数均超过0.5，拟合结果较好。

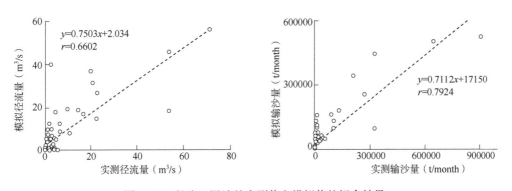

图4-25 径流、泥沙的实测值和模拟值的拟合结果

4.4.5.2 CLIGEN模拟评价

温度是GeoWEPP的重要输入数据，模型中最高温度、最低温度须为日尺度数据。由于上述日尺度数据由模型自带的CLIGEN天气发生器基于月尺度气象数据模拟得到，因而

需要对其进行适用性分析。将 CLIGEN 模拟的日最高和最低温度在月尺度求平均后与实测值进行对比(图 4-26)。可以看出,模型模拟的平均最高气温和平均最低气温相关系数 r 和纳什效率系数 NS 均达到 0.99 以上,说明 CLIGEN 模拟的日气象数据有效。

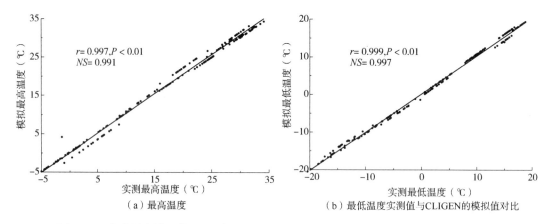

图 4-26　皇甫川流域月值(a)最高温度、(b)最低温度实测值与 CLIGEN 的模拟值对比

4.4.5.3　GeoWEPP 模拟结果的适用性评价

选取 1965—2015 年为模型计算期,其中 1965—1987 年为率定期,1988—2015 年为验证期。率定期采用 1980 年的土地利用和文献(宋凤军,2013)的植被覆盖度估算为输入,验证期采用 2000 年的土地利用类型和公式 4-10 计算的植被覆盖度作为输入(以 2000 年第一期 $NDVI$ 为初始值)。模型模拟结果如图 4-27 所示。径流在率定期和验证期的 r 值分别为 0.85 和 0.83,NS 分别为 0.51 和 0.59;输沙率在率定期和验证期的 r 值分别 0.73 和 0.88,NS 分别为 0.50 和 0.65。模拟的径流和输沙模数能较好的符合实测值,模型在该流域适用。

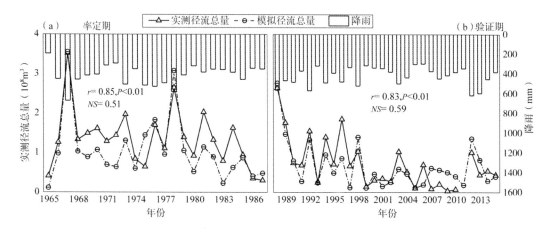

图 4-27　径流、泥沙的实测值和模拟值的拟合结果

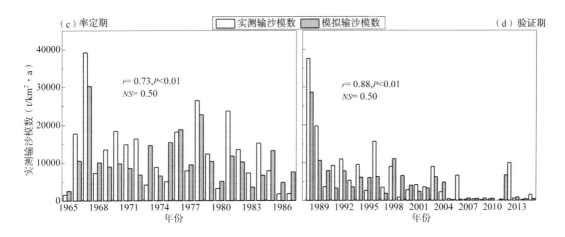

图 4-27 径流、泥沙的实测值和模拟值的拟合结果(续)

表 4-10 基于 GeoWEPP 的皇甫川流域水沙模拟评价指标

指数	率定期(1965—1987)				验证期(1988—2015)			
	径流总量($10^8 m^3$)		输沙模数[$t/(km^2 \cdot a)$]		径流总量($10^8 m^3$)		输沙模数[$t/(km^2 \cdot a)$]	
	实测结果	模拟结果	实测结果	模拟结果	实测结果	模拟结果	实测结果	模拟结果
Avg	1.35	1.06	1.25E+04	1.08E+04	0.71	0.65	6.00E+03	4.81E+03
STD	0.72	0.79	8.92E+03	6.22E+03	0.62	0.57	7.78E+03	5.69E+03
CV	0.54	0.75	0.72	0.58	0.88	0.88	1.30	1.18
RMS	1.53	1.33	1.53E+04	1.25E+04	0.94	0.87	9.82E+03	7.45E+03
RMSE	0.51		6.34E+03		0.36		4.03E+03	
RSR	0.70	0.71			0.57	0.52		
Re	-21.20%	-13.24%			-8.34%	-19.78%		
r	0.85	0.73			0.83	0.88		
NS	0.51	0.50			0.67	0.73		

4.4.6 小结

本章基于皇甫川流域气象水文数据,结合流域空间数据 DEM、$NDVI$、土地利用/覆被和土壤等数据成功构建了 SWAT 分布式水文模型和 GeoWEPP 模型。主要结论如下。

在 SWAT 模型中通过 SWATCUP 软件确定模型的敏感参数,排序前三的为最大冠层截流量 CANMX、土壤饱和传导率 SOL_K、浅层地下水发生回流的阈值 GWQMN;在 GeoWEPP 模型中采用基于扰动分析的相对灵敏度分析方法,确定模型的敏感参数包括初始饱和度 ST、有效水力传导系数 K、细沟间土壤可蚀性 K_i、细沟土壤可蚀性 K_r 和土壤临界剪切力 τ_c 等。

无论是 SWAT 分布式水文模型和 GeoWEPP 模型,径流和泥沙数据在率定期和验证期

的 NSE 和 R^2 均超过 0.5，SWAT 分布式水文模型和 GeoWEPP 模型在皇甫川流域均具有较好适用性。

4.5 流域植被变化下的土壤侵蚀规律

4.5.1 土地利用/覆被方式变化特征

4.5.1.1 土地利用/覆被方式时空变化

从 1984 年到 2015 年（表 4-11），流域不同时期的土地利用覆被变化具有明显的"政策导向性"。林地和草地均呈现持续增长，所占比例分别增长了 0.8 和 1.54 个百分点，林地面积超过未利用地面积，而主要位于流域中部的未利用土地持续减少，到 2015 年所占比例下降至 4.05%。这表明经过近 20 年的水土保持综合治理，流域生态恢复的效果明显。城镇化和经济发展也推动了城乡/工矿/居民用地的剧烈扩张，所占比例增长了 0.41 个百分点。水域面积增加了 0.06 个百分点，对流域未来植被恢复及其农业生产相对有利。截至 2015 年，六种土地类型的面积及其比例由大到小排序为草地>耕地>林地>未利用土地>水域>城乡/工矿/居民用地。

表 4-11 1984—2015 年各土地类型面积及其比例

土地利用类型	1984 年		2000 年		2015 年	
	面积（km²）	比例	面积（km²）	比例	面积（km²）	比例
耕地	687.6487	21.18	686.7284	21.16	671.0401	20.67
林地	153.5221	4.73	153.1538	4.72	179.431	5.53
草地	2137.031	64.84	2139.226	64.90	2154.686	66.38
水域	64.95568	2.00	64.57407	1.99	66.74753	2.06
城乡/工矿/居民用地	29.0674	0.90	28.72288	0.88	42.47243	1.31
未利用土地	173.7748	5.35	173.5952	5.35	131.6233	4.05

皇甫川流域主要的土地利用类型为耕地、草地和林地，形成了以草地利用为主、耕地镶嵌、小片林地星散分布、侵蚀沟网嵌套的土地利用格局（图 4-28）。林地和草地的面积快速增长，主要是以河道和水域为依托向四周扩张。未利用地在 1984 年集中分布在流域皇甫川两岸，并散布于各级沟道的沟坡。通过十多年流域一、二期重点治理（如大面积发展沙棘等），到 2015 年未利用地面积大幅度缩减，主要为灌丛、林地和耕地替代。其中，陕西境内皇甫川两岸的裸砒砂岩治理效果显著，只有零星分布。另外，城镇用地和水体的面积在原有格局的基础上也稍有上升。

第四章　流域尺度植被与侵蚀耦合规律

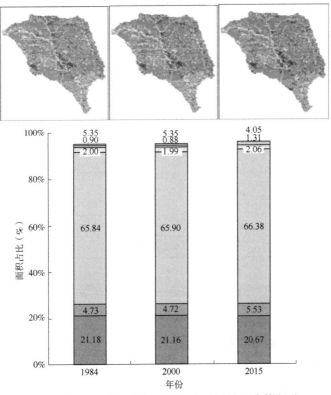

图 4-28　1984—2015 年皇甫川流域的土地利用变化(文后彩版)

4.5.1.2　土地利用转移矩阵

表 4-12 为皇甫川流域 1984—2015 年的土地转移矩阵。1984—2015 年间，耕地面积有所下降，转出面积为 243.03km^2，其中有 78% 转化为草地；转入面积为 228.74km^2，其中 80% 为草地，耕地面积净减少 14.29km^2，占 1984 年的 2%。草地面积有所上升，草地转出面积为 292.69km^2，其中 62% 转化为耕地、18% 转化为林地和 13% 转化为未利用土地；转入面积为 304.20km^2，其中 62% 为耕地、11% 为林地和 22% 为未利用地，草地面积净增长为 63.95km^2，占 1984 年的 3%。林地面积有所上升，转出面积为 54.03km^2，其中有 24% 转化为耕地，61% 转化为草地；转入面积为 77.70km^2，其中 69% 为草地，林地面积净增长 23.67km^2，占 1984 年的 15%。水域面积有所上升，转出面积为 30.38km^2，其中 67% 转化为耕地；转入面积为 32.53km^2，其中 60% 为耕地，28% 为草地，水域面积净增长 2.15km^2，占 1984 年的 3%。城乡/工矿/居民用地面积有所上升，转出面积为 13.45km^2，其中 46% 转化为耕地，46% 转化为草地；转入面积为 24.62km^2，其中 29% 为耕地，37% 为草地，城乡/工矿/居民用地面积净增长 11.17km^2，占 1984 年的 38%。未利用土地面积有所下降，转出面积为 84.70km^2，其中 81% 转化为草地；转入面积为 49.48km^2，其中 75% 为草地，未利用土地面积净减少 35.22km^2，占 1984 年的 20%。

表4-12　皇甫川流域1984—2015年土地转移矩阵　　　　　　　　　　单位：km²

		2015年						
		耕地	林地	草地	水体	城乡/工矿/居民用地	未利用土地	转出
1984年	耕地		18.14	189.47	19.19	7.60	8.63	243.03
	林地	12.86		33.63	2.01	2.90	2.63	54.03
	草地	182.45	53.47		9.62	9.85	37.30	292.69
	水体	19.87	1.33	7.85		0.61	0.72	30.38
	城乡/工矿/居民用地	6.16	0.31	6.16	0.61		0.20	13.45
	未利用土地	7.40	4.45	68.10	1.09	3.65		84.70
	转入	228.74	77.70	304.20	32.53	24.62	49.48	718.27

4.5.2　不同土地利用/覆被情景下的流域水沙特征

4.5.2.1　土地利用/覆被情景设置

土地利用覆被的变化直接体现和反映了人类活动的影响程度，对水循环过程的影响结果十分显著。它主要影响水分在流域中的再分配和运行过程，改变流域水文循环、水平衡和水文特征值(刘淑燕，2010)。为剔除土地利用变化中的不确定性因素，如毁林、造林、农田灌溉以及城镇化、交通等，一般通过极端土地利用、植被覆盖变化下的情景设置来模拟对径流输沙蒸散等水文过程的变化。极端情景模拟是水文效应研究中的重要环节，代表了流域水文响应单元可能的变动范围，并可排除水文系统中多要素的干扰，有利于确定单一要素在水文循环中所起的作用。

土地利用/覆被变化会受到自然、社会和经济等多方面因素的制约。随着退耕还林(草)等生态工程的实施，黄土高原地区的植被覆盖发生了较大变化，黄河水沙呈现锐减趋势(姚文艺，2013)。20世纪90年代以前，皇甫川流域景观本底以坡耕地为主，林草植被相对较少，其水沙变化也相对较小；1999年开始实施退耕还林还草工程后，林草面积大规模增加，景观本底由坡耕地转为林草植被，水沙变化显著。

为了比较不同土地利用/覆被下的径流和泥沙变化，基于皇甫川流域水沙模拟验证的SWAT模型，结合流域内土地利用类型变化及分布，考虑林草植被覆盖度，本研究采用极端土地利用变化情景设置，通过对比不同土地利用/覆被方式场景下的径流和泥沙模拟差异来分析流域内林地、草地和耕地的变化对径流的影响，在此以1984年土地利用图为基准期情景(S1)，另外设置三种情景来进行模拟，均为极端的土地利用覆被方式，可简单明了地判别草地、林地和未利用地对水沙的影响。构建模拟情景模式的指导思想是理论与实际相结合。保持基准期情景(S1)1984年的土地利用/覆被情况不变，将草地覆被情景(S2)设置为耕地转化为草地，草地覆被情景(S2)与基准期情景(S1)的差值为草地引起的流域水沙侵蚀变化量；将林地覆被情景(S3)设置为耕地转林地，林地覆被情景(S3)与基准期情景(S1)的差值为林地引起的流域侵蚀变化量；将未利用地覆被情景(S4)设置为耕地转化为未利用地，未利用地覆被情景(S4)与基准期情景(S1)的差值为未利用地引起的流域侵蚀变化量。情景设置如下。

基准期情景(S1)：保留模拟区内耕地、草地、林地、建筑用地、水域和未利用土地均不变。

草地覆被情景(S2)：保留模拟区内林地、建筑用地、水域和未利用土地不变，将所有耕地设置为草地，此时模拟区内的草地覆盖率为87.02%。

林地覆被情景(S3)：保留模拟区内草地、建筑用地、水域和未利用土地不变，将所有耕地设置为林地，此时模拟区内的林地覆盖率为24.91%。

未利用地覆被情景(S4)：保留模拟区内草地、建筑用地、水域和林地不变，将所有耕地设置为未利用地，此时模拟区内的未利用地覆盖率为26.53%。

4.5.2.2 不同情景下的产流量

表4-13为不同土地利用类型下植被对皇甫川流域产水量的定量分析结果。在人类活动影响时期，土地利用对流域径流和泥沙的影响程度不同。就径流而言，草地覆被情景(S2)的产水量比基准期情景(S1)减少了1.76mm，减少比例为3.47%。林地覆被情景(S3)的产水量比基准期情景(S1)减少了3.57mm，减少比例为7.01%。未利用地覆被情景(S4)的产水量比基准期情景(S1)增加了0.80mm，增加比例为1.56%。在径流总量的变化下，不同土地利用情景对径流的影响存在较为显著的差异：林地覆被情景(S3)>草地覆被情景(S2)>未利用地覆被情景(S4)。

出现草地覆被情景(S2)现象的原因为草丛密集，使地面粗糙率增加，可以有效地阻滞径流，拦截泥沙；草地根系发达，形成紧密根系，可疏松土壤，加大入渗；同时草地遗留的残根给土壤带来丰富的有机物，增加土壤团粒结构，改善土壤理化性质，保持水土，涵养水分。出现林地覆被情景(S3)现象的原因为林地具有增加入渗的作用，可提高土壤的透水性和持水性，减少水土流失，同时调节地表径流，涵养水源。出现未利用地覆被情景(S4)现象的原因为未利用地地表贫瘠，无法阻水阻沙，最终造成产水侵蚀量增加。由此可见"退耕还林还草"工程在进行生态修复的同时，不仅可以防风固沙，还可以减少径流量，起到削减洪峰的作用。

表4-13 情景模拟设置

情景	产水量(mm)		
	年均	变化	比例(%)
基准期情景(S1)	50.88	—	—
草地覆被情景(S2)	49.12	-1.76	-3.47
林地覆被情景(S3)	47.31	-3.57	-7.01
未利用地覆被情景(S4)	51.68	0.80	1.56

4.5.2.3 不同情景下的产流空间分布

图 4-29 反映了空间尺度下不同情景的产水量变化。基准期情景(S1)、草地覆被情景(S2)、林地覆被情景(S3)和未利用地覆被情景(S4)下的产水量均在 0~125 mm 范围内，空间内呈现由东南—西北部递减趋势，在部分西南地区和中部地区产水量较高，超过 75mm。与基准期情景(S1)相比，草地覆被情景(S2)和林地覆被情景(S3)在西北、东北和中部地区侵蚀量略低，未利用地覆被情景(S4)与基准期情景(S1)基本持平。

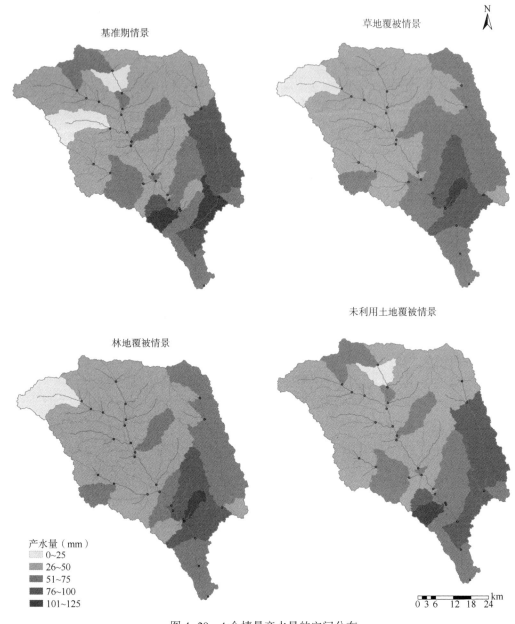

图 4-29 4 个情景产水量的空间分布

图 4-30 表示了草地覆被情景(S2)、林地覆被情景(S3)和未利用地覆被情景(S4)与基准期情景(S1)产水量的差值变化。草地覆被情景(S2)和林地覆被情景(S3)变化趋势一致，北部零星地区减少量超过 30mm，北部、西部、东部和中部大部分地区的减少量在 10~30mm，东北和中南地区产水量呈现上升趋势，增加量超过 10mm，其中中南部皇甫川和十里长川交界处增加量最多，超过 30mm；相比草地覆被情景(S2)和林地覆被情景(S3)，未利用地覆被情景(S4)总体产水量变化较小，变化量基本不超过 10mm，流域西北、北部和中部大部分地区减少量在 0~10mm 之间，而西部、东部和南部的产水量呈现上升趋势，增加量超过 5mm。

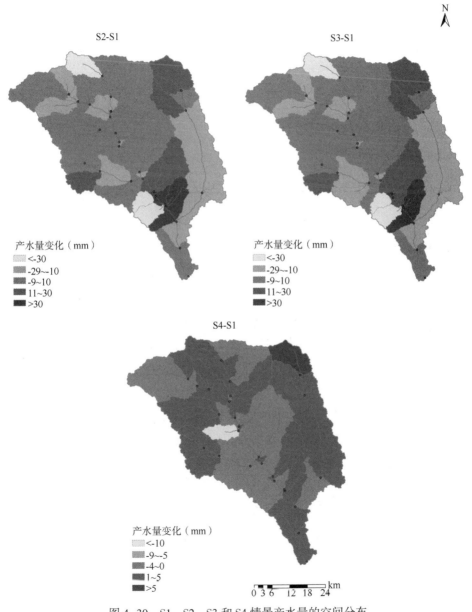

图 4-30 S1、S2、S3 和 S4 情景产水量的空间分布

4.5.2.4 不同情景下的侵蚀模数

表4-14为不同土地利用类型下植被对皇甫川流域土壤侵蚀量的定量分析结果。就侵蚀量而言，草地覆被情景(S2)的侵蚀量比基准期情景(S1)减少了171t/km²，减少比例为2.25%，可见草地具有阻沙作用。林地覆被情景(S3)的侵蚀量比基准期情景(S1)减少了1324t/km²，减少比例为17.49%，可见林地较草地的阻沙能力更强。这是由于草地和林地根系发达，可以有效地拦截泥沙，同时改善土壤理化性质，保持水土，涵养水分。未利用地覆被情景(S4)的侵蚀量比基准期情景(S1)增加了8473t/km²，增加比例为111.97%。这是由于未利用地地表贫瘠，裸露砒砂岩面积大，最终导致土壤侵蚀量的增加。

表4-14 情景模拟设置

情景	侵蚀模数(10^2t/km²)		
	年均	变化	比例(%)
基准期情景(S1)	74.67	—	—
草地覆被情景(S2)	73.96	-1.71	-2.25
林地覆被情景(S3)	62.43	-13.24	-17.49
未利用地覆被情景(S4)	160.39	84.73	111.97

4.5.2.5 不同情景下的侵蚀模数的空间分布

从不同情景下流域的土壤侵蚀量来看(图4-31)，草地覆被情景(S2)和林地覆被情景(S3)与基准期情景(S1)基本持平，侵蚀量空间分布相似，侵蚀模数大部分在0~20000t/km²内，东部明显高于西部。其中，北部和南部部分地区侵蚀量较大，超过16000t/km²；西部、西南部和东北部侵蚀量最少，少于4000t/km²。皇甫川和十里长川两条主河道附近侵蚀量明显高于四周坡面。未利用地覆被情景(S4)侵蚀十分剧烈，除西南和东北零星地区外，其他地区的侵蚀模数均在8000t/km²以上，其中北部、西北部、中部和南部地区侵蚀尤为严重，超过20000t/km²。

从侵蚀量的差值来看(图4-32)，草地覆被情景(S2)总体侵蚀量变化较小。除南部零星地区外，其余各地区的变化量均在2000t/km²以内。流域西北、东北和中部大部分地区侵蚀的减少量少于1000t/km²；而北部、西部和东部十里长川沟道附近的侵蚀量呈增加趋势，增加幅度为0~1000t/km²。草地覆被情景(S2)与基准期情景(S1)相比，流域内均呈下降趋势，其中南部减少量最多，超过4000t/km²；而东北、西部和中南部分区域侵蚀减少量最少，保持在1000t/km²之内。未利用地覆被情景(S4)侵蚀状况最为严重，流域整体均呈增加趋势，大部分地区在0~12000t/km²范围内；但是，西北部和南部地区侵蚀变化量超过16000t/km²，为剧烈侵蚀区。

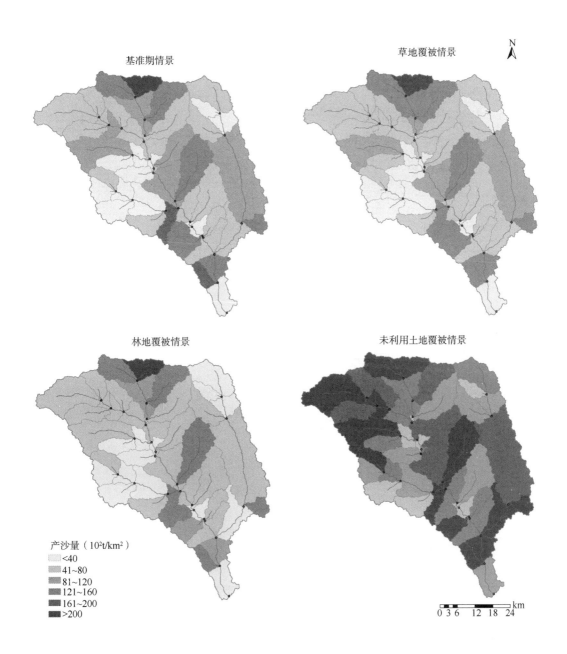

图 4-31　4 个情景侵蚀量的空间分布（10^2t/km^2）

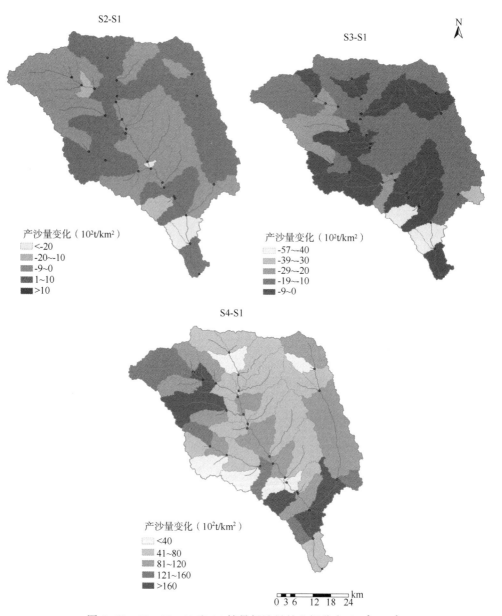

图 4-32　S1、S2、S3 和 S4 情景侵蚀量的空间分布（10^2 t/km²）

4.5.3　退耕还林对流域水沙的影响分析

皇甫川流域自退耕还林以来，流域植被的覆盖度明显增加，土地利用/植被覆盖类型发生明显变化。根据土地利用类型转移矩阵（表 4-15）可知，2000—2015 年间流域土地利用类型变动面积达 223.91km²，占流域面积的 6.9%。土地利用类型的变化整体表现为未利用地和耕地转化为林地和草地。林地面积提高 26.99km²，占流域面积 0.83%；草地面积提高 8.36km²，占 0.25%；耕地面积降低 9.11km²，占 0.28%；未利用土地面积降低

43.1km², 占 1.33%。

表 4-15 皇甫川流域 2000—2015 年土地利用类型转移矩阵

	单位 km²	2015 年						转出
		耕地	林地	草地	水域	城乡、工矿、居民用地	未利用土地	
2000 年	耕地	-	9.16	39.29	3.27	4.41	1.78	57.91
	林地	2.29	-	6.59	0.28	1.66	0.37	11.20
	草地	40.23	27.19	-	4.33	7.26	10.77	89.77
	水域	4.01	0.17	2.26	-	0.15	0.11	6.70
	城乡、工矿、居民用地	1.01	0.11	0.99	0.04	-	0.03	2.17
	未利用土地	1.25	1.46	49.00	0.15	4.29	-	56.16
	转入	48.80	38.08	98.13	8.08	17.76	13.06	223.91

为比较植被覆盖度和土地利用类型变化对流域水沙的影响，选取 2000—2015 年多年累计频率为 50% 的 2010 年作为气象数据输入，再分别设置 4 种不同的情景（表 4-16），其他条件保持不变，驱动 GeoWEPP 模型，用以计算两因素在单独和共同作用下对水沙条件的贡献。表 4-16 中，以 2000 年的土地利用和植被覆盖度作为基准期间，情景 1 单独将植被覆盖度改变为 2015 年的数值作为模型输入，该情景下 GeoWEPP 模拟计算的水沙结果与基准期的模拟值做差值（公式 4-29），作为植被覆盖度变化所引起的减水减沙作用；同理，情景 2 下可计算仅土地利用改变时对水沙的作用，情景 3 可计算二者共同改变时的减水减沙作用。二者对流域水沙减少的贡献率由公式 4-28 计算：

$$C_x = \frac{\Delta x}{\Delta T} \times 100\% \tag{4-28}$$

式中：C_x 为 x 因素的贡献率(%)；Δx 为 x 因素的变化率(%)；ΔT 为径流或输沙量总的变化率(%)。C_x 越高，则 x 因素对流域水沙变化的贡献越高，影响越大。

变化率 Δx 的计算公式为：

$$\Delta x = \frac{x_0 - x_i}{x_0} \times 100\% \tag{4-29}$$

式中：x_0 为基准期径流量（或输沙模数）；x_i 为基于模型情景假设的模拟径流量（或输沙模数），情景模拟中仅改变单一影响因素。

表 4-16 基于 GeoWEPP 的情景假设

情景	土地利用类型	初始植被覆盖度	备注
基准	2000	2000	基准期
1	2000	2015	仅改变初始植被覆盖度，用于说明植被覆盖度变化产生的减水减沙效益
2	2015	2000	仅改变土地利用类型，用于说明土地利用类型变化产生的减水减沙效益
3	2015	2015	同时改变初始植被覆盖度和土地利用类型，用于说明植被覆盖度和土地利用类型共同作用所产生的减水减沙效益

流域植被变化的减水减沙效益分析结果如表 4-17 所示。植被盖度变化对流域产流量和侵蚀模数的减少率分别为 9.88% 和 33.59%。土地利用对产流量和侵蚀模数的减少率分别为 8.22% 和 23.10%。这说明 2000 年以来植被覆盖度和土地利用类型变化对流域水沙减少起关键作用，其中植被覆盖度增长的贡献更加显著。这与王蕊等（2018）在小南川流域的研究结论一致。进一步，二者共同作用下的减水和减沙率分别为 23.10% 和 44.03%。植被覆盖和土地利用的单独作用之和小于共同作用（即 9.88%+4.57%<23.10%，33.59%+4.57%<44.03%）。这说明改变土地利用类型和增加植被覆盖度对流域的水沙减少具有协同效应。比较三种情景下的贡献率发现，植被覆盖和土地利用对径流的贡献相当（42.77%：34.58%），而植被覆盖对土壤侵蚀模数的影响远远大于土地利用（76.29%：10.38%），约为 7.3 倍。

表 4-17 各情景下流域平均径流量和输沙模数相比于基准的变化率及贡献率

	情景 1		情景 2		情景 3	
	产流量	侵蚀模数	产流量	侵蚀模数	产流量	侵蚀模数
变化率(%)	9.88	33.59	8.22	4.57	23.10	44.03
贡献率(%)	42.77	76.29	34.58	10.38	—	—

4.5.4 植被变化对土壤侵蚀的时间反馈

使用相关系数法（公式 4-26）分析植被 NDVI 变化和水沙变化之间的相关性。如果对应数据在错位后相关系数增大，则可以证明两种变化之间存在时滞性。本文计算了 ±1 年、±2 年和 ±3 年（大于 3 年后相关性明显减小故未列入表内）滞后下的年均 NDVI 与实测年径流量、年均 NDVI 与年输沙模数的相关性，并采用双尾检验判断显著性差异（表 4-18）。从 NDVI 和径流的变化关系看，径流与 3 年前的 NDVI 相关系数（$r=-0.451$）最高，但该相关并不显著。从 NDVI 与输沙的变化关系看,输沙与 2 年前 NDVI 的相关系数($r=-0.588$),通过 $P=0.05$ 水平的显著性检验,呈显著的负相关。这说明年际尺度上流域输沙与植被存在反向变化,并且输沙的变化相较植被的变化存在 2 年的时间滞后性。

表 4-18　2000—2015 年间皇甫川流域 NDVI 与水沙年际变化的相关性

		-3 年滞后	-2 年滞后	-1 年滞后	无滞后	1 年滞后	2 年滞后	3 年滞后
NDVI 与径流量	r	-0.451	-0.411	-0.150	0.087	0.303	0.395	-0.219
	P	0.141	0.163	0.608	0.758	0.292	0.182	0.494
NDVI 与输沙模数	r	-0.424	-0.588*	-0.482	-0.332	-0.054	0.169	-0.300
	P	0.169	0.035	0.081	0.226	0.855	0.582	0.344

注:* 表示 0.05 水平上(双尾)显著相关。由于径流和泥沙缺少 2011 年的实测数据,为防止插值增加额外不确定性,故剔除 2011 年数据。-1 年滞后指径流(或输沙)滞后 NDVI 变化一年,1 年滞后指 NDVI 滞后径流(或输沙)变化一年,以此类推。

基于上述结果,分别计算 NDVI 与 3 年后的坡面产流量以及 2 年后的土壤侵蚀模数在空间上的相关性,并根据临界值 $r_{0.05(11)}=0.55$,$r_{0.01(11)}=0.68$ 和 $r_{0.05(12)}=0.53$,$r_{0.01(12)}=0.66$ 判断差异的显著性。基于时间滞后概念的空间相关性结果如图 4-33 所示。由图 4-33(a)可知,坡面产流量和 NDVI 在全流域上几乎不存在显著相关,仅约 0.1%面积达到显著相关。考虑到模型的模拟精度,该显著相关可认为忽略不计。由图 4-33(b)可知,流域内大部分区域(>63.7%)内土壤侵蚀模数与 NDVI 之间都具有显著($P<0.05$)或极显著($P<0.01$)的相关性。相关性较高的区域主要分布在流域北部的覆沙区和十里长川沿岸。纳林川支流流域内不显著相关分布面积较大,可能与该区域植被覆盖度增长率较缓且坡面侵蚀强度和变化率均较大有关。但是,考虑到侵蚀的空间分布基于模型模拟,该结果的不确定性需要在今后的工作中进一步论证。

4.5.5　小结

本节基于 SWAT 和 GeoWEPP 模型,进一步分析流域植被变化下的土壤侵蚀规律,并得到以下结论。

不同时期的土地利用覆被变化具有明显的"政策导向性"。受到一直以来推行的"退耕还林"政策的影响,林地和居民点及建设用地面积在逐渐增加,耕地面积减少,六种土地类型的面积及其比例由大到小排序为草地>耕地>林地>未利用土地>水域>城乡、工矿、居民用地,并在空间上形成了以草地利用为主、耕地镶嵌、小片林地星散分布、侵蚀沟网嵌套的土地利用格局。

本研究采用极端土地利用变化情景设置,通过基准期情景(S1)、草地覆被情景(S2)、

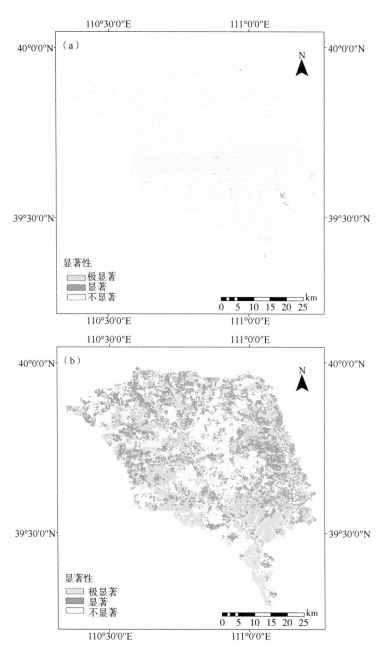

图 4-33 基于 GeoWEPP 模型的 2000—2015 年间皇甫川流域
(a)坡面产流量与滞后 3 年的 $NDVI$；(b)土壤侵蚀模数与滞后 2 年的 $NDVI$ 的空间相关性分析

林地覆被情景(S3)和未利用地覆被情景(S4)对比不同土地利用/覆被方式场景下的径流和泥沙模拟差异来分析流域内林地、草地和耕地的变化对径流和泥沙的影响。在径流总量的变化下，不同土地利用情景对径流的影响存在较为显著的差异：林地覆被情景(S3)>草地覆被情景(S2)>未利用地覆被情景(S4)。在侵蚀模数的变化下，不同土地利用情景对侵蚀的影响存在较为显著的差异：未利用地覆被情景(S4)>林地覆被情景(S3)>草地覆被情景(S2)。皇甫川和十里长川两条主河道附近侵蚀量明显高于四周坡面。未利用地覆被情景(S4)侵蚀十分剧烈。

基准期情景(S1)在年际尺度下与径流和泥沙均存在5年的滞后期，在月际尺度下与径流和泥沙均存在2个月的滞后期；草地覆被情景(S2)和林地覆被情景(S3)与基准期情景(S1)相比，无论是径流和泥沙，其滞后期都增加了1年和1个月；而未利用地覆被情景(S4)与基准期情景(S1)一致。

4.6 总结

本研究以黄河典型砒砂岩区皇甫川流域为研究对象，利用1960—2015年的气象水文资料，采用时间序列统计分析方法研究了流域共56年的降水、径流、输沙的演变特征，分析了人类活动和降水变化对流域水沙的影响；在此基础上，结合流域DEM、土壤属性、气象资料构建了SWAT水文模型与GeoWEPP模型，在模型参数率定和验证基础之上，评价了模型的适用性。通过建立不同植被情景分析流域植被变化下的土壤侵蚀规律。主要结论如下。

(1) 植被覆盖的时空变化特征

在整个时间段内，皇甫川流域植被覆盖整体呈波动上升趋势，自1999年实施退耕还林工程以来植被状况改善明显。年际尺度上，$NDVI$平均值范围为0.429~0.630，并以每年0.0042的线性速率上升。气候变化呈现"暖湿化"，气温增长速率为0.0348/a，降水量增长速率为6.27/a。在空间尺度上，皇甫川流域$NDVI$呈现"沟道高，坡面低"的分布格局（西南及东北地区亦有高植被覆盖率）；多年的变化趋势主要呈线性增加，且存在明显的空间差异。不同土地类型下的$NDVI$均呈现上升趋势，其增长速率排名为草地>未利用地>林地>耕地>水体>居民点及建设用地。生长季$NDVI$与水热因子的关系呈现典型的空间差异。降水对植被生长的影响大于气温；降水与气温和$NDVI$在坡面处呈现显著的正相关性，而在沟道附近相关性低甚至出现负相关关系。生长季$NDVI$与水热因子在时间上存在滞后性。对于降水的响应，1年和1个月滞后的相关性最显著，而对气温2个月的滞后期最为显著。

(2) 水沙关系特性

皇甫川流域1960—2015年径流量、输沙量均呈显著下降趋势，并表现出明显的阶段特性。1960—1979年间流域内修建了大量的梯田和淤地坝，林草面积和拦沙效益增大，河流流速、流量下降，河流本身的能量不断减少，河流的输沙能力逐渐降低(b下降)，导致流域侵蚀量降低；1980—2003年间淤地坝大部分淤满失效，拦沙作用大大减弱，致使流域侵蚀量升高;2004—2015年间在大规模退耕还林还草工程和大量建设淤地坝的背景下,流域植被覆盖度不断增加,使得降雨侵蚀力下降、土壤抗蚀性增强,流域可侵蚀物源减少(a下降),流域侵蚀量再次降低。皇甫川流域的水沙 C-Q 环路存在以下 5 种类型:顺时针、逆时针、逆"8"字形(高径流为顺时针、低径流为逆时针)、正"8"字形(高径流为逆时针、低径流为顺时针)和线形。流域的洪峰总量为 306 个,线性回路仅 4.43% 的比例,表明该流域的水沙关系存在明显的不同步性。其中水沙环路以顺时针为主,比例为 46.3% ~ 52.3%;逆时针环路比例其次,占到 31.4% ~ 48.7%;"8"字形和线形环路出现频次较少,二者相加约占总环路的 11.9% ~ 17.9%,为小概率事件。各环路所占比例大小排序为顺时针>逆时针>"8"字形>线形环路。在三个时段内顺时针的减少和逆时针的增加,分别表明人类活动因素的增加和河流本身输沙能量的降低。

(3)植被影响下水沙动态过程模拟

在 SWAT 模型中通过 SWATCUP 软件确定模型的敏感参数,排序前三为最大冠层截流量 CANMX、土壤饱和传导率 SOL_K、浅层地下水发生回流的阈值 GWQMN;在 GeoWEPP 模型中采用基于扰动分析的相对灵敏度分析方法,确定模型的敏感参数包括初始饱和度 ST、有效水力传导系数 K、细沟间土壤可蚀性 K_i、细沟土壤可蚀性 K_r 和土壤临界剪切力 τ_c 等。无论是 SWAT 分布式水文模型和 GeoWEPP 模型,径流和泥沙数据在率定期和验证期的 NS 和 r 均超过 0.5,SWAT 分布式水文模型和 GeoWEPP 模型在皇甫川流域均具有较好适用性。

(4)植被变化下的土壤侵蚀规律

不同时期的土地利用覆被变化具有明显的"政策导向性"。受到一直以来推行的"退耕还林"政策的影响,林地和居民点及建设用地面积在逐渐增加,耕地面积减少,六种土地类型的面积及其比例由大到小排序为草地>耕地>林地>未利用土地>水域>城乡、工矿、居民用地,并在空间上形成了以草地利用为主、耕地镶嵌、小片林地星散分布、侵蚀沟网嵌套的土地利用格局。本研究采用极端土地利用变化情景设置,通过基准期情景(S1)、草地覆被情景(S2)、林地覆被情景(S3)和未利用土地覆被情景(S4)对比不同土地利用/覆被方式场景下的径流和泥沙模拟差异来分析流域内植被变化下的土壤侵蚀规律。在径流总量的变化下,不同土地利用情景对径流的影响存在较为显著的差异:S3>S2>S4。在侵蚀模数的变化下,不同土地利用情景对侵蚀的影响存在较为显著的差异:S4>S3>S2。皇甫川和十里长川两条主河道附近侵蚀量明显高于四周坡面。未利用土地覆被情景(S4)侵蚀十分剧烈。基准期情景(S1)在年际尺度下与径流和泥沙均存在 5 年的滞后期,在月际尺度下与径流和泥沙均存在 2 个月的滞后期;草地覆被情景(S2)和林地覆被情景(S3)与基准期情景(S1)相比,无论是径流和泥沙,其滞后期都增加了 1 年和 1 个月;而未利用土地覆被情景(S4)

与基准期情景（S1）一致。

参考文献

Barati S, Rayegani B, Saati M, et al, 2011. Comparison the accuracies of different spectral indices for estimation of vegetation cover fraction in sparse vegetated areas[J]. The Egyptian Journal of Remote Sensing and Space Science, 14(1): 49-56.

Cheong C S, Jeong Y J, Kwon S T, 2010. Interpreting sediment delivery processes using suspended sediment–discharge hysteresis patterns from nested upland catchments, south-eastern Australia[J]. Hydrological Processes, 23(17): 2415-2426.

Fang H Y, Cai Q G, Chen H, et al, 2010. Temporal in suspended sediment transport in a gullied loess basin: the lower Chabagou Creek on the Loess Plateau in China[J]. Earth Surface Processes and Landforms, 33(13): 1977-1992.

Flanagan D C, Frankenberger J R, Cochrane T A, et al, 2013. Geospatial application of the water erosion prediction project (WEPP) model[J]. Transactions of the Asabe, 56(2): 591-601.

Fan X, Shi C, Zhou Y, et al, 2012. Sediment rating curves in the Ningxia-Inner Mongolia reaches of the upper Yellow River and their implications[J]. Quaternary International, 282: 152-162.

Guo X Y, Zhang H Y, Wang Y Q, et al, 2018. Comparison of the spatio-temporal dynamics of vegetation between the Changbai Mountains of eastern Eurasia and the Appalachian Mountains of eastern North America[J]. Journal of Mountain Science, 15(1): 1-12.

He X B, Tang K L, Zhang X B, 2004. Soil erosion dynamics on the Chiness Loess Plateau in the last 10,000 years[J]. Mountain research and Development, 24(4): 342-347.

Hu B, Wang H, Yang Z, et al, 2011. Temporal and spatial variations of sediment rating curves in the Changjiang (Yangtze River) basin and their implications[J]. Quaternary International, 230(1): 34-43.

Kim D H, Paik K, 2018. Channel geometry controls downstream lags in sediment rating curves[J]. Journal of Hydraulic Engineering, 144(4): 04018006.

Klein M, 1984. Anti-clockwise hysteresis in suspended sediment concentration during individual storms: Holbeck Catchment, Yorkshire, England[J]. Catena, 11(2): 251-257.

Oeurng C, Sauvage S, Sánchez-Pérez J M, 2010. Dynamics of suspended sediment transport and yield in a large agricultural catchment, southwest France[J]. Earth Surface Processes &

Landforms, 35(11): 1289-1301.

Peng G, Zhang X C, Mu X M, et al, 2010. Trend and change-point analyses of streamflow and sediment discharge in the Yellow River during 1950—2004[J]. International Association of Scientific Hydrology Bulletin, 55(2): 275-285.

Pang J Z, Zhang H L, Xu Q X, et al, 2020. Hydrological evaluation of open-access precipitation data using SWAT at multiple temporal and spatial scales[J]. Hydrol Earth Syst. Sci., 24: 3603-3626.

Renschler C S, 2003. Designing geo-spatial interfaces to scale process models: the GeoWEPP approach[J]. Hydrological Processes, 17(5): 1005-1017.

Wang H, Yang Z, Wang Y, et al, 2008. Reconstruction of sediment flux from the Changjiang (Yangtze River) to the sea since the 1860s[J]. Journal of Hydrology, 349(3): 318-332.

Williams G P, 1989. Sediment concentration versus water discharge during single hydrologic events in rivers[J]. Journal of Hydrology, 111(1): 89-106.

Xu K, Chen Z, Zhao Y, et al, 2005. Simulated sediment flux during 1998 big-flood of the Yangtze (Changjiang) River, China[J]. Journal of Hydrology, 313(3): 221-233.

Yang G, Chen Z, Yu F, et al, 2007. Sediment rating parameters and their implications: Yangtze River, China[J]. Geomorphology, 85(3): 166-175.

Zheng M, 2018. A spatially invariant sediment rating curve and its temporal change following watershed management in the Chinese Loess Plateau[J]. Science of the Total Environment, 630: 1453-1463.

曹永强, 张亮亮, 袁立婷, 2018. 辽宁省植被生长季NDVI对气候因子的响应[J]. 植物学报, 53(1): 82-93.

陈西庆, 陈吉余, 1997. 南水北调对长江口粗颗粒悬沙来量的影响[J]. 水科学进展, 8(3): 259-263.

陈效逑, 王恒, 2009. 1982—2003年内蒙古植被带和植被覆盖度的时空变化[J]. 地理学报, 64(1): 84-94.

崔林丽, 史军, 杨引明, 等, 2009. 中国东部植被NDVI对气候和降水的旬响应特征[J]. 地理学报, 64(7): 850-860.

高建恩, 张元星, 梁改革, 等, 2012. 基于土壤水分动态的梯田苹果园水窖配置[J]. 中国水土保持科学, 10(3): 57-63.

高健健, 穆兴民, 孙文义, 2016. 1981—2012年黄土高原植被覆盖度时空变化特征[J]. 中国水土保持, 7: 52-56.

黎铭, 张会兰, 孟铖铖, 2019. 黄河皇甫川流域水沙关系特性及关键驱动因素[J]. 水利水电科技进展, 39(5): 27-34.

黎铭，张会兰，孟铖铖，等，2019. 皇甫川流域 2000—2015 年植被 NDVI 时空变化特征[J]. 林业科学，55(8)：36-44.

李二辉，2016. 黄河中游皇甫川水沙变化及其对气候和人类活动的响应[D]. 杨凌：西北农林科技大学.

李天宏，郑丽娜，2012. 基于 RUSLE 模型的延河流域 2001—2010 年土壤侵蚀动态变化[J]. 自然资源学报，27(7)：1164-1175.

李想，曾以禹，朱思雨，等，2018. 北京山区径流侵蚀过程及 WEPP 模型适用性评价[J]. 水土保持学报，32(3)：98-106.

郦宇琦，王春连，2019. 基于燕尾洲生态护堤模式的金华江流域防洪效应研究[J]. 生态学报，39(16)：5955-5966.

刘敬伟，程岩，李富祥，等，2015. 人类活动对鸭绿江下游水沙变化的影响[J]. 辽东学院学报(自然科学版)，22(1)：27-32.

刘淑燕，余新晓，信忠保，等，2010. 黄土丘陵沟壑区典型流域土地利用变化对水沙关系的影响[J]. 地理科学进展，29(5)：565-571.

刘宪锋，杨勇，任志远，等，2013. 2000—2009 年黄土高原地区植被覆盖度时空变化[J]. 中国沙漠，33(4)：1244-1249.

刘晓君，李占斌，李鹏，等，2016. 基于土地利用/覆被变化的流域景观格局与水沙响应关系研究[J]. 生态学报，36(18)：5691-5700.

刘宇，傅伯杰，2013. 黄土高原植被覆盖度变化的地形分异及土地利用/覆被变化的影响[J]. 干旱区地理，36(6)：1097-1102.

刘章勇，姚桂枝，李本洲，2010. 基于水蚀预报模型的丹江口坡地农田植物篱防蚀效应评价[J]. 应用生态学报，21(9)：2383-2388.

刘震，2013. 我国水土保持情况普查及成果运用[J]. 中国水土保持科学，11(2)：1-5. 师长兴，邵文伟，范小黎，等，2012. 黄河内蒙古段洪峰特征及水沙关系变化[J]. 地理科学进展，31(9)：1124-1132.

史运良，杨戊，任美锷，1986. 长江中下游干流的逆时针型水沙关系分析[J]. 地理学报，41(2)：157-167.

宋凤军，2013. 皇甫川流域植被减水减沙效应的模拟研究[D]. 杨凌：西北农林科技大学.

孙维婷，2015. 延河流域极端降水时空变化及其对水沙变化的影响[D]. 杨凌：西北农林科技大学.

谭学进，穆兴民，高鹏，等，2019. 黄土区植被恢复对土壤物理性质的影响[J]. 中国环境科学，39(2)：713-722.

王冰洁，傅旭东，2020. 皇甫川流域含沙量-流量关系年内年际变化特性[J]. 应用基础与工程科学学报，28(3)：642-651.

王蕊，姚治君，刘兆飞，2018. 西北干旱区气候和土地利用变化对水沙运移的影响——以小南川流域为例[J]. 应用生态学报，29(9)：2879-2889.

王随继，范小黎，2010. 黄河内蒙古不同河型段对洪水过程的响应特征[J]. 地理科学进展，29(4)：501-506.

王涛，杨梅焕，2017. 榆林地区植被指数动态变化及其对气候和人类活动的响应[J]. 干旱区研究，34(5)：1133-1140.

王小军，蔡焕杰，张鑫，等，2009. 皇甫川流域水沙变化特点及其趋势分析[J]. 水土保持研究，16(1)：222-226.

魏艳红，焦菊英，2017. 皇甫川流域1955—2013年水沙变化趋势与周期特征[J]. 水土保持研究，24(3)：1-6.

吴昌广，周志翔，肖文发，等，2012. 基于MODIS NDVI的三峡库区植被覆盖度动态监测[J]. 林业科学，48(1)：22-28.

徐宗学，张楠，2006. 黄河流域近50年降水变化趋势分析[J]. 地理研究，25(1)：27-34.

许炯心，2010. 黄河中游多沙粗沙区1997-2007年的水沙变化趋势及其成因[J]. 水土保持学报，24(1)：1-7.

姚文艺，冉大川，陈江南，2013. 黄河流域近期水沙变化及其趋势预测[J]. 水科学进展，24(5)：607-616.

易浪，任志远，张翀，等，2014. 黄土高原植被覆盖变化与气候和人类活动的关系[J]. 资源科学，36(1)：166-174.

恽才兴，2004. 从水沙条件及河床地形变化规律谈长江河口综合治理开发战略问题[J]. 海洋地质动态，20(7)：8-14.

张婷，曹扬，陈云明，等，2016. 生长季末期干旱胁迫对刺槐幼苗非结构性碳水化合物的影响[J]. 水土保持学报，30(5)：297-304.

赵安周，刘宪锋，朱秀芳，等，2006. 2000—2014年黄土高原植被覆盖时空变化特征及其归因[J]. 中国环境科学，36(5)：1568-1578.

赵景波，1993. 黄土高原现代侵蚀加剧的根本原因[J]. 中国水土保持，2：26-29+39.

赵景波，杜娟，黄春长，2002. 黄土高原侵蚀期研究[J]. 中国沙漠，22(3)：56-60.

第五章 生态承载力评价

生态承载力是自然生态系统维持其服务功能和自身健康的潜在能力。基于科学发展观的理念,某一地区、国家乃至全球的人口、经济和社会的可持续发展必须在生态承载力阈值下开展。本章分析了当前国内外生态承载力研究现状,在此基础上对鄂尔多斯高原砒砂岩区的生态承载力特征进行了定量分析和评价;从人地关系入手,分析了基于人粮关系的砒砂岩区土地资源承载力;根据砒砂岩区植被生长与复杂地形的关系,研究了不同砒砂岩类型区植被生态承载力阈值特征,并对不同砒砂岩类型区生态承载力维持和提升对策进行了分析。

5.1 生态承载力研究现状

工业革命以来,随着经济发展、技术进步和人口激增,环境污染、土地退化、人口膨胀和资源枯竭等问题不断出现,生态环境不断恶化成为制约人类可持续发展的最严峻问题之一(Yan et al., 2013)。掌握生态环境承载力变化实况并提出科学发展之路具有强烈的必要性和迫切性。生态承载力是指在一定社会经济条件下,自然生态系统维持其服务功能和自身健康的潜在能力(Arrow et al., 1995)。早在1921年,Park等(1921)就提出了生态承载力的定义,即在生存空间、营养物质、阳光等某些特定环境生态因子组合而成的生态环境条件下,某物种个体能够存在的数量的极大值。承载力开始被引入区域系统是因为生态学应用需要,指在某一环境情形中,特定生物个体能够存在的最大数量的能力(Odum, 1971)。人与生态系统的关系理论是生态承载力研究的理论基础,可以作为衡量某一区域可持续发展的重要判据。但由于不同领域的专家面临的学术背景、社会经济条件以及历史文化传统的差异,导致各生态承载力的定义并不完全相同。20世纪70年代以后,随着社会的发展人口与资源环境之间的矛盾日益突出,各种承载力在不同领域应运而生并被广泛应用。人口膨胀和土地资源的短缺引出了"土地资源承载力";水资源紧缺、用水需求的猛增引出了"水资源承载力",针对人口、资源、环境、矿产资源等的研究比比皆是,涵盖了方方面面。其中,Brush(1975)研究了不同轮作方式下的土地承载力。Conklin(1959)则对热带雨林的土地承载力进行了研究;Allen(1949)提出了以粮食产量为标识的土地承载力。Lieth 等(1975)根据世界五大洲约 50 个点可靠的实测资料及与之相匹配的年均温和年降水资料,用最小二乘法建立了植被净第一性生产力模型。Joardo(1998)以城市供水系统为案例对水资源承载力进行了研究。这一阶段的人类承载力研究更加侧重于单一要素的限制,是理论发展的应用探索阶段。20 世纪 80 年代中后期至今,随着社会的不断发展以及研究的深入,人类承载力的研究由单纯考虑自然制约转变为综合考虑经济社会因素,承载力理论进入深化发展阶段。90 年代初,加拿大生态经济学家 William 和 Wackernagel 提出"生态足迹"(Ecological Footprint)的概念,生态足迹是指特定地区能够满足一定人口数量需要的所有资源和吸纳这些人口所产生的所有废弃物所需要的生物生产土地的总面积和水资源量(Wachernagel et al.,1996),使承载力的研究不再限制于单一要素而是转向整个生态系统。接着 Wackernagel 等完善了生态足迹计算模型,该模型对城市的发展状态,以及未来的可持续性发展做出了预测与分析。Seidal 等(1999)认为"在生态环境保护与资源持续利用之间应寻求适度承受能力的动态平衡临界点"。随着生态系统概念的日趋完善,国外对于生态承载力的研究有了很大的转变,评价与测算方法逐渐从定性转为定量、从静态转为动态,研究更加多元化。20 世纪 90 年代后,随着生态承载力研究的不断深入,生态承载力的研究表现为由定性转到定量,由静态转到动态,由单一因素转到多因素甚至整体生态系统,生态承载力的定义日益丰富。一些学者在自然生态系统对火灾、放牧、捕猎、砍伐、收获等小尺度干扰的反应下,生物多样性变化对生态系统稳定性的影响、生态替代状态之间的转换及其触发因素、生境破碎化和物种灭绝之间的定量关系等研究领域开展了一系列细致而具体的工作(Ehrlich et al.,1981;Garry,2000),进一步丰富和加深了生态承载力的研究内容和研究深度。在研究方法方面主要发展出生态足迹法、净初级生产力估测法、供需平衡法、系统模型法、综合指标评价法和生态系统服务消耗评价法等。

我国对生态承载力的研究相对较晚,20 世纪 90 年代初,杨贤智(1990)提出生态环境承载力即生态系统承受外部扰动的能力,是后者的客观属性,及其结构、功能优劣的反映。王中根(1999)认为生态承载力综合反映了生态环境系统物质组成和结构,并将其定义为在特定时期特定环境条件下,某区域内的生态环境对人类的社会、经济等活动的支持能力。王家骥(2000)对这一概念的定义是自然体系调节能力的客观反映,是维持和调节自然生态系统的能力门槛(阈值),如果超过这一阈值,自然生态系统即会失衡,高层次的自然生态系统结构就会遭到破坏,而降低成为一个较低水平的自然系统。高吉喜(2001)认为在特定区域内,生态承载能力所研究的生态系统应包括资源、环境和社会 3 个子系统,而其生态系统的承载能力的要素也应当从这三个方面进行研究。他将生态承载力定义为生态系统的自我维持、自我协调的能力，是指资源和环境子系统的承载力和社会经济可持续发展强度。张传国（2002）以绿洲生态系统为研究对象，对生态承载力进行了研究，他认为生态承载力可以阐述为生态系统自我维持、自我调节能力，通过资源、环境承载力及生态系统本身弹性力大小来反映。程国栋（2002）以水资源承载力为研究对象，认为人类社会系统和生态系统是存在紧密联系、相互影响和作用的自组织系统，承载力是指生态系统所提供的资源和环境支持人类社会系统良性发展的一种能力。杨志峰等（2005）针对自然生态系统和传统生态承载力研究中评价标准相对单一、评价结果简化、不利于实际应用等问题，提出了基于生态系统健康的生态承载力概念，探讨了其内涵和基本特征；建立了水电梯级开发对生态承载力影响和基于生态系统健康的生态承载力计量模型；给出了基于生态系统健康的生态承载力评价指标体系和标准的确定方法。张林波（2009）认为生态承载力应考虑社会经济因素，以及由此造成的动态性，承载的对象为人口总量、经济规模、发展速度等。在生态承载力的生态学足迹研究方面，徐国泉等（2004）通过生态足迹理论算得了大连市2002年生态足迹、生态承载力及GDP足迹，并且将三项指标与国际国内不同国家和城市平均水平进行了比较，同时对2020年的生态承载力进行了预测，为后续生态承载力的研究提供了方法。邱寿丰等（2012）使用NFA方法对宁德市生态足迹和生态承载力进行了测算，并将其与世界高收入国家、中收入国家和低收入国家的生态赤字进行了比较分析。陈浩等（2013）利用谢鸿宇等人改进后的生态足迹模型计算河南省各地级市生态赤字数据，并对其生态系统可持续性进行评价。在生态承载力综合性评价方面，陈乐天（2009）建立了崇明岛区生态承载力综合评价指标体系，采用层次分析法确定权重大小，采用状态空间模型评价生态承载力，利用GIS空间插值法，从空间量化与生态承载力空间分异的角度进行分析，并提出相应的对策。向芸芸（2012）认为生态承载力的内涵包括研究对象是人类在内的复合生态系统、同时考虑资源环境的可持续供给与容纳能力和人类活动的关系和时空尺度依赖性显著三个方面。

纵观国内外研究现状，发现在生态承载力众多的研究方法中，生态足迹方法是目前应用最多且最成熟的方法，但是将生态系统格局变化与生态承载力演化进行结合以及对生态承载力的稳定与维持对策等研究相对较少；此外，已有的生态承载力主要侧重在城市、森林、草原和流域等方面，对荒漠生态区尤其是砒砂岩分布区研究较少，尤为重要的是已有研究只是评价了研究区承载力的变化，对地区或者流域的承载力阈值并未开展研究。加强我国砒砂岩生态脆弱区生态承载力的定量研究，确定生态承载力阈值的时空变化特征，对于切实提高砒砂岩生态脆弱区生态治理和恢复以及兼顾社会快速健康发展具有十分重要的意义。

5.2 鄂尔多斯高原砒砂岩区生态承载力特征

生态承载力是指生态系统的自我维持、自我调节能力，资源与环境子系统的供容能力及其可维育的社会经济活动强度和具有一定生活水平的人口数量，进而体现在生物生产性土地的供需平衡方面（高吉喜，2001；封志明等，2017）。在生态承载力众多的研究方法中，生态足迹法由于具有较完善、科学的理论基础，并可用于定量分析可持续发展问题而被广泛应用（Rees，1992）。生态足迹分析法是由加拿大生态经济学家 William Rees 和 Wackernagel 提出的一种度量可持续发展程度的方法，对生态足迹的解释是：一个国家范围内给定人口的消费负荷，该办法使人们知道自己对自然资产利用的状况，对评价人类对自然生态服务的需求与自然所能提供的生态服务之间的差距具有重要的意义。在基于生态足迹方法的生态承载力研究方面，1997 年 Wackernagel 等首先用生态足迹分析方法，对全球的生态足迹进行了计算，研究结果表明全球绝大部分国家处于生态赤字状态。国内生态足迹研究方面，徐中民等（2000）对甘肃省 1998 年生态足迹进行分析和计算，结果表明甘肃省 1998 年人均生态赤字为 $0.564hm^2$。张志强等（2001）以中国西部 12 个省（区、市）2000 年统计年鉴的数据为依据，对 1999 年的生态足迹进行了计算和分析。田玲玲等（2016）以 2005 年、2010 年、2013 年统计数据为基础，应用生态足迹分析法核算湖北省生态足迹与生态承载力动态。潘洪义等（2017）对成都市人均生态足迹和人均生态承载力空间分布差异进行了研究，得出成都市人均生态足迹平均值呈现逐年下降的趋势。已有基于生态足迹方法的生态承载力研究多使用静态、统计的方法来进行定量评估，在经济增长和科技进步对区域生态承载力影响方面考虑较少，对于区域内部的空间差异性体现方面也存在一定的问题。遥感技术在一定程度上可以弥补传统基于统计年鉴进行生态足迹和生态承载力研究空间性方面的不足，针对传统生态足迹方法研究存在的问题，采用多时段遥感影像并综合考虑经济因素定量分析生态足迹的动态变化过程，对于拓展生态足迹应用以及科学评价国家和地区的生态足迹动态变化，及时采取应对措施具有重要意义。

鄂尔多斯高原地处我国农牧交错带上，是砒砂岩分布最典型地区，其砒砂岩区也是黄河粗泥沙的主要来源，生态环境脆弱性问题十分突出。鄂尔多斯市处于鄂尔多斯高原的腹地，改革开放以来经济社会快速发展，特别是 2001 年撤盟改市以来，鄂尔多斯市经济社会创造了令人瞩目的"鄂尔多斯速度"，成为内蒙古自治区经济发展速度最快的地区，伴随着经济的快速发展，人类对当地地表覆被的干预和资源利用也达到了一个新的水平（闫峰等，2013；柏菊等，2016）。科学评价鄂尔多斯高原生态承载力时空变化特征，并因地制宜地提出当地经济社会发展的科学发展之路，具有重要的现实意义（王瑞杰等，2020；

Wang et al.，2020）。因此，本研究采用 2000—2015 年鄂尔多斯市 Landsat 数据并结合经济发展数据，对鄂尔多斯高原的生态承载力时空特征进行研究，为地区的经济发展和环境保护提供理论和技术支持。

5.2.1 研究区概况及研究数据

鄂尔多斯高原位于内蒙古自治区南部，西、北、东三面被黄河环绕，东南部以古长城为界和陕北黄土高原相接。地势中西部高，四周低，西部高于东南部。东部为准格尔黄土丘陵沟壑区，西部为桌子山低山缓坡和鄂托克高地，北部为库布其沙漠，南部为毛乌素沙地和滩地。高原海拔大部为 1300~1500m，东部切割河谷部分可下降到 1000m 以下，高原顶面可达 1600m 以上。西北部桌子山自北向南伸延，东胜以西至杭锦旗以东一带海拔较高（1450~1600m）。鄂尔多斯市位于内蒙古自治区西南部，地处鄂尔多斯高原腹地。东部、北部和西部分别与呼和浩特市、山西、包头、巴彦淖尔市，宁夏回族自治区、阿拉善盟隔河相望；南部与陕西省榆林市接壤。全市辖 7 旗 1 区和康巴什新区，总面积为 86882km²。气候为典型的北温带半干旱大陆性气候区，植被自东向西分别为温暖型草原带、暖温型荒漠草原亚带和暖温型荒漠带；土壤类型主要有栗钙土、棕钙土、灰钙土、灰漠土和潮土等；2015 年总人口为 157.32 万人。

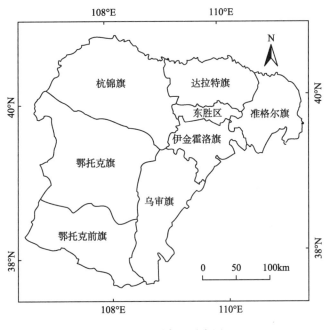

图 5-1 研究区示意图

在生态承载力计算中，为客观反映不同土地类型的空间分布差异，通过 USGS 订购下载了 2000 年、2005 年、2010 年和 2015 年共 40 幅 Landsat TM/ETM+/OIL 影像，影像主要成像于 6~9 月。对下载的 Landsat 数据以 2010 年遥感影像为基准对另外 3 期的遥感影像进行了几何校正，使遥感影像统一到相同的投影类型。采用决策树、非监督分类和专家知识相结合的方式进行地物遥感分类，以 2010 年数据为例，首先，采用 TM5>150&TM7>100 提取流动沙地；其次，采用光谱间关系（TM2+TM3）>（TM4+TM5）提取水体；最后，对剩下的遥感信息采用非监督分类 ISODATA 算法，指定初始最大分类数为 20，最大迭代数为 60 次，迭代次数大于分类数 1 倍以上，形成 1 类所需的最少像元数为 1，设定循环收敛阈值为 0.998（闫峰等，2013）。在此基础上，参照生态足迹模型中土地利用类型分类方法，将 4 期的土地利用的分类结果进行合并为耕地、林地、草地、水域、建筑用地和未利用用地共 6 大类。采用 2010 年鄂尔多斯市乌审旗 283 个和 2017 年准格尔旗 68 个野外地面覆被类型实测资料，分别对 2010 年和 2015 年地物分类结果进行验证，结果表明其总分类精度分别为 89.40%（253/283）和 91.18%（62/68）。对 2000 年和 2005 年地物遥感分类结果进行目视验证体现出了较高的总分类精度（>86.21%）。此外，研究中还选用了 2000 年、2005 年、2010 年和 2015 年的社会经济数据，数据主要来源于同期的《鄂尔多斯市统计年鉴》。

5.2.2 研究方法

生态足迹是指特定区域内一定人口的自然资源消费、能源消费和吸纳这些消费产生的废弃物所需要的生态生产性土地面积，表明了人类社会发展对环境造成的生态负荷是用生产性土地面积来度量一个确定人口或经济规模的资源消费和废物吸收水平的账户工具。生态足迹模型的计算可以分为生态足迹和生态承载力两个部分，其中生态足迹可表示为：

$$EF = N \times ef = N \times \sum r_j \times (c_i/p_i) \tag{5-1}$$

式中：EF 为总的生态足迹；N 为人口数；ef 为人均生态足迹；i 为消费商品和投入的类型；r_j 为均衡因子；j 为生物生产性土地类型；c_i 为第 i 种商品的人均消费量；p_i 为第 i 种消费商品的全球平均生产能力。生态足迹模型作为一个静态指标，其得出的结论具有一定的瞬时性，为了合理反映研究区 2000—2015 年经济社会系统的动态变化，采用 2000 年、2005 年、2010 年和 2015 年多个时间节点对比研究的方法。

生态承载力表示该地区生态容量，是一个地区所能提供给人类的生态生产性土地的面积总和。随着当地的经济发展和科技进步，人类对当地资源环境利用的广度和深度发生较大程度的改变，为此，在生态承载力计算时采用综合考虑社会经济系统发展的生态承载力修正模型，表示为：

$$F = X \times Y \times Z \tag{5-2}$$

式中：F 为社会经济系统发展指数；X 为技术指数，用高新技术产业产值占工业总产值比重表示；Y 为人力资源指数，用劳动力资源占总人口比重表示；Z 为经济能力指数，用当年与前一年的国内生产总值比值表示。

$$EC - N \times ec = (1 - 12\%) \times N \times (\sum a_j \times r_j \times y_j) \times e^F \tag{5-3}$$

式中：EC 为总的生态承载力；ec 为人均生态承载力；a_j 为人均生物生产性面积；y_j 为产量因子，F 为社会经济系统发展指数。均衡因子是某类生物生产性土地的单位面积生物产量与具有世界平均生产力的生物生产性土地的单位面积生物产量之比。产量因子表示不同国家或地区的某类生物生产面积所代表的局部产量与世界平均产量的差异，是其平均生产力与世界同类土地的平均生产力的比值。为了加强不同区域计算结果的可比性，采用广泛应用的 William 等提出的均衡因子和产量因子。均衡因子为：耕地和建筑用地 2.8，林地和化石能源地 1.1，草地 0.5，水域 0.2。产量因子分别为：耕地和建筑用地 1.66，林地 0.91，草地 0.19，水域 1.00，化石能源地 0。对于未利用土地类型，由于其产出比较低，取 0 值，在计算中总面积中扣除 12% 生物多样性保护面积。

生态赤字是消费所需的生物生产性土地面积超出生态承载力可提供的生态足迹量，表示为：

$$ED = EF - EC \tag{5-4}$$

式中：ED 为生态赤字，如 $ED>0$，说明生态足迹大于生态承载力，存在生态赤字。如果 $ED<0$ 生态足迹小于生态承载力，存在生态盈余。

根据遥感解译的 2000 年、2005 年、2010 年、2015 年 4 期的土地利用类型图，分别计算 2000—2005 年、2005—2010 年、2010—2015 年的土地利用转移矩阵和各类土地生态承载力。生态足迹计算时按生物资源消耗和能源消耗分为两类：生物资源主要生态产品为粮食、甜菜、蔬菜、油料、水果、奶类、蛋类、猪肉、牛肉、羊肉、山羊毛、绵羊毛、羊绒和水产；能源消耗主要包括原煤、焦炭、洗精煤、汽油、天然气、热力和电力。根据 2000 年、2005 年、2010 年和 2015 年《鄂尔多斯市统计年鉴》数据，计算 4 个时期生物资源产量及能源消费量。

5.2.3　结果与分析

（1）土地覆被变化

分析 2000—2005 年、2005—2010 年和 2010—2015 年鄂尔多斯市 3 个时段的土地利用类型转移矩阵（表 5-1~表 5-3）。2000—2005 年，鄂尔多斯市草地转出和转入的面积较大，转出面积为 11782km²，主要转为未利用土地和耕地；转入面积为 12931km²，主要来自未利用土地和耕地，草地总面积不断增大。未利用土地的转换也比较明显，具体表现为转出面积 9988km²，主要转为草地、耕地和水域；转入面积为 9149km²，主要来自草地和耕地，总面积表现为转出大于转入。耕地面积相对稳定，转入和转出的数据相差不大。

表 5-1　2000—2005 年土地利用类型转移矩阵/km²

土地类型	耕地	林地	草地	水域	建筑用地	未利用土地
耕地	1415	145	2053	180	165	496
林地	166	504	950	49	27	252
草地	2023	726	39925	751	357	7925
水域	170	46	719	589	41	362
建筑用地	204	33	401	42	109	110
未利用土地	488	199	8808	400	93	15370

表 5-2　2005—2010 年土地利用类型转移矩阵/km²

土地类型	耕地	林地	草地	水域	建筑用地	未利用土地
耕地	4478		4	11	4	2
林地		1969	8	1		
草地	11		51889	14	12	3
水域	17		20	1937		8
建筑用地				2	905	
未利用土地	3		123	30	1	25323

表 5-3　2010—2015 年土地利用类型转移矩阵/km²

土地类型	耕地	林地	草地	水域	建筑用地	未利用土地
耕地	4352	10	66	17	59	5
林地	11	1822	85	4	38	9
草地	38	99	51383	40	409	75
水域	6	4	36	1919	21	9
建筑用地	3	1	10	2	903	3
未利用土地	13	233	729	22	116	24223

2005—2010 年，土地覆被变化空间转移矩阵对角线处数值最大，其他数值相对较小，土地利用类型相对稳定。转出的土地利用类型中，未利用土地类型面积最大(157km²)，主要转为草地和水域；转入面积为 13km²，主要来自水域，总面积增加。转入的土地利用类型中，草地转入面积最大，其中转入 155km²，转出为 40km²，面积相对增加。建筑用地面积增加相对较多，其他土地利用类型整体上变化不大。

2010—2015 年，土地覆被变化空间转移矩阵面积变化不大，其中草地转出和转入的面积相对较多，分别为 661km² 和 962km²，草地面积相对增加。未利用土地转入为 101km²，转出为 1176km²，主要转出为草地，其次是林地和建筑用地。建筑用地面积转入和转出分别为 643km² 和 19km²，转入部分主要来自草地和未利用土地。

（2）生态足迹

根据生态足迹公式和鄂尔多斯市 2000—2015 年的统计年鉴数据，计算其生物资源和能源消费的生态总足迹及人均足迹（表 5-4、表 5-5）。结果表明：2000 年、2005 年、2010 年和 2015 年生物资源总足迹分别为 $20.702×10^5 hm^2$、$37.584×10^5 hm^2$、$41.824×10^5 hm^2$ 和 $44.306×10^5 hm^2$，人均生物资源足迹分别为 $1.579hm^2$/人、$2.727hm^2$/人、$2.744hm^2$/人和 $2.816hm^2$/人，2000—2015 年鄂尔多斯市生物资源总足迹和人均足迹均呈不断增加的趋势。2000 年、2005 年、2010 年和 2015 年能源消费总足迹分别为 $25.950×10^5 hm^2$、$74.972×10^5 hm^2$、$259.647×10^5 hm^2$ 和 $384.101×10^5 hm^2$，人均能源消费足迹分别为 $1.977hm^2$/人、$5.439hm^2$/人、$17.039hm^2$/人和 $24.414hm^2$/人，2000—2015 年能源消费总足迹和人均足迹也呈不断增加的趋势。

表 5-4　2000—2015 年生物资源消费账户

类型	2000 年		2005 年		2010 年		2015 年	
	总足迹（×10⁵hm²）	人均足迹（hm²/人）	总足迹（×10⁵hm²）	人均足迹（hm²/人）	总足迹（×10⁵hm²）	人均足迹（hm²/人）	总足迹（×10⁵hm²）	人均足迹（hm²/人）
粮食	6.810	0.519	11.990	0.870	14.388	0.944	15	0.953
甜菜	0.135	0.010	0.218	0.016	0.134	0.009	0.135	0.009
油料	1.767	0.135	1.190	0.086	1.051	0.069	1.791	0.114
蔬菜	0.112	0.009	0.363	0.026	0.364	0.024	0.716	0.045
水果	0.007	0.001	0.006	0.0005	0.005	0.0003	0.005	0.0003
奶类	0.097	0.007	0.003	0.0002	2.844	0.187	1.357	0.086
蛋类	0.076	0.006	2.591	0.188	0.129	0.008	0.091	0.006
猪肉	3.620	0.276	0.118	0.009	3.489	0.229	3.721	0.237
牛肉	0.301	0.023	5.508	0.400	2.164	0.142	2.246	0.143
羊肉	4.538	0.346	1.551	0.112	11.814	0.775	12.68	0.806
山羊毛	0.196	0.015	10.076	0.731	0.673	0.044	0.508	0.032
绵羊毛	2.558	0.195	0.521	0.038	3.335	0.219	4.054	0.258
羊绒	0.186	0.014	3.040	0.220	0.873	0.057	0.928	0.059
水产	0.299	0.023	0.409	0.030	0.561	0.037	1.074	0.068
总计	20.702	1.579	37.584	2.727	41.824	2.744	44.306	2.816

表 5-5 2000—2015 年能源消费账户

类型	2000 年		2005 年		2010 年		2015 年	
	总足迹 ($\times 10^5 hm^2$)	人均足迹 (hm^2/人)	总足迹 ($\times 10^5 hm^2$)	人均足迹 (hm^2/人)	总足迹 ($\times 10^5 hm^2$)	人均足迹 (hm^2/人)	总足迹 ($\times 10^5 hm^2$)	人均足迹 (hm^2/人)
原煤	24.304	1.852	63.972	4.640	213.067	13.982	315.336	20.044
焦炭	0.958	0.073	6.542	0.475	28.213	1.851	41.591	2.644
洗精煤	0.566	0.043	3.869	0.281	16.685	1.095	24.597	1.563
汽油	0.026	0.002	0.016	0.001	0.027	0.002	0.020	0.001
天然气	0.000	0.000	4.7E-08	3.3E-08	4.04E-06	2.6E-07	4.16E-06	2.6E-07
电力	0.045	0.003	0.285	0.021	0.791	0.052	1.202	0.076
热力	0.051	0.004	0.288	0.021	0.864	0.057	1.355	0.086
总计	25.950	1.977	74.972	5.439	259.647	17.039	384.101	24.414

生物生产性土地面积以化石能源用地所占的比例最大，其后依次是草地、耕地、水域和建筑用地，林地所占比例最小。可见鄂尔多斯市的发展主要以消耗自然资源为主，属于资源型城市，草地是当地主要土地利用类型，生物资源消耗以草地产品为主。生物生产性土地面积生态足迹变化情况计算结果表明：耕地、林地、草地、水域、建筑用地和化石能源用地的总足迹和人均生态足迹均呈增加趋势。2000—2015 年总生态足迹表现为 21 世纪前 10 年生态足迹增加十分迅速，2005 年生态足迹是 2000 年的 2.41 倍、2010 年则为 2005 年的 2.68 倍，2010 年后生态足迹增加速度相对放缓，2015 年生态足迹为 2010 年的 1.42 倍。纵观 2000 年到 2015 年鄂尔多斯市生态足迹变化，2015 年生态足迹为 2000 年的 9.18 倍，2000—2015 年生态足迹年平均按 15.93% 的速率递增，其增长速度远高于当地的经济发展水平，对当地的生态环境产生较大压力。

（3）生态承载力时空特征

根据土地利用类型、均衡因子和产量因子计算鄂尔多斯市 2000—2015 年的生态承载力。统计结果表明，2000 年、2005 年、2010 年和 2015 年总生态承载力分别为：$1.140 \times 10^7 hm^2$、$2.349 \times 10^7 hm^2$、$1.168 \times 10^7 hm^2$ 和 $1.365 \times 10^7 hm^2$。在生态承载力时间变化方面，生态承载力表现为以 2005 年最大、2015 年次之、最后为 2010 年和 2000 年，表现为先增加后降低，再缓慢升高的特征。

生态承载力绝对值表示图斑尺度上由于土地利用变化和社会经济的发展对区域空间上变化的影响。分析生态承载力绝对值分布表明（图 5-2），2000—2015 年，鄂尔多斯市生态承载力绝对值表现为整体上逐渐上升的趋势，但其增加幅度存在一定的差异。2000—2005 年整个区域范围增加了近 1 倍，这主要是由于社会经济因素的发展而使其生态承载力提高，2010—2015 年虽然社会经济因素一直提高，但生态承载力绝对值反而降低。生态承载力绝对值在空间变化方面存在较大的差异,2000年生态承载力绝对值高值区主要分布在杭锦旗的东北、西北和东南部;达拉特旗北部分布面积较大,在西南和东南地区及准格尔旗、东胜区和伊金霍洛旗也有零散分布。2005年生态承载力绝对值高值区主要分布在杭锦旗东北、西北和东南部、达拉特旗北部、西南和东南部、准格尔旗西部、东南部、东胜区和伊金霍洛旗中部,在乌审旗东部和东南部地区及鄂克前旗中部和东南部也有零星的分布。2010年杭锦旗东北部、达拉特旗北部、西南和东南部、东胜区和准格尔旗南部地区、伊金霍洛旗中部地区为生态承载力绝对值高值区。2015年生态承载力绝对值高值区主要分布于杭锦旗东北、东南部和达拉特旗北部、东胜区、准格尔旗和伊金霍洛旗中部地区。总之,2000—2015年生态承载力绝对值空间差异主要表现为:鄂尔多斯东北和北部地区由于耕地和林地分布相对较多,其生态承载力绝对值相对较高,草地在各个旗区分布较广,其生态承载力绝对值相对较低。

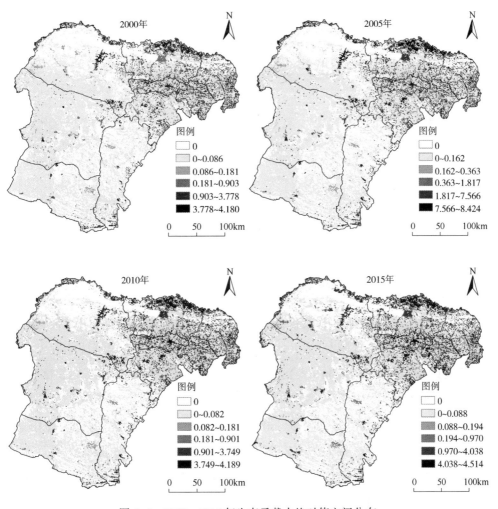

图 5-2 2000—2015 年生态承载力绝对值空间分布

利用生态承载力绝对值、人均生态生产面积和人口数量等数据,计算鄂尔多斯市2000—2015年各旗区的人均生态承载力(图5-3)和总生态承载力(图5-4)。

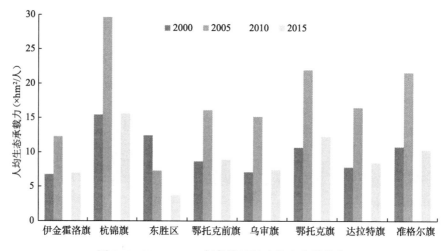

图5-3　2000—2015年各旗(区)人均生态承载力

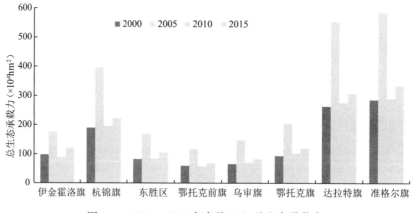

图5-4　2000—2015年各旗(区)总生态承载力

结果表明:2000年人均生态承载力以杭锦旗最高(15.41hm^2/人),东胜区次之(12.74hm^2/人),伊金霍洛旗相对最低(6.77hm^2/人);2005年除东胜区外其他旗均有所增加,其中以乌审旗增加幅度最大(为2000年的2.13倍),2005年人均生态承载力在数值差异方面以杭锦旗最高(29.63hm^2/人)、鄂托克旗次之(21.95hm^2/人)、东胜区最低为7.31hm^2/人;2010年人均生态承载力和2005年相比均表现出大幅度下降,其中以准格尔旗下降最大,人均生态承载力以杭锦旗最高(13.40hm^2/人)、鄂托克旗次之(10.42hm^2/人)、东胜区最低(3.23hm^2/人);2015年各旗区人均生态承载力高于2010年,其中以伊金霍洛旗增加幅度最大(为2010年的1.30倍),准格尔旗增加幅度最小(为2010年的1.09倍),人均生态承载力以杭锦旗最高(15.58hm^2/人)、鄂托克旗次之(12.27hm^2/人、东胜区最低(3.76hm²/人)。纵观2000—2015年各旗区人均生态承载力变化，空间差异主要表现为杭锦旗相对最高，其次是鄂托克旗、准格尔旗，时间变化表现为先增加、后减少、再增加的特征。

各旗区总生态承载力也存在较大差异，2000年、2005年、2010年和2015年各旗区总生态承载力表现为：2005年总生态承载力相对最高、2015年次之，2005年明显高于2010年和2000年；各旗区总生态承载力表现出升高—降低—升高的变化特征。2000年各旗区总生态承载力相对较低，其数值仅为2005年的48.93%，生态承载力提升潜力较大。在各旗区横向比较方面，2000—2015年各旗区总生态承载力以准格尔旗相对最高，达拉特旗次之，再次为杭锦旗，鄂托克旗、伊金霍洛旗和东胜区总生态承载力相差不大，乌审旗总生态承载力较低，鄂托克前旗则相对最低(仅相当于准格尔旗的20.53%)。

(4) 生态盈亏

根据计算的生态足迹和总生态承载力，计算鄂尔多斯市2000—2015年生态盈亏情况（表5-6）。结果表明：鄂尔多斯市2000—2005年处于生态盈余状态，2000年生态承载力为生态足迹的2.44倍；2005—2015年由生态盈余转为生态赤字，随着经济的发展生态赤字逐渐增加，2015年生态足迹是生态承载力的3.15倍，生态承载力处于严重透支状态，生态环境可持续发展面临较大挑战。对应到当地人口和经济发展变化方面，2000—2015年鄂尔多斯市总人口由1.31×10^6人增加到1.57×10^6人，人口增加率为19.84%；GDP从2000年150.27亿元增加到2015年18032.79亿元，城镇居民家庭平均每人每年消费支出由4499元增加到22918元，分别增加了120.00倍和5.09倍，快速增加的人口以及经济高速发展、消费水平持续提高所带来的能耗和物耗增加可能是生态赤字产生的重要原因。

表5-6 2000—2015年生态盈亏状况/hm²

类别	2000年	2005年	2010年	2015年
总生态足迹	4.67×10^6	1.13×10^7	3.01×10^7	4.28×10^7
总生态承载力	1.14×10^7	2.35×10^7	1.17×10^7	1.36×10^7
总生态盈余/赤字	6.74×10^6	1.22×10^7	-1.85×10^7	-2.92×10^7

5.3 砒砂岩区土地资源承载力特征

土地承载力是指一定地区的土地所能持续供养的人口数量，即土地资源人口承载量，其实质是研究人口消费与食物生产、人类需求与资源供给间的平衡关系问题。关于土地承载力的研究，主要有基于人粮关系承载力研究、基于多因素综合的承载力和基于生态足迹的承载力等方法。粮食问题是关系国计民生的大事，也是国内外学者研究的热点。在基于人粮关系的土地承载力方面，国内外学者做了一定的研究，Park等(1921)从种群数量角度出发,首次将"承载力"概念引入生态学领域,以土地可承载的人口数量为出发点,提出了土地承载力概念;Vogot(1948)首先提出土地资源人口承载力的定义及计算方法;Allan(1965)提出以粮食为标志的土地资源承载力计算公式,使以粮食为主的土地承载力研究得以发展;1982年FAO开展的发展中国家土地的潜在人口支持能力研究。我国土地资源承载力研究始于20世纪80年代,主要以中国科学院自然资源综合考察委员会承担的"中国土地资源生产能力及人口承载量研究"为代表。封志明等(2008)做了中国基于人粮关系的土地资源承载力研究,认为1949—2005年中国土地资源承载力逐渐增强和人粮关系趋于均衡。哈斯巴根等(2008)运用系统动力学原理与方法,在不同情景下模拟了土地资源人口承载力。刘钦普等(2005)运用非线性科学理论,对人口—土地资源系统的演化方向和平衡态稳定性问题进行了探讨。封志明等(2017)对雄安地区的人口与水土资源承载力进行了研究,认为雄安地区土地资源承载力优于周边区域且人粮关系协调。郝庆等(2019)以西藏自治区为例,基于人体每日所需热量、蛋白质和脂肪评价土地的现实承载力及其变化。已有的研究主要集中于产粮区,对于土地资源承载力急剧衰退的干旱和半干旱地区研究则相对较少。在人地矛盾突出、生态环境脆弱地区虽然可以通过外输方式解决粮食不足问题,但会导致全局性超载,生态脆弱区的发展应综合考虑其自身的承载力。因此,本研究以生态脆弱的鄂尔多斯砒砂岩区为例,从人口与粮食关系为着眼点研究其土地资源承载力和承载指数的时空变化特征,为砒砂岩区粮食安全和区域可持续发展提供科学依据和决策支持。

5.3.1 研究方法

(1)土地资源承载力模型

土地承载力主要反映区域人口与粮食之间的关系,用一定粮食消费水平下,区域粮食生产力所能供养的人口数量来度量。基于人粮关系的土地资源承载力模型能很好地反映出鄂尔多斯市不同旗区的土地资源承载力,其计算公式为:

$$LCC = G/G_{pc} \tag{5-5}$$

式中:LCC 为土地承载力(人);G 为粮食总产量(kg);G_{pc} 为人均粮食消费标准(kg/人),根据封志明等(2008)研究结果取人均粮食消费400kg作为营养安全的标准。

(2)土地资源承载指数

土地资源承载指数主要揭示区域实际人口数量与土地资源承载力之间的关系,其计算公式为:

$$LCCI = P_a/LCC \tag{5-6}$$

$$R_p = (P_a - LCC)/LCC \times 100\% = (LCCI - 1) \times 100\% \tag{5-7}$$

$$R_g = (LCC - P_a)/LCC \times 100\% = (1 - LCCI) \times 100\% \tag{5-8}$$

式中:$LCCI$ 为土地资源承载指数;P_a 为实际人口数量(人);R_p 为人口超载率;R_g 为粮食

盈余率。根据封志明等(2008)的分类标准,将土地资源承载指数的大小分为粮食盈余、人粮均衡和人口超载3种类型,并对3种类型按照$LCCI$,R_g,R_p和人均粮食大小差异进一步划分8个级别,其分级评价标准详见表5-7。

表5-7 土地资源承载力分级评价标准

土地资源承载力		指数		人均粮食(kg)
类型	级别	$LCCI$	R_g,R_p	
粮食盈余	富富有余	$LCCI \leq 0.5$	$R_g \geq 50\%$	≥ 800
	富裕	$0.5 < LCCI \leq 0.75$	$25\% \leq R_g < 50\%$	533~800
	盈余	$0.75 < LCCI \leq 0.875$	$12.5\% \leq R_g < 25\%$	457~533
人粮平衡	平衡有余	$0.875 < LCCI \leq 1$	$0 \leq R_g < 12.5\%$	400~457
	临界超载	$1 < LCCI \leq 1.125$	$0 \leq R_p < 12.5\%$	356~400
人口超载	超载	$1.125 < LCCI \leq 1.125$	$12.5 < R_p \leq 25\%$	320~356
	过载	$1.25 < LCCI \leq 1.5$	$25 < R_p \leq 50\%$	267~320
	严重超载	$LCCI > 1.5$	$R_p > 50\%$	<267

5.3.2 土地资源承载力时空变化分析

(1)土地资源承载力及承载指数

应用土地资源承载力模型(式5-5)和承载指数模型(式5-6),计算2000—2015年鄂尔多斯市土地资源承载力(图5-5、图5-6)和土地资源承载指数(图5-7)。由图5-5可知,2000—2015年鄂尔多斯市土地资源承载力总体呈波动增加的趋势,多年平均土地资源承载力按1.59×10^5人/年的速度递增。其间多年平均土地资源承载力为2.97×10^6人,土地资源承载力正距平的年份为2006—2015年,其中以2013年、2014年和2015年相对较高,土地资源承载力分别为3.88×10^6人、3.74×10^6人和3.68×10^6人;土地资源承载力负距平的年份主要有2000—2005年,其中以2001年、2000年和2002年相对较低,土地资源承载力分别为1.47×10^6人、1.67×10^6人和1.89×10^6人。土地资源承载力最大年份(2013年)约为最小年份(2001年)的2.64倍,粮食增产明显,土地资源承载力上升显著。

由图5-6可知,各旗区的土地资源承载力,伊金霍洛旗2002年最高,2000年最低。乌审旗、杭锦旗、鄂托克旗和达拉特旗在2013年达到最高值,而最低值所对应年份分别为2001年、2003年、2000年和2003年。鄂托克前旗和准格尔旗在2011年和2004年达到最大值,在2001年出现最小值。东胜区以2003年最高,2012年最低。从2000—2015年各年份不同区旗的变换情况看,达拉特旗的土地资源承载力最大,而东胜区除了2003年略高于鄂托克前旗和鄂托克旗外,其他年份均最小。达拉特旗的土地资源承载力远高于东胜区,2012年达拉特旗的土地资源承载力是东胜区的148.68倍,而最小值出现在2002

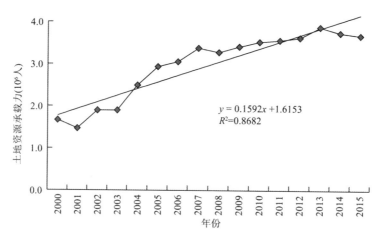

图 5-5 鄂尔多斯市 2000—2015 年土地资源承载力

年,为东胜区的 4.83 倍。杭锦旗的土地资源承载力除了 2000—2004 年外,其他年份都位居第二位。准格尔旗、乌审旗和伊金霍洛旗的土地资源承载力也较高。

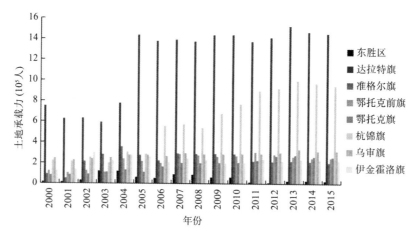

图 5-6 鄂尔多斯市各旗区 2000—2015 年土地资源承载力

由图 5-7 可知,2000—2015 年鄂尔多斯市土地资源承载指数整体上呈波动下降的趋势,多年平均土地承载指数以 0.028/a 速度下降。多年平均土地承载指数为 0.527,土地承载指数正距平的年份为 2000—2004 年,其中 2001 年、2000 年和 2003 年相对较高,分别为 0.903、0.787 和 0.716。2005—2015 年土地资源承载指数均为负距平,其中 2013 年、2014 年和 2012 年较低,分别为 0.398、0.417 和 0.419。土地资源承载力最大年份(2001年)为最小年份(2013 年)的 2.27 倍,由于粮食产量的增加,土地承载力的增大使土地资源的承载指数逐渐下降。

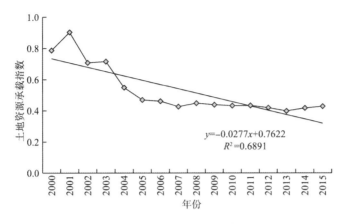

图 5-7 鄂尔多斯市 2000—2015 年土地资源承载指数变化

由图 5-8 可知，各旗区的土地资源承载指数，伊金霍洛旗 2000 年最高，2002 年最低。乌审旗、杭锦旗、鄂托克旗和达拉特旗在 2013 年土地资源承载指数最低，最高值分别对应于 2001 年、2003 年、2000 年和 2003 年。鄂托克前旗和准格尔旗在 2001 年最高，分别在 2011 年和 2004 年最低。东胜区 2012 年值最高，而 2003 年最低。2000—2015 年同年份土地资源承载指数的变化以东胜区最大；其次是准格尔旗，伊金霍洛旗除 2002—2005 年低于鄂托克旗外，其他年均高于鄂托克旗，鄂托克旗高于达拉特旗、鄂托克前旗、杭锦旗和乌审旗；杭锦旗除 2000—2005 年高于乌审旗和达拉特旗外，其他年都最小。

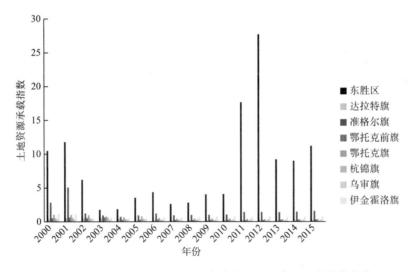

图 5-8 鄂尔多斯市 2000—2015 年各旗区土地资源承载指数变化

（2）土地资源承载状态

根据土地资源承载指数、土地资源承载力分级评价标准和各旗区人口数据，计算鄂尔多斯市及其旗区的土地资源承载状况（表 5-8）。分析 2000—2015 年鄂尔多斯市各旗区土地资源承载状况，可以发现各个旗区土地资源承载状态存在较大的差异。具体来说，东胜区一直处于严重超载的状况。达拉特旗、鄂托克前旗、杭锦旗和乌审旗的变化情况基本一致，2000—2015年处于粮食盈余状态。准格尔旗的土地资源承载状况波动性较大，人口超载所占的年份较多，2000—2002年处于人口超载的状况，2003年转为人粮平衡，2004年为粮食盈余，2005年为人粮平衡，2006年为人口超载，2007—2010年转为人粮平衡，之后处于人口超载的状况。鄂托克旗变化情况为2000—2002年为人粮平衡的状态，2003年之后转为粮食盈余状态。伊金霍洛旗2000—2001年变化情况为由人口超载转为人粮平衡，2002年之后一直处于粮食盈余的状态。从鄂尔多斯全市情况来看，2000年处于粮食盈余状态，到了2001年转为人粮平衡，从2002—2015年的14年间均处于粮食盈余的状态。

表5-8 鄂尔多斯市各旗区2000—2015年土地资源承载状态

年份	东胜区	达拉特旗	准格尔旗	鄂托克前旗	鄂托克旗	杭锦旗	乌审旗	伊金霍洛旗	鄂尔多斯市
2000	严重超载	富富有余	严重超载	富裕	临界超载	富裕	富富有余	超载	盈余
2001	严重超载	富裕	严重超载	富裕	临界超载	富裕	富富有余	临界超载	平衡有余
2002	严重超载	富裕	过载	富裕	平衡有余	富裕	富富有余	富富有余	富裕
2003	严重超载	富裕	平衡有余	富裕	盈余	富裕	富富有余	富裕	富裕
2004	严重超载	富富有余	盈余	富富有余	富裕	富富有余	富富有余	富裕	富裕
2005	严重超载	富富有余	平衡有余	富裕	盈余	富裕	富富有余	富裕	富富有余
2006	严重超载	富富有余	超载	富富有余	富裕	富富有余	富富有余	富裕	富富有余
2007	严重超载	富富有余	平衡有余	富富有余	富富有余	富富有余	富富有余	富裕	富富有余
2008	严重超载	富富有余	临界超载	富富有余	富富有余	富富有余	富富有余	盈余	富富有余
2009	严重超载	富富有余	临界超载	富富有余	富富有余	富富有余	富富有余	富裕	富富有余
2010	严重超载	富富有余	临界超载	富富有余	富富有余	富富有余	富富有余	盈余	富富有余
2011	严重超载	富富有余	过载	富富有余	富富有余	富富有余	富富有余	富裕	富富有余
2012	严重超载	富富有余	过载	富富有余	富富有余	富富有余	富富有余	盈余	富富有余
2013	严重超载	富富有余	过载	富富有余	富富有余	富富有余	富富有余	富裕	富富有余
2014	严重超载	富富有余	过载	富富有余	富富有余	富富有余	富富有余	富裕	富富有余
2015	严重超载	富富有余	严重超载	富富有余	富富有余	富富有余	富富有余	盈余	富富有余

5.3.3 土地资源承载力空间差异

(1) 土地利用变化

分析2000—2015年砒砂岩区土地利用状况可知，2000年鄂尔多斯市耕地面积为4517km^2，林地、草地、水域、建筑用地和未利用土地面积分别为1669km^2、53012km^2、2144km^2、802km^2和24632km^2；2005年耕地面积比2000年有所减少为4499km^2，林地、草地、水域、建筑用地和未利用土地分别为1978km^2、51929km^2、1982km^2、907km^2和

25480km²；2010年耕地面积为4509km²，比2005年有所增加，林地、草地、建筑用地和未利用土地面积分别为1969km²、52044km²、1995km²、922km²和25336km²；2015年耕地面积为4423km²，林地、草地、建筑用地和未利用土地面积分别为2169km²、52309km²、2004km²、1547km²和24324km²。不同时期空间转移矩阵分析表明，2000—2015年耕地、草地之间转换频繁，林地、水域面积波动变化中呈增加趋势，耕地呈现出下降、上升再下降的趋势，草地表现为先下降后增加的趋势，建筑用地持续增加，未利用土地表现为先增加后减少的趋势。

（2）土地资源承载力分区

在土地利用类型变化分析的基础上，根据土地资源承载力指数可以将鄂尔多斯市各旗区分为土地承载力较高、土地承载力中等和土地承载力较低3类(图5-9)。第一类土地资源承载力相对较高区，包括东胜区和准格尔旗；第二类为土地资源承载力中等地区，包括鄂托克旗和伊金霍洛旗；第三类为土地资源承载力较低区，主要包括达拉特旗、鄂托克前旗、杭锦旗和乌审旗。

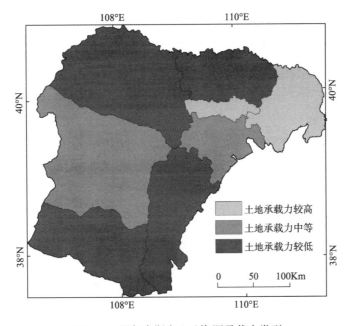

图5-9 鄂尔多斯市土地资源承载力类型

① 高土地资源承载力区。高土地资源承载力区主要包括东胜区和准格尔旗。东胜区为鄂尔多斯市经济、科技、文化、金融、交通和信息中心。在经济技术、土地集约利用等方面相对较好，土地承载力水平相对较高。2000—2015年该区人口一直处于逐渐增加的趋势，到2015年人口达到28.08万人，人口密度从2000年的75人/km²增加到2015年的111人/km²。根据遥感数据解译的结果，2000—2005年、2010年和2015年，其耕地利用

面积处于下降的趋势,由 380.74km² 变为 338.50km²,建筑面积和林地面积则处于逐渐增加的趋势;粮食产量 2000 年为 7.26×10^6 kg,之后粮食产量呈现增加的趋势,在 2003 年达到最大值(4.91×10^7 kg),之后产量波动性较大,2012 年产量最低为 3.80×10^6 kg;此后开始略有上升,到 2015 年产量为 1.00×10^7 kg。同时此区是砒砂岩剧烈和强烈分布区,这在一定程度上制约了当地的粮食生产。人口数量相对较多但是粮食产量相对较低,使东胜区土地资源承载力相对较大。准格尔旗是鄂尔多斯市的经济强旗,同时也是人口大旗,人口数量在鄂尔多斯市各旗区中最大,2015 年人口数量(32.42 万人)约占鄂尔多斯市总人口的 20.60%。2000—2015 年人口密度逐渐增加,由 2000 年的 35 人/km² 增加到 2015 年的 43 人/km²。准格尔旗土地利用类型主要以草地为主,耕地面积相对稳定,在鄂尔多斯市的各个旗中所占的比例最大(约 30.90%)。在粮食产量变化方面,2010 年后处于逐渐下降的趋势,在 2015 年为 8.14×10^7 kg,土地生产能力相对较低,此区有大面积的覆土砒砂岩分布,裸露砒砂岩区和覆沙砒砂岩分布也相对较多,这在一定程度上也降低了土地生产力。

② 中土地资源承载力区。中土地资源承载力区主要包括鄂托克旗和伊金霍洛旗。鄂托克旗是鄂尔多斯市面积最大、资源种类最全、以畜牧业为主、工业占主导的多元产业集中的旗区,年耕地面积占总面积的比例相对较少,2015 年该旗区耕地面积最大(159.50km²),但也仅占总面积的 0.79%。人口数量和人口密度相应较低,2000—2015 年人口密度为 4~5 人/km²,土地资源的压力相对较小。伊金霍洛旗地处鄂尔多斯市的东南部,毛乌素沙漠的东北边缘,是全国第三大产煤县,耕地面积所占比重不大,从 2000—2015 年耕地面积逐渐减少。2015 年耕地面占总面积的 4.2%,粮食产量 2002 年达到最大值(1.20×10^8 kg),2015 年粮食产量为 8.97×10^7 kg;人口密度 2000 年为 26 人/km²,2015 年为 32 人/km²。

③ 低土地资源承载力区。低土地资源承载力区主要包括达拉特旗、鄂托克前旗、杭锦旗和乌审旗。鄂托克前旗、杭锦旗和乌审旗土地面积都较大、人口相对较少、人口密度较低。鄂托克前旗从 2000—2015 年为 6 人/km²。杭锦旗 2000—2005 年为 7 人/km²,之后为 8 人/km²。乌审旗 2000—2005 年为 8 人/km²,之后为 9 人/km²,2015 年为 10 人/km²。在耕地利用方面,2000—2015 年杭锦旗和乌审旗都表现为先增加后减少的趋势,耕地利用面积有所增加,鄂托克前旗耕地面积则是先下降后增加的趋势,总体上面积略有减少。达拉特旗属于农业大旗,是鄂尔多斯市的粮食主产区。2000—2015 年除 2003 年所占比例较少外(31.19%),其他年份都占 32%~49% 水平。耕地面积在所有旗区中所占比例仅次于准格尔旗,约占鄂尔多斯市耕地总面积的 26.5%,耕地利用面积从 2000—2015 年呈逐渐增加的趋势。达拉特旗的人口密度仅次于东胜区,2000—2015 年人口密度在 40~45 人/km² 之间变化。

通过 2000—2015 年人粮关系分析鄂尔多斯高原砒砂岩区土地资源承载力,主要可以得出以下结论。

2000—2015年鄂尔多斯市土地资源承载力总体上呈波动增加的趋势,而土地资源承载指数则相反,呈波动下降的趋势。鄂尔多斯市粮食产量呈逐渐增加的趋势,从2000—2015年基本都处于粮食盈余的状态,还有一定的人口容纳能力。鄂尔多斯市整体上虽然生态环境脆弱,但全区人口密度相对较低(15~18人/km^2),这应是鄂尔多斯基于人粮关系的土地资源承载力尚有一定的盈余的主要原因。

鄂尔多斯市内部不同区旗土地资源承载力差异较大。高土地资源承载力区主要包括东胜区和准格尔旗,其中东胜区为严重超载的地区,需要一定的粮食调入,人粮矛盾比较突出;准格尔旗则处于人口超载和人粮平衡的状态,也存在一定的人粮矛盾。鄂托克旗和伊金霍洛旗属于中土地资源承载力区。此区从2000—2015年的16年间,大部分年份处于粮食盈余状态,只有少数年份处于人粮平衡或人口超载的状态。而鄂托克前旗、杭锦旗、乌审旗和达拉特旗都属于低土地资源承载力区,2000—2015年一直处于粮食盈余状态,尚存一定的人口承载能力。对应到砒砂岩面积和人口分布方面,东胜区和准格尔旗由于砒砂岩广布,生态环境比较脆弱,土地承载力从2000—2015年均处于人口超载的状态。其他旗区由于土地面积较大、人口密度较低,生态环境破坏较轻,土地资源的承载压力较小,土地承载力处于粮食盈余状态。

5.4 砒砂岩区生态承载力维持提升阈值

砒砂岩集中分布于中国西北部的黄土高原北部晋陕蒙接壤地区的鄂尔多斯高原,在内蒙古自治区鄂尔多斯市的东胜区、准格尔旗、伊金霍洛旗、达拉特旗、杭锦旗,陕西的神木和府谷县,山西的河曲、保德和清水县。总面积为11682km^2,占晋陕蒙接壤地区总面积的22.5%(毕慈芬等,2003)。该区气候干旱,属于典型的温带大陆性气候,水土流失严重、风沙灾害频发,是黄土高原最严重的生态脆弱带。改革开放以来,西北地区砒砂岩分布区的经济得到了快速发展。以砒砂岩分布面积较广的鄂尔多斯市为例,21世纪以来鄂尔多斯市已实现了从以农牧业经济为主导向以工业经济为主导的历史性转变,其羊绒生产加工和销售量占中国的1/2、全世界的1/3,煤炭生产企业年生产能力占内蒙古自治区的60%,2000年城镇居民人均可支配收入年均增长13.5%,农牧民人均纯收入年均增长14.4%,创造了著名的"鄂尔多斯经济现象"。另外,在人口和经济快速发展的同时,人类必然对当地砒砂岩区生态环境施加的压力达到一个新的水平,科学评价改革开放,尤其是21世纪以来西北地区砒砂岩分布区的生态环境状况,对于当地政府决策部门全面了解经济发展和生态治理保护现状,及时采取适当的发展策略以实现当地生态、经济和社会的可持续发展具有积极的意义。

植被作为地理环境的重要指示因子，能够较好地反映当地的水、热和土壤等生态环境特征而被广泛应用在生态环境评价研究中（闫峰等，2013）。作为传统地面植被调查手段的重要补充，遥感技术具有宏观、动态和经济性等优势在植被监测方面得到了快速发展。植被指数耦合了地物的红外和红光波谱信息能够较好体现植被生长状况而被广为应用（闫峰等，2015）。Weiss 等（2004）对美国新墨西哥州中部半干旱区的植被在不同的时间尺度上的变换做了深入的研究，得出 NDVI 的波动在春季的空间一致性大于夏季。Al-Bakri 等（2003）利用 NOAA-AVHRR 数据监测植被生态环境，得出 NDVI 值与灌丛地上生物量关系显著的结论。虽然 NDVI 是当前应用最为广泛的植被指数，但在实际应用中也存在较易受大气噪声、土壤背景、红光饱和等问题的制约。增强型植被指数（EVI）在计算中则继承了 NDVI 的优点并引入了蓝光波段，改善了 NDVI 在高生物量区域红光饱和的现象，并有效地降低了大气和土壤背景噪声的影响，从而极大地提高了对植被的监测能力（Huete et al.，2002；闫峰等，2009）。西北砒砂岩区地处荒漠生态系统分布区，地表植被相对稀疏、地表裸露程度相对较高，采用 EVI 数据能够较好地实现当地生态环境监测评价（Yan et al.，2015）。砒砂岩区地表由于受到流水侵蚀、重力崩坍和冻融塌陷等多营力的共同作用，其地表也相应表现出高原广布、沟壑交错的特征，砒砂岩坡顶、坡中和坡底沟道中的植被生长状况也存在较大的差异，科学评价西北砒砂岩区地表植被生长状况的评估必须综合考虑地形因素的影响。因此，本研究以西北的砒砂岩区为研究区，采用 2000—2018 年 MODIS-EVI 及 DEM 数据，研究不同类型砒砂岩区植被覆盖度变化及与地形因子的关系，分析不同地形条件下植被盖度恢复最大阈值，为砒砂岩区的生态环境治理和生态建设效益评价提供科学依据。

5.4.1 研究数据

为了能够连续且完整地实现西部砒砂岩区植被生长状况动态监测，本研究选择 2000—2018 年 MOD13Q1-EVI 数据。数据来源于美国地质调查局地球资源观察和科学中心的宇航局陆地过程分布式数据档案中心。MODI13Q1 数据的空间分辨率为 250m，时间分辨率是 16d，年内对应时间为当地植物的生长季（3~10 月）。对下载的 MOD13Q1 数据利用 MRT 软件进行拼接和投影变换，投影类型为 Albers 等积割圆锥投影（中央经线为 105°E，纬线为 25°N 和 47°N）。采用国际通过的最大值合成法（MOV）计算获得 2000—2018 年最大 EVI 影像序列，在此基础上对研究区编辑进行裁剪，生成可直接供下文使用的 2000—2018 年西北晋陕蒙砒砂岩区 EVI 影像数据集。

数字高程模型（DEM）数据来源于中国科学院计算机网络信息中心地理空间数据云平台（http：//www.gscloud.cn），对下载的 DEM 数据进行拼接和投影变换后计算坡度和坡向。对于坡度的划分,根据《第二次全国土地调查技术规程》,按坡度≤2°、2°~6°、6°~15°、15°~25°、>25°共划分为5个级别(图5-10)。对于坡向,主要分为平地、北坡(315°~45°)、东坡(45°~135°)、南坡(135°~225°)、西坡(225°~315°),分别表示平地、阴坡、半阴坡、半阳坡和阳坡。

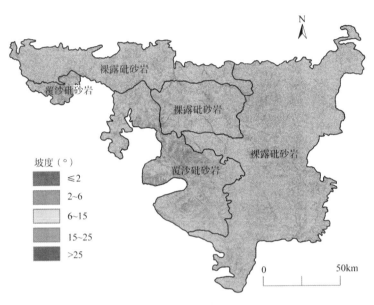

图 5-10　砒砂岩区坡度空间分布(文后彩版)

5.4.2　研究方法

(1) 植被盖度

植被覆盖度是指植被在地面上的垂直投影面积占统计区总面积的百分比。西北砒砂岩地区沙化现象严重、植被相对稀疏,地物空间异质性十分明显,对应到遥感影像上存在大量的混合像元。在混合像元分解方法研究中,基于像元二分模型的混合像元分析法基于混合像元中各端元光谱贡献率进而实现混合像元的信息分解,因其估算植被覆盖度不需要实测数据、精度高、原理简单而被广泛使用。常用的像元二分模型主要有 Gutman 模型和 Carlson 模型,分别适用于植被覆盖度较高和较低的覆盖区。针对砒砂岩区植被稀疏的特点,本文选取 Carlson 模型来估算植被覆盖度。Carlson 模型的基本原理是假设每个像元都可分解为纯植被和纯土壤两部分,则像元的信息 S 可以表达为植被覆盖信息 S_v 与土壤覆盖信息 S_s 之和:

$$S = S_v + S_s \tag{5-9}$$

对于只包含土壤和植被信息的像元,有植被覆盖的区域所占的面积就是该像元的植被覆盖度 FVC,无植被覆盖区域所占的面积比例为 $1-FVC$,则植被覆盖度可表示为:

$$FVC = (EVI - EVI_{soil}) / (EVI_{veg} - EVI_{soil}) \tag{5-10}$$

式中：FVC 表示植被覆盖度；EVI_{soil}、EVI_{veg} 分别表示纯土壤像元和纯植被像元的 EVI 值。像元二分模型的关键是确定 EVI_{soil}、EVI_{veg} 的值，对于纯裸地像元，EVI_{soil} 理论上应该接近 0，但实际上由于大气条件、地表湿地和太阳光照条件等的影响，其值的变化范围在 -0.1~0.2 之间。对于纯植被像元，由于植被类型及其构成、植被生长季相变化都会造成 EVI_{veg} 的变异。因此，本研究采用 0.5% 的置信度，分别选取研究范围内累计为 0.5% 和 99.5% 的 EVI 值为 EVI_{soil} 和 EVI_{veg}，把 EVI_{soil}、EVI_{veg} 代入式(5-10)计算 2000—2018 年对应的 FVC。

（2）趋势分析

趋势分析是通过对不同栅格的变换趋势进行模拟，对不同时期植被变化的空间特征进行分析（闫峰等，2018）。本研究采用一元线性回归模型来模拟 2000—2018 年 FVC 变换信息预测其变化趋势，FVC 变化趋势用最小二乘拟合直线来表示，表示为：

$$\theta_{slope} = \frac{\sum_{i=1}^{n}(x_i - \bar{x})(y_i - \bar{y})}{\sum_{i=1}^{n}(x_i - \bar{x})^2} \tag{5-11}$$

式中：θ_{slope} 为回归方程的斜率；i 为年序号（$i = 1, 2, \cdots, 19$）；x_i 为自变量；y_i 为因变量。$\theta_{slope} > 0$ 表示 FVC 呈增加趋势，$\theta_{slope} < 0$ 表示 FVC 呈减少趋势，$\theta_{slope} = 0$ 表示趋势无变化。趋势的显著性采用 F 检验，表示为：

$$F = U \times \frac{n-2}{Q} \tag{5-12}$$

式中：$U = \sum_{i=1}^{n}(\hat{y}_i - \bar{y})^2$ 为误差平方和；$Q = \sum_{i=1}^{n}(y_i - \hat{y}_i)^2$ 称为回归平方和；y_i 为第 i 年覆盖度的像元值；$\hat{y}_i$ 为回归值；$\bar{y}$ 为监测时段覆盖度的平均值；n 为监测年数。

根据检验结果将趋势分级为：极显著减少（$\theta_{slope} < 0$，$P < 0.01$）、显著减少（$\theta_{slope} < 0$，$P < 0.05$）、变化不显著（$\theta_{slope} = 0$，$P > 0.05$）、显著增加（$\theta_{slope} > 0$，$0.01 < P < 0.05$）和极显著增加（$\theta_{slope} > 0$，$P < 0.01$）等 5 个级别。

（3）地形效应

变异系数 CV（Coefficient of Variation）是数据的变异指标与其平均指标，主要分为全距系数、平均差系数和标准差系数。本文在评价地形对 FVC 影响效应时，主要采用以阳坡与阴坡的 FVC 差异幅度的平均差系数表达（吴志杰等，2017），表示为：

$$CV = MD/\text{Mean} \times 100\% \tag{5-13}$$

式中：MD 表示阳坡与阴坡 FVC 均值差；Mean 表示各坡向 FVC 均值。CV 值接近 0，表示阴阳坡 FVC 差异越小；CV 为负值表示阳坡小于阴坡的 FVC；CV 为正值表示阳坡大于阴坡的 FVC。

5.4.3 结果与分析

(1) 植被覆盖度时空变化

分析2000—2018年西北砒砂岩区植被盖度变化(图5-11),2000—2018年西北砒砂岩区 FVC 相对较低,多年平均 FVC 为0.226,FVC 正距平的年份主要有12a,其中以2018年、2013年和2012年相对最高,FVC 分别为0.273、0.266和0.261;FVC 负距平的年份主要有7a,其中以2001年、2000年和2011年相对最低,FVC 分别为0.159、0.173和0.176。2000—2018年砒砂岩区年平均 FVC 呈现出逐渐上升的趋势,FVC 平均按2.43/a的速率递增。

对于砒砂岩不同类型区,2000—2018年覆土、覆沙和裸露砒砂岩区 FVC 整体上均表现为不断增加的趋势,多年平均植被盖度增加速率分别为2.58%/a、2.19%/a和2.41%/a,覆土砒砂岩区和裸露砒砂岩区 FVC 增速高于覆沙砒砂岩区。覆土砒砂岩区植被多年平均覆盖度为0.250,正距平年份中以2018年、2013年和2012年相对最高,负距平年份中以2001年、2000年和2011年相对最低;覆沙砒砂岩区植被多年平均覆盖度为0.222,正距平年份中以2018年、2013年、2012年和2009年相对最高,负距平年份中以2001年、2011年和2000年相对最低;裸露砒砂岩区植被多年平均覆盖度为0.185,正距平年份中以2012年、2013年和2018年相对最高,负距平年份中以2011年、2000年和2001年相对最低。2000—2018年西北砒砂岩区和砒砂岩不同类型区 FVC 在时间变化方面,主要表现为2001年、2000年和2011年相对最低,2018年、2013年和2012年相对最高,FVC 呈现出不断增加的趋势。

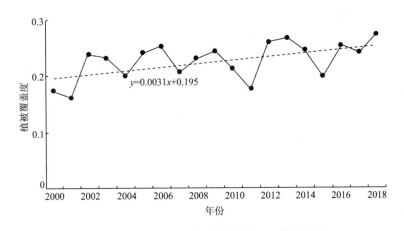

图5-11 2000—2018年砒砂岩区 FVC 均值变化

在不同 FVC 面积占比分析方面,为直观体现西北砒砂岩区不同级别 FVC 变化,分别按照 $0<FVC<0.1$、$0.1\leq FVC<0.2$、$0.2\leq FVC<0.3$、$0.3\leq FVC\leq 0.4$ 和 $FVC>0.4$ 分级,计算统计砒砂岩区不同级别 FVC 面积变化情况(表5-9)。

表 5-9 2000—2018 年砒砂岩区不同 FVC 所占面积百分比

年份	$FVC<0.1$	$0.1\leqslant FVC<0.2$	$0.2\leqslant FVC<0.3$	$0.3\leqslant FVC\leqslant 0.4$	$FVC>0.4$
2000	8.62	65.74	22.26	2.67	0.71
2001	8.43	77.25	12.48	1.29	0.55
2002	1.06	34.10	46.60	15.46	2.79
2003	0.97	38.62	45.90	11.75	2.76
2004	4.52	50.53	39.05	5.08	0.82
2005	1.95	28.79	52.70	14.35	2.21
2006	0.91	25.43	51.53	18.80	3.33
2007	2.00	49.38	42.34	5.44	0.85
2008	2.16	33.88	51.31	11.24	1.42
2009	0.94	28.16	52.92	15.26	2.71
2010	2.53	47.19	41.10	8.30	0.89
2011	9.97	59.13	28.75	1.90	0.24
2012	1.48	15.16	58.19	22.57	2.60
2013	1.46	16.67	51.45	27.27	3.15
2014	1.50	23.04	57.65	16.45	1.36
2015	5.26	46.90	43.15	4.27	0.42
2016	1.48	22.01	53.52	21.33	1.66
2017	1.80	30.76	45.80	19.19	2.45
2018	0.96	17.56	45.02	32.55	3.91

结果表明：$FVC<0.1$ 的面积以 2011 年、2000 年和 2001 年相对最多，分别占砒砂岩总面积的 9.97%、8.62% 和 8.43%，2006 年、2018 年和 2003 年相对最低，分别占总面积的 0.91%、0.96% 和 0.97%；2000—2018 年 $FVC<0.1$ 的面积呈不断减少的趋势。$0.1\leqslant FVC<0.2$ 的面积以 2001 年、2000 年和 2011 年相对最多，分别占砒砂岩区总面积的 77.25%、65.74% 和 59.13%，2012 年、2013 年和 2018 年相对最低，分别占总面积的 15.16%、16.67% 和 17.56%。$0.2\leqslant FVC<0.3$ 的面积以 2012 年、2014 年和 2016 年相对最多，分别占砒砂岩区总面积的 58.19%、57.65% 和 53.52%，2001 年、2000 年和 2004 年相对最低，分别占总面积的 12.48%、22.26% 和 39.05%。$0.3\leqslant FVC\leqslant 0.4$ 的面积以 2018 年、2013 年和 2012 年相对最多，分别占砒砂岩区总面积的 32.55%、27.27% 和 22.57%，2001 年、2011 年和 2000 年相对最低，分别占总面积的 1.29%、1.90% 和 2.67%。$FVC>0.4$ 的面积以 2018 年、2006 年和 2013 年最多，分别占砒砂岩区总面积的 3.91%、3.33% 和 3.15%，2011 年、2015 年和 2001 年相对最少，分别占总面积的 0.24%、0.42% 和 0.55%。总体来看，2000—2018 年砒砂岩区 FVC 相对较低，$FVC<0.3$ 的面积以 2001 年、2000 年和 2011

年相对最高,面积占比分别为98.16%、96.62%和97.85%,$FVC \geq 0.3$的面积以2018年、2013年和2012年相对最高,面积占比分别为36.48%、30.42%和25.17%。

砒砂岩区FVC空间变化方面,总体上呈现出由东南向西北逐渐降低的特征,但不同类型的砒砂岩区FVC存在较大的差异。裸露砒砂岩区FVC相对最低为0.185,覆沙砒砂岩区FVC为0.222,覆土砒砂岩区FVC相对最高为0.250。分析西北砒砂岩区FVC变化趋势(图5-12),发现2000—2018年的19年间FVC平均变化率为0.0031,西北部主要以负值为主,最低值为-0.0388,而东南部的值则相对较高,最大值为0.0395。变化率的显著性检验表明:FVC极显著减少面积所占的比例最大为51.45%,极显著增加的区域占32.04%,显著增加的区域占14.28%,显著减少和变化不显著的区域所占的面积比相对较小,分别为1.37%和0.86%。

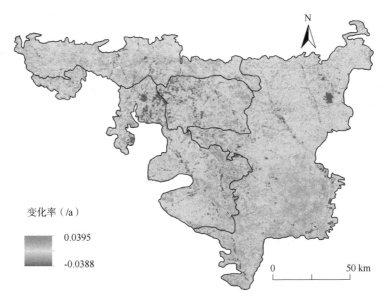

图5-12 砒砂岩区FVC空间变化趋势(文后彩版)

(2)地形效应

砒砂岩分布区地表受到流水、重力和风力等作用的影响,不同砒砂岩类型区植被立地地形条件存在较大的空间差异,并成为当地植被生长的重要影响因素。在众多的地形因素表达因子中,高程、坡度和坡向能够较好地反映植被立地条件的变化差异,而被广泛应用于植被景观变化评价中(Wang et al.,2020)。砒砂岩区植被生长的地形效应研究主要从高程、坡度和坡向等方面展开。

西北砒砂岩区主要位于鄂尔多斯高原区,高程范围为774~1648m,其中1100~1500m面积占总面积的81.05%;高程1000~1100m占总面积9.79%,<1000m和>1500m区域所占的面积分别占总面积的5.49%和3.67%。根据砒砂岩区高程分布实况,分别按照

≤1000m、1000～1100m、1100～1200m、1200～1300m、1300～1400m、1400～1500m 和 >1500m高程差异，研究不同海拔梯度西北砒砂岩区 FVC 的变化。

计算不同高程范围内 FVC 面积变化(图 5-13)，结果表明不同高程 FVC<0.1 的区域所占面积相对最小，但不同高程其所占比例存在一定的差异，高程≤1000m 内 FVC<0.1 所占比例最高为 1.95%，高程 1400～1500m 次之为 1.61%。高程 1000～1300m 内随着高程增加 FVC<0.1 的面积逐渐降低，高程 1300～1400m 内随着高程增加，FVC<0.1 面积开始逐渐上升。出现这种情况的可能原因是 FVC<0.1 大部分位于裸露砒砂岩区，在高程相对较低地区，流水侵蚀、人类放牧等因素对地表植被破坏相对较大，而随着高程的增加，人类活动影响相对降低。砒砂岩分布区 $0.1 \leq FVC<0.2$ 所占的面积总体上呈现出随着高程的增加而增加的趋势，其中以高程>1500m 所占面积最大为 61.85%，其次是高程 1400～1500m 和 1300～1400m 所占面积比例分别为 59.48% 和 47.07%，高程≤1000m 面积占比最低为 16.13%。$0.2 \leq FVC<0.3$ 在各个高程所占面积比都相对较高，其中以高程 1100～1200m 所占的比例最大为 71.3%，其次是高程 1200～1300m 面积占比为 66.94%，高程>1500m 所占的面积比最小为 31.50%。$0.3 \leq FVC \leq 0.4$ 在各高程所占面积相对较小，且在不同高程内的面积存在较大差异，其中以高程<1200m 面积所占的比例相对较大，最大值为高程 1000～1100m面积占比为 19.99%，高程>1200m 面积占比开始降低，高程 1400～1500m 面积占比相对最小为 2.56%。FVC>0.4 在各高程范围内所占的比例相对较低，其中高程≤1000m面积为最大，为总面积的 4.83%，高程 1100～1200m 面积占比次之为 0.79%，高程 1400～1500m 最低为 0.26%。

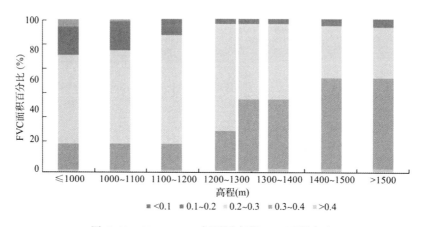

图 5-13　2000—2018 年不同高程 FVC 面积占比

分析砒砂岩区不同高程 FVC 的变化(图 5-14)，可以发现高程≤1300m 时，覆土砒砂岩区 FVC 大于覆沙砒砂岩区，高程>1300m 时覆土砒砂岩区 FVC 则小于覆沙砒砂岩区，高程>1500m 无覆土砒砂岩分布。裸露砒砂岩区在高程 1000～1200m 内 FVC 大于覆沙砒砂岩，高程 1000~1100m 内 FVC 大于覆土砒砂岩和覆沙砒砂岩,其他高程区则相反。裸露砒砂岩区和覆土砒砂岩区 FVC 相对高值区位于 1000~1100m 高程带,覆沙砒砂岩区 FVC 相对高值则分布在 1300~1400m 高程带。分析砒砂岩区不同高程和坡向的 FVC 变化(表 5-10)发现其数值差异不大,但是在裸露砒砂岩区高程 1000~1100m 范围内,半阳坡 FVC 相对较大为 0.3~0.4,阳坡、半阴坡和阴坡坡向 FVC 则小于半阳坡,FVC 主要介于 0.2~0.3 之间。

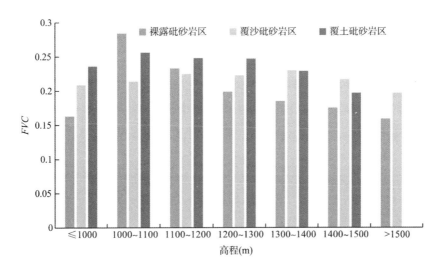

图 5-14 砒砂岩区不同高程内 FVC 均值变化

表 5-10 不同高程和坡向砒砂岩区 FVC 变化

类型	坡向	≤1000m	1000~1100m	1100~1200m	1200~1300m	1300~1400m	1400~1500m	>1500m
$FVC_{裸露砒砂岩区}$	阳坡	0.172	0.282	0.23	0.197	0.185	0.174	0.159
	半阳坡	0.166	0.328	0.232	0.200	0.186	0.175	0.159
	半阴坡	0.195	0.262	0.234	0.202	0.186	0.175	0.16
	阴坡	0.154	0.284	0.234	0.199	0.184	0.175	0.158
$FVC_{覆沙砒砂岩区}$	阳坡	0.209	0.217	0.226	0.223	0.229	0.215	0.194
	半阳坡	0.222	0.211	0.223	0.223	0.230	0.218	0.197
	半阴坡	0.209	0.213	0.224	0.223	0.230	0.220	0.199
	阴坡	0.215	0.216	0.226	0.224	0.229	0.217	0.199
$FVC_{覆土砒砂岩区}$	阳坡	0.264	0.254	0.248	0.245	0.228	0.199	—
	半阳坡	0.263	0.258	0.249	0.247	0.229	0.195	—
	半阴坡	0.265	0.258	0.249	0.248	0.231	0.197	—
	阴坡	0.265	0.253	0.247	0.247	0.229	0.199	—

分析不同海拔梯度各坡向 FVC 的变异系数表明(表5-11)：砒砂岩区高程≤1000m 和 1100~1200m 时，高程对 FVC 的影响较小。高程 1200~1300m 时阳坡的 FVC 小于阴坡，出现负偏离现象，CV 为-0.43；高程 1000~1100m、1300~1500m 和>1500m 时，阳坡的 FVC 大于阴坡，出现正偏离，尤其是高程>1500m 时 CV 值最大为 3.21，其他高程范围均表现为阳坡的 FVC 略大于阴坡。不同的砒砂岩类型在各高程带 CV 差异也较大。裸露砒砂岩区高程≤1000m 时阳坡 FVC 远大于阴坡，高程对 FVC 的影响较大，CV 值为 11.04；高程 1000~1300m 和 1400~1500 阴坡 CV 值大于阳坡，出现负偏离现象；其他高程带则为正偏离。覆沙砒砂岩区高程>1500m，高程对 FVC 的影响较大，CV 为-2.54，高程 1100~1200 和 1300~1400m，高程对 FVC 影响较小，CV 值为0，其他高程范围内高程对 FVC 影响不是很大。覆土砒砂岩区的高程对 FVC 的影响要小于裸露砒砂岩和覆沙砒砂岩区，其中以 1200~1300m 的影响最大，CV 值为-0.81，其他高程带则相对较小。

表 5-11 砒砂岩区不同高程内 CV 变化

类型	≤1000m	1000~1100m	1100~1200m	1200~1300m	1300~1400m	1400~1500m	>1500m
$CV_{裸露砒砂岩区}$	11.04	-0.70	-1.72	-1.01	0.54	-0.57	0.63
$CV_{覆沙砒砂岩区}$	-0.03	0.47	0	-0.45	0	-0.92	-2.54
$CV_{覆土砒砂岩区}$	-0.38	0.39	0.4	-0.81	-0.44	0	—
$CV_{平均}$	0	0.79	0	-0.43	0.97	0.53	3.21

采用西北砒砂岩区 DEM 数据，按坡度≤2°、2°~6°、6°~15°、15°~25°和>25°划分为 5 个坡度等级。分析砒砂岩区坡度变化，可以发现坡度变化范围主要分布在 0.4°~87.7°之间，其中以坡度 6°~15°所占的面积最大，占砒砂岩区总面积的 48.58%，2°~6°坡度所占的面积次之，占总面积的 27.65%，坡度≤2°和>25°的坡度面积相对较小，分别占总面积的 5.9% 和 2.67%。

2000—2018 年西北砒砂岩区不同坡度带 FVC 均值存在较大的差异(图 5-15)，0.2≤FVC<0.3 在各坡度带所占的面积均相对较大，其中坡度>25°时面积达到 70.03%，随着坡度的增大其面积占比相对降低；0.1≤FVC<0.2 则表现为随着坡度的增加，其面积占比逐渐降低；FVC<0.1 和 FVC>0.4 的分布面积表现为随着坡度的增加面积占比开始下降，至 15°~25°达到最低，之后开始上升。总体上各坡度带 FVC<0.1 和 FVC>0.3 所占的面积相对较小，在坡度变化方面，坡度越缓 FVC 低值区面积占比越大，坡度越陡 FVC 在高值区面积所占的比例越大。各个坡度带 FVC 均值随着坡度的加大而逐渐增加。

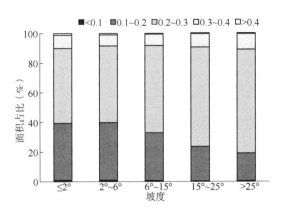

图 5-15 不同坡度带 FVC 均值面积变化

分析不同类型砒砂岩区不同坡度和坡向水平的 FVC 变化表明(表 5-12),FVC 在不同坡度带表现出覆土砒砂岩的 FVC 大于覆沙砒砂岩,覆沙砒砂岩大于裸露砒砂岩区的变化特征。裸露砒砂岩区坡度较缓地区的 FVC 相对较大,随着坡度的增加 FVC 相对降低,当坡度>15°时 FVC 则相对增加。覆沙砒砂岩区,FVC 在各个坡度带的平均值差异不大(约为 0.222~0.223)。覆土砒砂岩区 FVC 从坡度≤2°时的 0.254 减少为坡度>25°时的 0.247,表现为随着坡度的增加 FVC 相对降低的特征。不同砒砂岩类型区在不同坡度带和不同坡向上的变化方面差异相对不大,主要表现为裸露砒砂岩区在阳坡、半阳坡、阴坡和半阴坡的 FVC 在 0.1~0.2 之间,坡度>25°的阴坡 FVC>0.2;覆沙砒砂岩区和覆土砒砂岩区在各坡度带不同坡向的 FVC 主要分布在 0.2~0.3 范围内。

表 5-12 不同坡度和坡向砒砂岩区 FVC 变化

类型	坡向	≤2°	2°~6°	6°~15°	15°~25°	>25°
$FVC_{裸露砒砂岩区}$	阳坡	0.189	0.185	0.182	0.185	0.188
	半阳坡	0.188	0.185	0.185	0.187	0.177
	半阴坡	0.188	0.186	0.185	0.19	0.193
	阴坡	0.188	0.186	0.182	0.186	0.202
$FVC_{覆沙砒砂岩区}$	阳坡	0.222	0.222	0.221	0.224	0.219
	半阳坡	0.222	0.223	0.222	0.22	0.214
	半阴坡	0.223	0.223	0.222	0.223	0.222
	阴坡	0.223	0.223	0.222	0.223	0.225
$FVC_{覆土砒砂岩区}$	阳坡	0.254	0.252	0.248	0.245	0.242
	半阳坡	0.252	0.252	0.25	0.25	0.252
	半阴坡	0.254	0.252	0.251	0.251	0.251
	阴坡	0.253	0.253	0.248	0.246	0.245

结合不同砒砂岩类型区 FVC 随坡度变化的变异特征(表 5-13),可以发现当坡度≤2°时,FVC 平均值的变异系数为-0.45%,阳坡的 FVC 小于阴坡,存在负偏离。随着坡度的增大,阳坡的 FVC 大于阴坡,在 6°~15°范围内达到最大为 0.89%,当坡度>15°时坡向对 FVC 的影响消失。对于不同的砒砂岩类型,其 FVC 的坡度效应差异很大。裸露砒砂岩区,坡度≤2°时,阳坡的 FVC 略大于阴坡,2°~6°和 15°~25°范围内,阴坡的 FVC 大于阳坡。坡度>25°时,坡度对 FVC 的影响特别大,CV 值为 5.88%。覆沙砒砂岩区所表现的特征为除了 15°~25°范围阳坡 FVC 略大于阴坡外,其他坡度都是阴坡 FVC 大于阳坡。覆土砒砂岩区坡度≤2°时,阳坡 FVC 略大于阴坡,在 6°~15°范围无差异,其他坡度均表现为阴坡 FVC 大于阳坡。

表 5-13 砒砂岩区不同坡度的 CV 变化百分比

类型	≤2°	2°~6°	6°~15°	15°~25°	>25°
$CV_{裸露砒砂岩区}$	0.53%	-0.54%	0.00%	-0.54%%	5.88%
$CV_{覆沙砒砂岩区}$	-0.45%	-0.45%	-0.45%	0.45%	-2.73%
$CV_{覆土砒砂岩区}$	0.39%	-0.40%	0.00%	-0.40%	-1.21%
$CV_{平均}$	-0.45%	0.45%	0.89%	0.00%	0.00%

5.4.4 生态承载力维持提升阈值

在砒砂岩区生态承载力阈值指标确定方面,第一级指标根据砒砂岩地表物质覆盖状况,划分为覆土区、覆沙区、裸露区 3 个类型;第二级指标根据海拔高度进行划分为 3 类;第三级指标是根据坡度划分为≤15°、15°~25°、>25°等 3 个等级;第四级指标是根据坡向划分为半阳坡、阳坡、半阴坡和阴坡 4 个坡向。依照上述砒砂岩区生态承载力提升阈值指标体系,根据砒砂岩区植被盖度的地形效应,分类掩膜提取并计算三种砒砂岩类型区生态承载力维持和提升阈值。

(1) 覆土砒砂岩区

在覆土砒砂岩区,分析不同坡向、高程、坡度情境下 FVC 分布结果,分别计算分析其生态承载力维持与提升阈值。以高程≤1200m、坡度≤15°、阴坡的 FVC 分布为例,根据各像元分布频率直方图,其 FVC 峰值主要位于 0.353 附近,大部分数值分布于 0.240~0.487 之间,FVC≤0.487 的数值占总像元数的 90%,FVC>0.487 的数值数量较少且变化不稳定,主要表现为 FVC 快速增加且不连续。考虑到数值的异常变化以及像元累计频率约 90%已包含了的不同坡向、高程和坡度指标下绝大部分 FVC 值(图 5-16),选择累积百分比为 90%的 FVC 值作为指标下的植被覆盖阈值具有较好的代表性和可操作性。根据类似分析方法,建立起覆土砒砂岩区生态承载力提升阈值指标(表 5-14)。

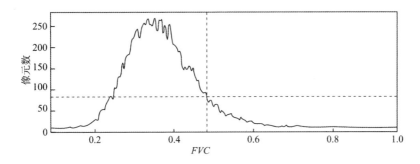

图 5-16　覆土区高程≤1200m、坡度≤15°、阴坡处 FVC 频率分布

表 5-14　覆土区生态承载力提升 FVC 阈值

高程	坡度	坡向			
		阴坡	半阳坡	阳坡	半阴坡
≤1200m	≤15°	0.487	0.493	0.491	0.492
	15°~25°	0.467	0.475	0.471	0.477
	>25°	0.458	0.475	0.461	0.480
1200~1300m	≤15°	0.447	0.443	0.443	0.446
	15°~25°	0.428	0.440	0.435	0.436
	>25°	0.422	0.435	0.431	0.456
>1300m	≤15°	0.405	0.408	0.407	0.413
	15°~25°	0.411	0.415	0.406	0.401
	>25°	0.422	0.436	0.417	0.396

覆土砒砂岩区，高程≤1200m、坡度≤15°在阴坡、半阳坡、阳坡和半阴坡 FVC 阈值分别为 0.487、0.493、0.491、0.492；坡度介于 15°~25°在阴坡、半阳坡、阳坡和半阴坡 FVC 阈值分别为 0.467、0.475、0.471、0.477；坡度>25°在阴坡、半阳坡、阳坡和半阴坡 FVC 阈值分别为 0.458、0.475、0.461、0.480。高程介于 1200~1300m，坡度≤15°在阴坡、半阳坡、阳坡、半阴坡 FVC 阈值分别为 0.447、0.443、0.443、0.446；坡度介于 15°~25°在阴坡、半阳坡、阳坡、半阴坡 FVC 阈值分别为 0.428、0.440、0.435、0.436；坡度>25°在阴坡、半阳坡、阳坡、半阴坡 FVC 阈值分别为 0.422、0.435、0.431、0.456。高程>1300m，坡度≤15°在阴坡、半阳坡、阳坡、半阴坡 FVC 阈值分别为 0.405、0.408、0.407、0.413；坡度介于 15°~25°在阴坡、半阳坡、阳坡、半阴坡 FVC 阈值分别为 0.411、0.415、0.406、0.401；坡度>25°覆土区在阴坡、半阳坡、阳坡、半阴坡 FVC 阈值分别为 0.422、0.436、0.417、0.396。

覆土砒砂岩区 FVC 阈值统计可以看出高程≤1200m 处的 FVC 阈值均高于 0.458 低于 0.493，高程介于 1200~1300m 处的 FVC 阈值均高于 0.422 低于 0.456，高程>1300m 处的

FVC 阈值均高于 0.396 低于 0.436。在高程低于 1300m 所有坡度区域与高程高于 1300m 坡度低于 15°区域，在高程坡度指标相同情况下，多为阴坡的 FVC 值最小；高程高于 1300m 坡度高于 15°区域，在高程坡度指标相同情况下，半阴坡的 FVC 值最小；总体可看出随着高程升高、坡度增加每种坡向上 FVC 值均有减小趋势。

（2）覆沙砒砂岩区

在覆沙砒砂岩区，分析不同坡向、高程、坡度情境下 FVC 像元分布结果，分别计算分析其生态承载力维持与提升阈值。以高程介于 1000~1500m、坡度≤15°、阴坡的 FVC 分布为例，根据各像元分布频率直方图，其 FVC 峰值主要位于 0.287 附近，大部分数值分布于 0.212~0.428 之间，FVC≤0.428 的数值占总像元数的 90%，FVC>0.428 的数值数量较少且变化不稳定，主要表现为 FVC 快速增加且不连续。考虑到数值的异常变化以及像元累计频率约 90% 已包含了的不同坡向、高程和坡度指标下绝大部分 FVC 值（图 5-17），选择累积百分比为 90% 的 FVC 值作为指标下的植被覆盖阈值具有较好的代表性和可操作性。根据类似分析方法，建立覆沙砒砂岩区生态承载力提升阈值指标（表 5-15）。

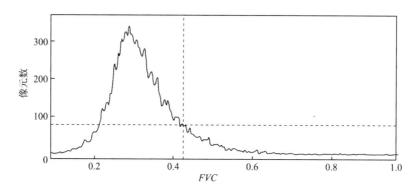

图 5-17 覆沙区高程 1000~1500m、坡度≤15°、半阳坡处 FVC 频率分布

表 5-15 覆沙区生态承载力提升 FVC 阈值

高程	坡度	坡向			
		阴坡	半阳坡	阳坡	半阴坡
≤1000m	≤15°	0.420	0.385	—	0.491
	15°~25°	—	—	—	—
	>25°	—	—	—	—
1000~1500m	≤15°	0.428	0.426	0.430	0.426
	15°~25°	0.414	0.412	0.414	0.404
	>25°	0.392	0.420	0.418	0.395
>1500m	≤15°	0.355	0.360	0.359	0.373
	15°~25°	0.412	0.394	—	0.404
	>25°	—	—	—	—

覆沙砒砂岩区，高程≤1000m，仅于坡度≤15°有 FVC 值，在阴坡、半阳坡、半阴坡 FVC 阈值分别为 0.420、0.385、0.491。高程介于 1000~1500m，坡度≤15°在阴坡、半阳坡、阳坡、半阴坡 FVC 阈值分别为 0.428、0.426、0.430、0.426；坡度介于 15°~25°在阴坡、半阳坡、阳坡、半阴坡 FVC 阈值分别为 0.414、0.412、0.414、0.404；坡度>25°覆沙区在阴坡、半阳坡、阳坡、半阴坡 FVC 阈值分别为 0.392、0.420、0.418、0.395。高程>1500m，坡度≤15°在阴坡、半阳坡、阳坡、半阴坡 FVC 阈值分别为 0.355、0.360、0.359、0.373；坡度介于 15°~25°在阴坡、半阳坡、半阴坡 FVC 值均在半阴坡值 0.394 以上，分别为 0.412、0.394、0.404。

根据覆沙砒砂岩区 FVC 阈值统计，高程≤1000m 处的 FVC 阈值高于 0.385 低于 0.491，高程介于 1000~1500m 处的 FVC 值均高于 0.392 低于 0.430，高程>1500m 处的 FVC 值均高于 0.355 低于 0.412。在覆沙砒砂岩区，植被覆盖多集中于高程≤1000m、坡度≤15°区域，高程介于 1000~1500m 所有坡度区域与高程>1500m、坡度<25°区域，其余区域植被较为稀疏难以观测植被覆盖度。分析在不同坡向、高程、坡度情境下覆沙砒砂岩区 FVC 值，总体可看出不同坡向的植被覆盖具有随着高程与坡度增加而减小的趋势。高程与坡度指标相同情况下，多为阴坡或半阴坡 FVC 值最低。

（3）裸露砒砂岩区

在裸露砒砂岩区，分析不同坡向、高程、坡度情境下 FVC 像元分布结果，分别计算分析其生态承载力维持与提升阈值。以高程介于 1000~1500m、坡度≤15°、阴坡的 FVC 分布为例，根据各像元分布频率直方图，其 FVC 峰值主要位于 0.259 附近，大部分数值分布于 0.161~0.368 之间，FVC≤0.368 的数值占总像元数的 90%，FVC>0.368 的数值数量较少且变化不稳定，主要表现为 FVC 快速增加且不连续。考虑到数值的异常变化以及像元累计频率约 90% 已包含了的不同坡向、高程和坡度指标下绝大部分 FVC 值（图 5-18），选择累积百分比为 90% 的 FVC 值作为指标下的植被覆盖阈值具有较好的代表性和可操作性。根据类似分析方法，建立起裸露砒砂岩区生态承载力提升阈值指标（表 5-16）。

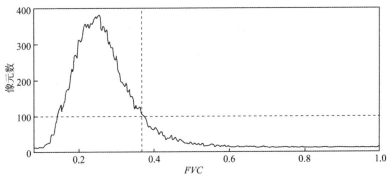

图 5-18 裸露区高程 1000~1500m、坡度≤15°、半阳坡处 FVC 频率分布

表 5-16 裸露区生态承载力提升 *FVC* 阈值

高程	坡度	坡向			
		阴坡	半阳坡	阳坡	半阴坡
≤1000m	≤15°	—	—	—	—
	15°~25°	—	—	—	—
	>25°	—	—	—	—
1000~1500m	≤15°	0.368	0.379	0.370	0.378
	15°~25°	0.367	0.366	0.364	0.370
	>25°	0.330	0.363	0.365	0.386
>1500m	≤15°	0.320	0.320	0.320	0.323
	15°~25°	0.314	0.342	0.340	0.322
	>25°	—	—	—	—

裸露砒砂岩区，高程介于1000~1500m，坡度≤15°裸露区在阴坡、半阳坡、阳坡、半阴坡 *FVC* 阈值分别为0.368、0.379、0.370、0.378；坡度介于15°~25°在阴坡、半阳坡、阳坡、半阴坡的 *FVC* 阈值分别为0.367、0.366、0.364、0.370；坡度>25°在阴坡、半阳坡、阳坡、半阴坡的 *FVC* 阈值分别为0.330、0.363、0.365、0.386。高程>1500m，坡度≤15°裸露区在阴坡、半阳坡、阳坡、半阴坡 *FVC* 阈值分别为0.320、0.320、0.320、0.323；坡度介于15°~25°在阴坡、半阳坡、阳坡、半阴坡 *FVC* 阈值分别为0.314、0.342、0.340、0.322。

根据裸露砒砂岩区 *FVC* 阈值统计，高程介于1000~1500m处的 *FVC* 阈值均高于0.330低于0.386，高程>1500m处的 *FVC* 阈值均高于0.314低于0.342。在裸露砒砂岩区植被覆盖多集中于高程1000~1500m所有坡度区域与高程>1500m、坡度<25°区域，其余区域植被较为稀疏，难以观测植被覆盖度。

分析在不同坡向、高程、坡度情境下裸露砒砂岩区 *FVC* 值，总体可看出不同坡向的植被覆盖具有随着高程与坡度增加而减小的趋势。高程与坡度指标相同情况下，多为阴坡或半阴坡 *FVC* 值最低。随着黄河流域生态治理上升为国家战略，砒砂岩区的生态治理也面临着更好的发展机遇。在植树造林(种草)的生态工程中，除了选用适合当地生长环境的植物类型外，必须充分考虑砒砂岩区生态承载力阈值状况，根据不同的砒砂岩类型按照海拔、坡度、坡向等地形差异下的生态承载最大阈值，合理控制植树造林(种草)的密度，提高砒砂岩区生态治理的经济性和科学性。

5.5 砒砂岩区生态承载力维持提升策略

5.5.1 生态承载力维持提升的理论支撑

(1) 可持续发展理论

可持续发展理论(Sustainable Development Theory)是指既满足当代人的需要，又不对后代人满足其需要的能力构成危害的发展，以公平性、持续性、共同性为三大基本原则。持续性是指生态系统受到某种干扰时能保持其生产力的能力。资源环境是人类生存与发展的基础和条件，资源的持续利用和生态系统的可持续性是保持人类社会可持续发展的首要条件。可持续发展涉及可持续经济、可持续生态和可持续社会三方面的协调统一，要求人类在发展中讲究经济效率、关注生态和谐和追求社会公平，最终达到全面发展。因此，砒砂岩区生态承载力的维持提升必须以可持续发展为基础，包括资源、社会经济和生态环境的可持续，从而实现区域的可持续发展。在此主要阐述砒砂岩区的水资源可持续利用、土地资源的可持续管理和区域的可持续发展。

(2) 水资源可持续利用

水资源是经济社会发展的基础性资源、战略性经济资源和公共性社会资源，对于区域生态环境安全和区域可持续发展具有重要意义，要维持和提升砒砂岩区生态承载力，必须维持水资源的承载力，确保水资源的可持续利用。鄂尔多斯市地处鄂尔多斯高原，属于干旱半干旱地区，水资源贫乏，地下、地表水可利用数量小，大气降水少而集中，属于严重贫水地区。在水资源严重匮缺、矿产资源丰富、土地广茂植被稀疏、生态环境脆弱的鄂尔多斯高原，合理利用水资源，充分发挥有限水资源的作用尤为重要。

鄂尔多斯地区属资源型缺水，社会经济的快速发展需要水资源的保障，增强鄂尔多斯市水资源承载能力，应当从社会、经济的进一步发展和保护生态环境出发，全面加强节水战略的实施，合理利用本地水资源，另外，鄂尔多斯市水资源空间分布不均，开发利用程度不同，可以实施跨区域调水工程，解决区域水资源紧缺的问题，提高水资源利用率，保障鄂尔多斯市社会经济的可持续发展。

全面推进节约型水资源利用模式。把节水作为一项长期性措施贯穿于砒砂岩区经济发展和生产生活的全过程。建立政府调控、市场引导、公众参与的节水型制度体系。在砒砂岩区种植沙棘、山杏等经济林以及在农林复合经营区域，必须采取节约型水资源利用模式，需要鄂尔多斯市统筹考虑水资源的分配和利用方式。在农业上，要抓好节水示范工程建设，提高有效灌溉面积；加快灌区配改步伐，用足用好黄河水，通过对引黄灌区的配套、节水改造，使有限的黄河水资源发挥最大的经济效益。调整农村产业结构，特别是在砒砂岩周边地区要利用政策和经济手段，积极扶持节水型产业的发展，扩大抗旱节水作物种植面积，确保农业增产增收。工业上，要采用新技术、新工艺、降低万元产值用水率，提高水的重复利用率。在生活上，要推行计量用水，积极推广使用先进的自动计量收费系统。节约用水是鄂尔多斯市必须长期坚持的水资源利用模式，包括农业用水、工业用水、生活用水和生态用水等。只有科学利用和合理分配有限的水资源，才能为生态建设特别是砒砂岩区的生态恢复提供足够的水资源。

完善水资源配置，提高用水效率，加大砒砂岩区现有工程节水改造、配套体系建设。采取因地制宜，分类指导，坚持传统和非传统水资源开发相结合，充分利用地表水，合理开发地下水，提高工业用水的重复利用率和农业灌溉水利用系数，构建水资源配置工程体系，完善水权置换机制，加大现有工程节水改造、配套体系建设。同时要大力倡导、推广城市中水等非传统水资源利用，构建较为完善的水资源配置体系，增加砒砂岩区水资源的有效供给。通过政府调整用水指标、节水、水权转换、用水补偿机制等综合措施，实现农牧业、工业、城镇、生态用水结构的优化配置，提高用水效率。加快南水北调工程的实施，从根本上解决黄河流域水资源的短缺，为砒砂岩区的生态修复寻找更多的水资源分配，以保证更好的修复效果。

建立水资源保护监测系统，形成水质水量监测网络系统。对砒砂岩区地表水、地下水动态进行自动化监测，建立自动化信息采集、传输、处理系统和决策支持系统，为水资源的管理和保护提供科学依据。由于水资源的监测与管理主要是以行政划分的区域，对砒砂岩区的水资源保护与监测需要鄂尔多斯政府统筹管理。因此，需要在现有监测和管理基础上，建立一套专门针对砒砂岩区的水资源保护监测系统，加强砒砂岩区的水资源利用、水质水量等方面的监测网络，包括对砒砂岩及其周边地区的污水排放的监测等。同时，鄂尔多斯市还应依法加强水资源的统一管理，把水资源的开发、利用、治理、配置、节约和保护有机地结合起来，以实现整个区域包括砒砂岩区的水资源管理质与量的统一，时间与空间的统一，开发与治理的统一，节约与保护的统一的局面。

(3) 可持续土地管理

可持续土地管理(Sustainable Land Management, SLM)，是指遵循社会经济和生态环境相结合的原则，将政策、技术和各种活动结合起来，以同时达到提高产出、减少生产风险、保护自然资源和防止土地退化、经济上有活力又能被社会所接受的土地管理方式。

土地作为人类赖以生存的重要条件，随着经济的快速发展和人类活动的增加，不仅使土地生态系统承受了巨大的压力，同时使土地资源属性发生了改变，土地的生态结构和功能不断下降，因此，加强土地的可持续管理和利用迫在眉睫。鄂尔多斯地形西高东低，西部为波状高原区，属典型的荒漠草原，东部为丘陵沟壑水土流失区和砒砂岩裸露区，北部为黄河冲积平原，中部为毛乌素沙地和库布其沙漠。

依据本项目对鄂尔多斯砒砂岩区土地资源承载力变化特征的研究结果：2000—2015年鄂尔多斯市土地资源承载力总体上呈波动增加的趋势，而土地资源承载指数则相反，呈波动下降的趋势。鄂尔多斯市内部不同区旗土地资源承载力差异较大。高土地资源承载力区主要包括东胜区和准格尔旗，其中东胜区为严重超载的地区，人粮矛盾比较突出；准格尔旗则处于人口超载和人粮平衡的状态，也存在一定的人粮矛盾；托克旗和伊金霍洛旗属于中土地资源承载力区；鄂托克前旗、杭锦旗、乌审旗和达拉特旗都属于低土地资源承载力区；对应到砒砂岩面积和人口分布方面，东胜区和准格尔旗由于砒砂岩广布，生态环境比较脆弱，土地承载力从2000—2015年均处于人口超载的状态。其他旗区由于土地面积较大、人口密度较低，生态环境破坏较轻，土地资源的承载压力较小。要维持和提升砒砂岩区生态承载力，必须维持和提升该区域的土地承载力，加强土地的可持续利用与管理。

优化土地资源配置。可持续土地资源管理，需要从行政、经济、法律等多种手段来优化配置。既要完善土地分配的相关法律法规内容，科学分配依据，使土地资源配置在法律许可的条件下运行。土地资源配置中，土地规划是重要内容，必须加强对各类土地资源利用的规划，运用科学技术进行数据挖掘与分析，对土地的供需关系进行合理调整，节约工业用地，提高其使用效率，高效利用农业用地，提升其生产能力，加大对生态用地的保护和修复力度，提升土地的整体生态承载力。

完善土地可持续管理机制。在当前的土地管理体制中，主要实行分级管理体制，土地管理各项业务都要相对明确的职能配置与分工，实行土地用途管制制度，但制度执行成本较高，管理环境不甚完善，因此需要进一步完善土地管理机制。建立健全可持续土地管理制度，除了传统定义中包含的土地所有制度、土地使用制度、土地规划、土地征用、土地税收等，也要强化土地分配转让、审批以及土地城乡规划的内容，加强土地城乡规划，科学配置，有利于砒砂岩区生态、经济和社会的可持续发展。

加强对可持续土地管理的评估。可持续土地管理战略的推进，既要保护土地资源、生态环境，也要在此基础上发挥土地价值，创造经济效益，其管理途径需要综合考虑如何维持和提升现有土地的生态承载力，因此需要加强对土地可持续管理程度和效率的评估。土地评估应综合考虑土地生产力、生产稳定性、经济可行性、社会可接受性，并将资源保护性放置于首要位置。对土地利用率进行科学评估，有利于集约利用土地，提升土地的生态承载力。

（4）区域可持续发展

区域可持续发展包括区域资源、经济、社会和生态的可持续发展。鄂尔多斯砒砂岩区生态承载力的大小也受到资源（包括土地资源、水资源、矿产资源等）、经济发展、社会因素（包括人口数量、社会经济结构、科技进步、居民的环保意识等）多方面的影响，因此，必须合理、有效地解决资源、经济、社会和生态之间的矛盾，推动区域可持续发展。

加快转变经济发展方式，解决资源消耗和经济发展的矛盾。鄂尔多斯是一个资源型地区，面对资源、生态环境和日益激烈的竞争，必须转变经济发展方式，建立多元经济结构、实现资源永续利用。加强调整和优化产业结构，做大做强支柱产业，推进支柱产业多元化发展。重点发展高新技术，提升产业实力，加快推进煤化工、天然气化工、新材料、新能源、节能环保等高新技术产业发展。利用高新技术改造支柱产业，通过技术改造提高支柱产业的技术装备水平，提升产业竞争力，突破制约区域产业链条延伸的关键技术，推动产业格局由资源型产业为主向资源型产业和非资源型产业协调发展转型。

加快发展现代服务业，解决经济发展与社会就业结构的矛盾。在当今世界经济发展中，第三产业已成为最具活力的产业。所以，加快发展第三产业是鄂尔多斯当前和今后相当长时间内经济社会发展的一项重要任务。鄂尔多斯工业经济的快速增长已为第三产业发展奠定了良好的基础，服务产品市场需求的空间广阔，第三产业发展潜力大。以现代经济和信息技术为特征的新兴第三产业不断涌现和壮大；通信与互联网、物流业等服务业的迅速发展，必将成为鄂尔多斯新的经济增长点。所以，鄂尔多斯在转变经济发展方式的过程中，既要加快推进一批重大服务业项目建设，不断提高服务业的比重，又要优化服务业结构，提升服务业层次和水平。

大力加强生态保护与修复，改善日益恶化的生态环境，解决生态环境与经济发展的矛盾。全面实施生态建设工程，解决该区域当前面临的荒漠化与水土流失严重的土地退化问题。对于砒砂岩严重的地区，一方面要提高水资源的利用率；另一方面要调整农林牧业的结构和布局，因地制宜地采取综合的保护与治理措施，改善和恢复砒砂岩区生态环境，并预防脆弱生态环境的继续破坏，实现生态环境的可持续发展。同时，全面建立生态补偿制度，完善生态补偿的政策、法律、法规等保障机制，明确不同类型砒砂岩区生态补偿的范围、对象、方式、标准等内容。对特殊区域可以采取生态移民措施，合理调整农村牧区人口布局，减少农村牧区人口数量，进而减少农牧业生产活动，从而形成与资源承载力和生态承载力相协调的产业体系。

5.5.2 砒砂岩区生态承载力维持提升对策

（1）砒砂岩区生态承载力维持提升总体策略

① 坚持生态保护优先的基本原则

党的十九大报告对"加快生态文明体制改革，建设美丽中国"作出重要部署，强调"必须坚持节约优先、保护优先、自然恢复为主的方针"。坚持生态保护优先，核心是处理好生态保护与经济社会发展之间的关系问题，实现人与自然和谐共生，这是建设美丽中国的理性选择和必然要求。在砒砂岩地区，要维持和提升现有生态承载力，也必须遵循生态保护优先的原则，坚持尊重自然、顺应自然、保护优先和自然恢复为主的方针，实行严格的生态环境保护制度。

坚持生态保护优先，要求根据资源-生态-承载力的现状确定砒砂岩地区的社会经济发展规划、区域发展战略、产业布局等，形成与生态承载力相适应的生产生活方式，维持和提升砒砂岩区生态承载力，从源头上扭转生态环境恶化的趋势。坚持生态保护优先，还有不断完善相关政策，要以增强生态系统服务功能、提高生态系统提供产品和服务能力为目标，科学规范砒砂岩区生态修复，对人工造林、种草等生态治理和修复工程进行科学论证和限制，宜林则林、宜草则草、宜荒则荒、宜封则封。完善生态建设相关政策，提高砒砂岩区生态补贴和补助的标准。

② 明确生态综合治理的主体思路

尽管多年来砒砂岩区的研究和治理取得了一定进展，但其生态系统退化趋势仍未得到有效遏制，必须在阐明砒砂岩区生态系统时空格局变化规律，揭示生态系统退化与复合侵蚀互馈机制的基础上，树立砒砂岩区生态综合治理的主体思路，维持和提升砒砂岩区生态承载力，实现砒砂岩区的可持续发展。

生态综合治理体现为生态修复与人工治理相结合。一般生态修复的做法概括起来主要为封禁和封育，包括封山禁牧或轮封轮牧、退耕还林(草)，部分水土流失特别严重地区可实行生态移民。生态修复主要是通过解除生态系统超负荷的压力，依靠自然的再生和调控能力，促进植被的恢复和水土流失的治理。但是，生态修复适宜地区的选择是有条件的，特别是砒砂岩地区的适宜程度和生态修复的难度较大，只能选择一些退化程度小、人口密度低和土地承载力小的砒砂岩区，尝试采用生态修复的治理措施。大部分砒砂岩区仍然要采用人工治理的措施。

生态综合治理体现为生物措施与工程措施相结合。生物措施主要包括防护林带、防护埂、沟底防冲林、经济林、防风固沙林带、护坡植物等，植被恢复措施主要以沙棘为突破口，结合栽种油松、柠条等植被。工程措施主要包括沟头防护工程、坡面工程(包括坡改梯、水平沟、鱼鳞坑等)、沟道工程(包括小型拦蓄工程、淤地坝等)。

生态综合治理体现为技术修复与政策扶持相结合。从治理措施的角度，砒砂岩治理技术包括生物治理技术、工程治理技术、抗蚀促生技术及砒砂岩改性筑坝技术等；从治理模式或治理途径的角度，砒砂岩治理技术包括复合土壤侵蚀治理技术、退化植被恢复重建技术、砒砂岩区资源开发与利用技术等。在砒砂岩生态治理技术的研发与应用中，必须结合当地的政策支持，才能保障砒砂岩区的综合治理成效。政策扶持包括砒砂岩区治理措施的落实，如资金投入、产业结构调整、生态补偿措施、生态移民措施以及当地公众的积极支持和参与等。

生态综合治理体现为生态治理与产业发展相结合。砒砂岩区的生态综合治理包括煤矿的生态修复、土地整治、水资源利用、生物多样性保护等多方面措施。在综合治理中必须要坚持以人为本、服务民生，既要防治水土流失、保护青山绿水，也要解决民生、促进文明富裕，实现生态效益、经济效益和社会效益的统一。在保证生态治理成效的前提下，加强相关生态产业的发展，如沙棘产业沙棘加工、柠条等灌草平茬饲料加工等产业的发展，推动砒砂岩区资源开发与合理利用，提升区域生态与经济社会协调发展。

③ 推动生态产业协同发展与精准扶贫

在维持和提升砒砂岩区生态承载力的过程中，必须充分发挥生态效益、社会效益，兼顾经济效益、景观(旅游、文化)效益，以发展沙棘、山杏等林果产业带动加工业，形成产业链和利益共同体，促进农牧民快速增收，实现生态保护理念与绿色发展战略的高度融合，推动砒砂岩区生态产业的协同发展。把发展产业和保障农牧民的利益贯穿始终，调动全社会参与水土流失治理与管护利用的积极性，进一步将沙棘产业发展与山梁沟壑地区贫困群众的扶贫工作结合起来，以建设绿色农畜产品生产加工业、生态旅游业等为主体，构建砒砂岩区生态产业体系，充分利用国家相关政策，助力砒砂岩区精准扶贫。

④ 建立健全生态治理保障机制

a. 加强组织领导，落实目标责任。全面落实鄂尔多斯政府水土保持特别是砒砂岩治理的目标责任制，加快建立考核奖惩制度，充分发挥地方政府在规划实施、资金保障、组织发动等方面的主导作用。充分发挥各级水土保持管理机构的作用，协调各有关部门、成员单位按照职责分工，做好相关水土流失预防和治理工作。各级行政主管部门要依法履行好职责，确保各项任务扎实推进。

b. 科学制定规划，做好顶层设计。从鄂尔多斯经济社会发展和生态建设大局出发，结合水土流失特点，科学制定砒砂岩治理目标、总体布局、建设任务、投资规模。各级水利部门要依法加强规划编制工作，逐步建成综合、专业、专项相互配套的水土保持规划体系，为防治水土流失提供科学依据。

c. 强化监测评价，推进科技创新。要加快推进鄂尔多斯水土保持监测网络和信息系统建设，加强运行管理，实施砒砂岩治理动态监测，及时发布水土保持公报。要加强水土保持特别是砒砂岩治理重大基础理论研究和关键技术研发，大力推进砒砂岩治理技术示范区建设，搭建科研与生产协作平台，加强科技示范和推广工作。

d. 创新投入机制，拓宽资金渠道。充分发挥鄂尔多斯公共财政主渠道作用，在积极争取增加国家投入的同时，加强内蒙古自治区和鄂尔多斯市级财政安排的专项资金，加大投入力度。加快建立水土保持生态补偿机制，落实水土保持补偿费制度。制定出台优惠政策，引导和鼓励企业和个人以投资、捐资、承包治理等方式参与砒砂岩治理。

e. 加强宣传教育，营造良好社会氛围。以媒体宣传教育行动为载体，不断拓宽新形式宣传模式，精心打造中小学生水土保持教育社会实践基地和科技示范园区，营造全社会保护水土资源、自觉防治水土流失的良好氛围。

f. 加强队伍建设，强化能力建设。各级行政主管部门要高度重视、切实加强水土保持干部和技术人才队伍建设，健全机构，充实力量，加强培训。扎实推进水土保持监督执法能力建设，进一步完善执法队伍和技术保障体系，提高水土保持依法行政和依法管理水平。

按照地表覆盖物的不同，砒砂岩地区可分为裸露砒砂岩区、覆沙砒砂岩区、覆土砒砂岩区3个类型区。在砒砂岩区生态承载力维持提升总体策略的基础上，不同类型的砒砂岩区在治理措施上又有所不同，下面分别简述。

(2) 裸露砒砂岩区生态承载力维持提升措施

在裸露砒砂岩区，砒砂岩直接见于地表，上面无黄土、风沙土覆盖或覆土(沙)极薄(0.1~1.5m)。凡是此类砒砂岩出露面积占总面积70%以上的区域，即为裸露砒砂岩区。裸露砒砂岩区地貌多呈岗状丘陵，沟壑密度平均为$5\sim7km/km^2$，植被稀少，覆盖度极低，上覆薄层的黄土或浮沙，一般为10~150cm，基岩大面积裸露。侵蚀模数2.1万$t/(km^2 \cdot a)$左右，以水蚀为主，复合侵蚀严重。砒砂岩不仅在沟谷中出露，而且在坡面上出露。岩性为砾岩、砂岩及泥岩，交错层理发育，颜色混杂，有棕红色、紫红色、黄绿色、白色、灰白色，风蚀与水蚀都很严重。其影像特征是沟谷水系发育，沟谷阴影不明显，影像色调较浅，缺乏植被的颜色(绿色)，大部分地区呈现肉红色、浅紫色。

裸露砒砂岩区的治理措施既要注意植物措施和工程措施的合理配置，充分发挥其水土保持功能，又要注意单项措施的经济效益，保障措施的生态经济可持续性。以沙棘作为生物措施治理的突破口，根据现有沙棘的生长表现来看，尤其适宜在水土流失严重的裸露砒砂岩上推广种植，以充分发挥其优良的防护效能。从长远来看，栽种沙棘应结合区域自身特点，对于平缓区应尽量采用宽带状种植，以利于放牧。大力提倡营造沙棘混交林，在发挥沙棘保水保土效益及改良土壤功能的同时，为其他植物的生长发育创造适宜的环境，促进该区植被向良性演替方向发展。另外，还要加强沙棘优良品种的开发研究，以提高其经济价值。

在梁、峁、坡以工程造林为主进行标准坡面整地，然后根据不同立地条件进行造林种草，增加植被覆盖度，为发展牧业奠定基础。在土层较厚的阳坡布设乔、灌、草混交林，埂梁种柠条，坑内种油松，带间种牧草。阴坡迎风，基岩裸露，主要布设以沙棘、柠条、沙打旺、白花草木犀为主的带状、片状混交林。阳面的部分黄土支沟采取削坡打坝，控制水土流失，从上到下实现台田化，发展经济林。沟道小气候较好，水沙资源丰富，淤泥造田，蓄水灌溉十分有利，可以发展基本农田。在支毛沟修建谷坊和沙棘柔性坝，制止沟道的下切扩张。在主沟修水库、塘坝，进行蓄水灌溉、养鱼，保护和发展沟台地和水地，解决人畜饮水和温饱问题。

(3) 覆土砒砂岩区生态承载力维持提升措施

在覆土砒砂岩区，砒砂岩掩埋于各种黄土地貌之下。砒砂岩作为黄土沉积前的一种凸凹不平的古地形，代表了黄土沉积前的整个沉积间断，其本身就是一种风化剥蚀面，呈波状面分布。在沟谷中表现为"黄土戴帽，砒砂岩穿裙"的特殊地貌景观。黄土覆盖一般大于1.5m，凡是此类砒砂岩分布且砒砂岩出露面积达30%以上的区域，称为覆土砒砂岩区。覆土砒砂岩区地貌多呈黄土丘陵沟壑，植被覆盖较裸露区好，上覆黄土或浮沙，黄土层从几米到几十米不等，梁峁顶部分布较厚，沿坡从上到下逐渐变薄。沟壑密度在 $3\sim6km/km^2$ 之间。除部分梁峁和缓坡地为耕地外，多为天然草场，植被覆盖度为20%左右，侵蚀模数1.5万 $t/(km^2\cdot a)$，属剧烈侵蚀区，以水蚀为主，水蚀、风蚀和重力侵蚀交替发生。砒砂岩主要在沟缘线以下的沟谷中出露，而且切割很深，呈典型的"V"字形沟道，坡度在35°以上。岩性为砂岩及泥岩，层理发育，但每一种颜色的砒砂岩分布厚度较大，颜色有紫红色、黄绿色、灰白色。与裸露区相比，覆土区植被较好，因此影像特征表现为整体绿色较多，沟谷水系发育。由于沟道切割很深，因此沟谷阴影明显，影像色调较深。

覆土砒砂岩区的土层较厚，具备发展农业生产的基础条件，其治理措施可以采取建库坝、蓄水灌溉与淤泥澄清相结合，可以利用水沙资源发展基本农田。采用植物"柔性坝"和淤地坝集成技术措施，实现淤粗排细，在靠近淤地坝坝体部位、上游尾端和溢洪道进口上部布设沙棘植物"柔性坝"。以植物"柔性坝"拦沙工程为主体，以沟道淤地坝、"人工湿地"、"人工滩地"为沟底基本农田的主要组成部分。以骨干坝为依托，以微型水库为保证，形成支毛沟拦截粗沙，沟道坝地拦截细沙，坝与坝之间形成"人工湿地"、沟道坝地，增加天然径流入渗量。微型水库拦蓄全部剩余径流，达到缓洪、拦蓄粗泥沙、泄洪入河，实现淤粗排细，改善进入下游河道的水沙条件及泥沙组成，维护河流生态功能。

在生物措施中，除了种植沙棘外，还可以种植油松，油松是砒砂岩区乡土树种，在砒砂岩侵蚀物质沉积区及覆土、覆沙砒砂岩坡顶均可以使用。在梁、峁、坡结合水保整地、坑内种油松、带间种植沙棘为主的带状或片状混交林。在一些条件较好的地带打旱井、建水窖，大力推广集雨、蓄流和节水灌溉技术，发展水浇地。在土层较厚、坡度较小、交通便利的坡耕地修水平梯田或发展经济林。在沟沿沟坡种植灌木，撒播牧草，增加植被覆盖度，控制沟坡径流。背风向阳的坡脚和居民区栽植果树，进行多种经营。

(4) 覆沙砒砂岩区生态承载力维持提升措施

在覆沙砒砂岩区，由于受库布齐沙漠和毛乌素沙地风沙的影响，鄂尔多斯高原上的丘陵及梁地砒砂岩掩埋于风沙之下，或形成部分沙丘及薄层（10~30m）沙和砒砂岩相间分布，或形成"风沙戴帽，砒砂岩穿裙"的地貌景观，凡有此类砒砂岩分布且出露面积达30%以上的区域，称为覆沙砒砂岩区。平均沟壑密度为1~3km/km²，地表沙化严重，侵蚀模数为0.8万t/(km²·a)，以风蚀为主，呈现出风、水蚀复合侵蚀的景观。覆沙区与裸露区及覆土区的区别就是地表黄土覆盖薄且有浮沙覆盖，地表水系不发育。因此，它的影像特征是纹理不明显，水系不发育，沟道阴影较轻，有明显沙地的影像特征。岩性为泥岩、含砾砂岩、页岩及长石砂岩，胶结疏散。

覆沙砒砂岩区的治理措施也是生物措施与工程措施相结合，以生物措施为主。除了种植沙棘、油松外，还可以种植柠条，柠条耐干旱瘠薄，适应广泛，在砒砂岩区的各种土地条件下生长良好，尤其适合生长在松散的沙质土上。因此，宜在覆沙砒砂岩区推广种植。为了充分利用柠条的放牧价值，提倡轮封轮牧，适时平茬，合理利用。对低产沙地草场，可通过补植或补播柠条加以改造，提高草场的利用价值。除此之外，还可以种植沙柳×羊柴混交林。沙柳耐水湿、耐干旱，具有很强的抗逆性，根系发达，具有较高的生物产量。沙柳的分蘖性强，植株高大，地上生物量较大。

在采用生物措施中，梁、峁、坡主要布设乔灌带状混交林或灌木林，带间种优质牧草，既可以防风固沙，又可以作为牧业基地。在固定沙丘，与主风向垂直带状种植柠条，带间种植牧草，水蚀区进行等高种植。流动和半流动沙区，与主风向垂直带状种植沙柳，带间种植羊柴、沙打旺。水分条件好的丘间地和沟道以杨柳为主，发展用材林。

5.6 结论

本研究在对砒砂岩区国内外文献查询、专家咨询和综合考察基础上，运用了地面调查、无人机航拍和卫星遥感相结合的方式，对砒砂岩区生态承载力的时空特征、植被覆盖度与地形效应的关系、人地关系基础上砒砂岩区土地资源承载力状况、不同砒砂岩类型区不同地形条件下的植被盖度科学承载阈值确定以及生态承载力维持提升策略进行了研究，主要得出以下结论。

（1）在生态承载力时空变化方面，2000—2010年鄂尔多斯高原砒砂岩区生态足迹增速较快，2010年后增速相对放缓，生态足迹多年平均递增速率为15.93%；鄂尔多斯市以准格尔旗总生态承载力最高，达拉特旗和杭锦旗次之，鄂托克前旗相对最低；人均生态承载力以杭锦旗相对最高，其次是鄂托克旗、准格尔旗；2005年前鄂尔多斯高原处于生态盈余状态，2005年以来为生态赤字状态，随着当地经济和人口的不断发展生态赤字逐年增加，生态承载力处于透支状态。

（2）土地资源承载力变化方面，2000年来鄂尔多斯市土地资源承载力逐渐增加，土地资源承载指数波动下降；粮食产量呈逐渐增加趋势，人粮关系基本处于粮食盈余状态，人口容纳能力尚有一定的增长空间；旗区间土地资源承载力存在较大差异，其中东胜区和准格尔旗土地资源承载力较高，人粮矛盾相对严重；鄂托克旗和伊金霍洛旗土地资源承载力中等，大部分年份粮食盈余；鄂托克前旗、杭锦旗、乌审旗和达拉特旗处于粮食盈余状态，土地资源承载力相对较低。

（3）砒砂岩区植被盖度 FVC 空间分布由东南向西北逐渐降低，其中裸露砒砂岩区 FVC 相对最低，覆沙砒砂岩区次之，覆土砒砂岩区相对最高；高程-坡向效应表明裸露砒砂岩和覆沙砒砂岩区坡向分别在高程≤1000m 和>1500m 处对 FVC 的影响较大，覆土砒砂岩区坡向对 FVC 的影响较小，但 1200~1300m 处影响相对较大；坡度-坡向效应表明砒砂岩在坡度≤15°时，FVC 的坡度坡向效应并不明显，坡度>25°时裸露砒砂岩和覆沙砒砂岩的阴坡和半阴坡 FVC 大于阳坡和半阳坡；覆土砒砂岩坡度>15°时，半阴坡和半阳坡的 FVC 大于阴坡和阳坡。根据植被生长的地形效应以及不同地形条件下植被的稳定性和适应性，按不同砒砂岩类型区分别建立基于高程、坡度和坡向生态承载体系的植被盖度阈值，为砒砂岩区造林生态恢复提供理论支持。

参考文献

Arrow K, Bolin B, Costanza R, et al. 1995. Economic growth, carrying capacity, and the environment [J]. Science, 268: 520-521.

Brush S B, 1975. The Concept of Carrying Capacity for Systems of Shifting Cultivation [J]. American Anthropologist, 77(4): 799-811.

Ehrlich P, Ehrlich A, 1981. Extinction: The Causes and Consequences of the Disappearance of Species [M]. New York: Ballantine Books.

FAO, 1982. Potential Population Supporting Capacities of Lands in Developing World [R]. Rome: Food and Agriculture Organization of the United Nations.

Garry P, 2000. Political ecology and ecological resilience: An integration of human and ecological dynamics [J]. Ecological Economics, 35: 323-336.

Lieth H, Whittaker R H, 1975. Primary productivity of the Biosphere [M]. New York: SpringerVerlag.

Odum E P, 1971. Fundamentals of Ecology [M]. Saunders: Philadephia.

Park R F, Burgoss E W, 1921. An Introduction to the Science of Sociology [M]. Chicago: The University of Chicago Press.

Rees W E, 1992. Ecological footprints and appropriated carrying capacity: what urban economics leaves out [J]. Focus, 6(2): 121-130.

Seidal I, Tisdell C A, 1999. Carrying capacity reconsidered: from Malthus'population theory to cultural carrying capacity [J]. Ecological Economics, 3: 395-348.

Vogot W, 1949. The way of subsistence[M]. Chicago: Chicago University Press: 256-342.

Wachernagel M, Rees W, 1996. Our ecological footprint: reducing human impact on the earth [M]. Gabriola Island: New Society Publishers: 56-76.

Wang R, Yan F, Wang Y, 2020. Vegetation Growth Status and Topographic Effects in the Pisha Sandstone Area of China [J]. Remote Sensing, 12: 2759.

Yan F, Wu B, Wang Y, 2013. Estimating aboveground biomass in Mu Us Sandy Land using Landsat spectral derived vegetation indices over the past 30 years[J]. Journal of Arid Land, 5(4): 521-530.

Yan F, Wu B, Wang Y, 2015. Estimating spatiotemporal patterns of aboveground biomass using Landsat TM and MODIS images in the Mu Us Sandy Land, China[J]. Agricultural and Forest Meteorology, 200: 119-128.

艾晓燕,徐广军,韩守,2010. 论水土保持生态修复的特点与原则[J]. 中国水土保持(3): 44-45.

巴拉吉,2011. 鄂尔多斯经济实现可持续发展的对策分析[J]. 内蒙古财经学院学报(综合版),9(4): 63-68.

柏菊,闫峰,2016. 2001—2012年毛乌素沙地荒漠化过程及驱动力研究[J]. 南京师大学报(自然科学版),39(01): 132-138.

陈浩,李朝奎,王利东,2013. 基于生态足迹理论的区域生态承载力研究[J]. 湖南科技大学学报(自然科学版),8(3): 97-103.

陈乐天,王开运,邹春静,等,2009. 上海市崇明岛区生态承载力的空间分异[J]. 生态学杂志,28(4): 734-739.

程国栋,2002. 承载力概念的演变及西北水资源承载力的应用框架[J]. 冰川冻土,24(4): 361-367.

崔彦东,2018. 实现可持续土地管理战略的措施探讨[J]. 城市地理(4X): 162-163.

封志明,杨艳昭,闫慧敏,等,2017. 百年来的资源环境承载力研究:从理论到实践[J]. 资源科学,39(3): 379-395.

封志明,杨艳昭,游珍,2017. 雄安地区的人口与水土资源承载力[J]. 中国科学院院刊,32(11): 1216-1223.

封志明,杨艳昭,张晶,2008. 中国基于人粮关系的土地资源承载力研究:从分县到全国[J]. 自然资源学报,23(5): 865-875.

付德明,2009. 鄂尔多斯市土地利用与生态环境状况分区评价[J]. 内蒙古煤炭经济(6): 114-115.

高吉喜,2001. 可持续发展理论探索:生态承载力理论、方法与应用[M]. 北京:中国环境科学出版社：12-28.

谷红梅，郭文献，徐建新，等，2006. 区域水资源开发利用程度的灰色关联分析评价[J]. 人民黄河(01)：49-50, 53.

郭淑芬，马宇红，2017. 资源型区域可持续发展能力测度研究[J]. 中国人口·资源与环境，27(7)：72-79.

哈斯巴根，李百岁，宝音，等，2008. 区域土地资源人口承载理论模型及实证研究[J]. 地理科学，28(2)：189-194.

郝庆，封志明，杨艳昭，等，2019. 西藏土地资源承载力的现实与未来：基于膳食营养当量分析[J]. 自然资源学报，34(5)：911-920.

黄文刚，陈娜，2017. 区域可持续发展与生态文明建设研究[J]. 绿色科技(12)：305-306.

李传福，刘阳，党晓宏，等，2019. 鄂尔多斯砒砂岩区生态恢复研究进展[J]. 内蒙古林业科技，45(1)：49-52.

刘广丽，2007. 内蒙古黄河流域水资源状况及开发利用对策[J]. 内蒙古水利(1)：40-41.

刘钦普，林振山，冯年华，2005. 土地资源人口承载力动力学模拟和应用[J]. 南京师大学报(自然科学版)，28(4)：114-118.

吕荣，魏裕丰，郭小平，等，2002. 鄂尔多斯地区水资源现状和利用分析及节水对策的探讨[J]. 内蒙古林业科技(Z1)：63-66, 68.

马刚毅，杨银军，2006. 鄂尔多斯市可持续发展条件下的资源环境综合利用研究[J]. 内蒙古煤炭经济(3)：62-66.

闵庆文，余卫东，张建新，2004. 区域水资源承载力的模糊综合评价分析方法及应用[J]. 水土保持研究，11(3)：14-16.

潘洪义，朱晚秋，崔绿叶，等，2017. 成都市人均生态足迹和人均生态承载力空间分布差异[J]. 生态学报，19：6335-6345.

邱寿丰，2012. 2000—2009年宁德市生态足迹和生态承载力研究——基于NFA计算方法[J]. 闽江学院学报，33(2)：134-140.

孙晓玲，2012. 鄂尔多斯市实施水土保持生态修复的实践与启示[J]. 中国水土保持(8)：36-39.

田玲玲，罗静，董莹，等，2016. 湖北省生态足迹和生态承载力时空动态研究[J]. 长江流域资源与环境，25(2)：316-325.

佟长福，李和平，刘海全，2019. 水资源高效利用实践与可持续利用对策——以鄂尔多斯杭锦旗为例[J]. 中国农村水利水电(10)：70-74, 80.

王家骥，姚小红，李京荣，等，2000. 黑河流域生态承载力估测明[J]. 环境科学研究，13(2)：44-48.

王利清，2009. 现实审度：鄂尔多斯经济可持续发展与生态环境建设协调[J]. 内蒙古农业大学学报(社会科学版),11(1):76-77.

王瑞杰,吴林荣,闫峰,2019. 基于人粮关系的鄂尔多斯砒砂岩区土地资源承载力变化特征[J]. 水土保持通报,39(6):142-148.

王瑞杰,闫峰,张学良,2020. 2000—2015年鄂尔多斯高原生态承载力时空变化特征[J]. 水土保持通报,40(1):91-98.

王瑞杰,闫峰,2020. 2000—2018年西北砒砂岩区植被覆盖度与地形效应[J]. 应用生态学报,31(4):1194-1202.

王愿昌,吴永红,闵德安,等,2007. 砒砂岩区水土流失治理措施调研[J]. 国际沙棘研究与开发,5(1):39-44.

王志强,王义,赵润才,等,2006. 元宝山区水资源承载能力综合评价与分析[J]. 农业系统科学与综合研究,22(4):279-282.

王中根,夏军,1999. 区域生态环境承载力的量化方法研究[J]. 长江职工大学学报,16(4):9-12.

吴志杰,何国金,黄绍霖,等,2017. 南方丘陵区植被覆盖度遥感估算的地形效应评估[J]. 遥感学报,21(1):159-167.

向芸芸,蒙吉军,2012. 生态承载力研究和应用进展[J]. 环境科学研究,31(11):2958-2965.

徐国泉,姜兆华,薛宏雨,2004. 基于生态足迹理论的生态承载力分析——以大连市为例[J]. 资源调查与评价,21(01):1-5.

徐中民,张志强,程国栋,2000. 甘肃省1998年生态足迹计算与分析[J]. 地理学报,55(5):607-616.

闫峰,丛日春,2015. 中国沙地分类进展及编目体系[J]. 地理研究,34(03):455-465.

闫峰,卢琦,吴波,等,2018. 1981—2015年新疆生产建设兵团植被生长变化特征[J]. 干旱区地理,41(3):553-563.

闫峰,王艳姣,2009. 基于Ts-EVI特征空间的土壤水分估算[J]. 生态学报(09):4884-4891.

闫峰,吴波,王艳姣,2013. 2000—2011年毛乌素沙地植被生长状况时空变化特征[J]. 地理科学,33(5):602-608.

闫峰,吴波,2013. 近40年毛乌素沙地荒漠化过程研究[J]. 干旱区地理,36(6):987-996.

杨贤智,等,1990. 环境管理学[M]. 北京:高等教育出版社:150-153.

杨志峰,隋欣,2005. 基于生态系统健康的生态承载力评价[J]. 环境科学学报,25(5):586-594.

姚文艺,肖培青,王愿昌,等,2019. 砒砂岩区侵蚀治理技术研究进展[J]. 水利水电科技进展(5):1-9.

张传国,2003.绿洲系统"三生"承载力驱动机制与模式的理论探讨[J].经济地理(1):83-87.

张林波,李兴,李文华,等,2009.人类承载力研究面临的困境与原因[J].生态学报,29(2):889-897.

张志强,徐中民,程国栋,等,2001.中国西部12省(区市)的生态足迹[J].地理学报,68(5):599-610.

赵涛,米国芳,2012.内蒙古生态环境可持续发展评价模型研究[J].北京理工大学学报:社会科学版(1):27-31.

郑威,2018.关于可持续土地管理战略问题的探究[J].中国管理信息化,21(2):171-172.

朱锁,丛立明,陈信民,2009.内蒙古鄂尔多斯地区水资源现状分析及可持续利用对策[J].地下水(5):51-53.

附录

本书涉及的植物的学名、中文名与俗名对照

阿尔泰狗娃花 Heteropappus altaicus
艾蒿 Artemisia argyi
霸王 Zygophyllum xanthoxylon
白草 Pennisetum centrasiaticum
白刺 Nitraria tangutorum
白花草木樨 Melilotus alba
白莲蒿 Artemisia sacrorum
百里香（地椒）Thymus serpyllum var. mongolicus
半日花 Helianthemum soongoricum
北柴胡 Bupleurum chinense
北丝石竹（草原石头花）Gypsophila davurica
本氏针茅 Stipa bungeana
冰草 Agropyron cristatum
糙隐子草 Cleistogenes squarrosa
草木樨 Melilotus officinalis
草木樨状黄耆 Astragalus melilotoides
侧柏 Platycladus orientalis
差不嘎蒿 Artemisia halodendron
柽柳 Tamarix chinensis
臭椿 Ailanthus altissima
刺藜 Chenopodium aristatum
刺沙蓬 Salsola ruthenica
寸草 Carex duriuscula
达乌里胡枝子 Lespedeza davurica
大果榆 Ulmus macrocarpa
地锦 Euphorbia humifusa
地梢瓜 Cynanchum thesioides
碟果虫实 Corispermum patelliforme
短花针茅 Stipa breviflora
短翼岩黄耆 Hedysarum brachypterum
杜松 Juniperus rigida
多裂骆驼蓬 Peganum multisectum
二裂委陵菜 Potentilla bifurca
锋芒草 Tragus racemosus

甘草 Glycyrrhiza uralensis
戈壁天门冬 Asparagus gobicus
狗尾草 Setaria viridis
旱柳 Salix matsudana
河北杨 Populus × hopeiensis
黑沙蒿（油蒿）Artemisia ordosica
红花岩黄耆 Hedysarum multijugum
红砂 Reaumuria soongorica
胡枝子 Lespedeza bicolor
虎尾草 Chloris virgata
华北白前 Cynanchum hancockianum
华北米蒿 Artemisia giraldii
黄刺玫 Rosa xanthina
黄柳 Salix gordejevii
画眉草 Eragrostis pilosa
灰绿藜 Chenopodium glaucum
火炬树 Rhus typhina
芨芨草 Achnatherum splendens
蒺藜 Tribulus terrestris
假苇拂子茅 Calamagrostis pseudophragmites
尖头叶藜 Chenopodium acuminatum
碱蒿 Artemisia anethifolia
碱茅 Puccinellia distans
角蒿 Incarvillea sinensis
荆条 Vitex negundo var. heterophylla
克氏针茅 Stipa krylovii
苦豆子 Sophora alopecuroides
赖草 Leymus secalinus
狼毒 Stellera chamaejasme
老瓜头 Cynanchum komarovii
裂叶风毛菊 Saussurea laciniata
冷蒿 Artemisia frigida
柳叶鼠李 Rhamnus erythroxylon
芦苇 Phragmites australis

马蔺 Iris lacteal var. chinensis
猫头刺 Oxytropis aciphylla
毛白杨 Populus tomentosa
蒙古冰草 Agropyron mongolicum
蒙古韭（沙葱）Allium mongolicum
蒙古莸 Caryopteris mongholica
米口袋 Gueldenstaedtia verna
绵刺 Potaninia mongolica
粘毛黄芩 Scutellaria viscidula
柠条锦鸡儿（白柠条）Caragana korshinskii
牛枝子 Lespedeza potaninii
帕米尔苔草 Carex pamirensis
披碱草 Elymus dahuricus
披针叶野决明 Thermopsis lanceolata
祁连圆柏 Sabina przewalskii
青海云杉 Picea crassifolia
乳浆大戟 Euphorbia esula
沙鞭 Psammochloa villosa
沙地柏（臭柏）Sabina vulgaris
沙冬青 Ammopiptanthus mongolicus
沙棘 Hippophae rhamnoides
沙柳 Salix psammophila
沙木蓼 Atraphaxis bracteata
沙蓬（沙米）Agriophyllum squarrosum
沙生冰草 Agropyron desertorum
沙生大戟 Euphorbia kozlovi
沙生针茅 Stipa glareosa
砂蓝刺头 Echinops gmelinii
砂珍棘豆 Oxytropis racemosa
山苦荬 Ixeris chinensis
山桃 Amygdalus davidiana
山杏 Armeniaca sibirica
绳虫实 Corispermum declinatum
鼠掌老鹳草 Geranium sibiricum
丝叶山苦荬 Ixeris chinensis var. graminifolia
四合木 Tetraena mongolica
四棱荠 Goldbachia laevigata
酸枣 Ziziphus jujuba var. spinose
天蓝苜蓿 Medicago lupulina
田旋花 Convolvulus arvensis
菟丝子 Cuscuta chinensis
委陵菜 Potentilla chinensis
乌柳 Salix cheilophila
无芒隐子草 Cleistogenes songarica

雾冰藜 Bassia dasyphylla
西伯利亚白刺 Nitraria sibirica
细裂叶莲蒿（两色万年蒿）Artemisia gmelinii
细叶韭 Allium tenuissimum
细叶石头花 Gypsophila licentiana
细叶鸢尾 Iris tenuifolia
细枝岩黄耆（花棒）Hedysarum scoparium
狭叶锦鸡儿 Caragana stenophylla
狭叶米口袋 Gueldenstaedtia stenophylla
小花鬼针草 Bidens parviflora
小画眉草 Eragrostis poaeoides
小叶锦鸡儿 Caragana microphylla
小叶杨 Populus simonii
香青兰 Dracocephalum moldavica
斜茎黄耆（沙打旺）Astragalus adsurgens
兴安虫实 Corispermum chinganicum
星星草 Puccinellia tenuiflora
盐爪爪 Kalidium foliatum
羊草 Leymus chinensis
杨柴（塔洛岩黄耆）Hedysarum fruticosum var. laeve
银白杨 Populus alba
硬阿魏 Ferula bungeana
硬质早熟禾 Poa sphondylodes
油松 Pinus tabuliformis
榆树（白榆）Ulmus pumila
榆叶梅 Amygdalus triloba
羽茅 Achnatherum sibiricum
圆头蒿（白沙蒿、籽蒿）Artemisia sphaerocephala
圆头柳 Salix capitata
远志 Polygala tenuifolia
银灰旋花 Convolvulus ammannii
藏锦鸡儿 Caragana tibetica
藏嵩草 Kobresia tibetica
樟子松 Pinus sylvestris var. mongolica
针茅 Stipa capillata
珍珠梅 Sorbaria sorbifolia
珍珠猪毛菜（珍珠）Salsola passerine
中间锦鸡儿（柠条）Caragana intermedia
猪毛菜 Salsola collina
猪毛蒿 Artemisia scoparia
紫丁香 Syringa oblata
紫花苜蓿 Medicago sativa
紫穗槐 Amorpha fruticosa
钻天杨 Populus nigra var. italica

图 2-7 实验区植被覆盖度空间分布

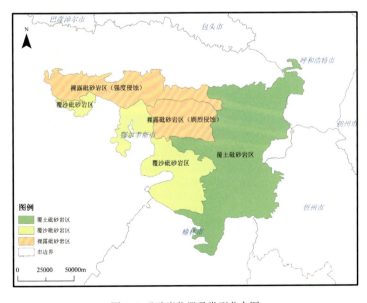

图 2-8 砒砂岩位置及类型分布图

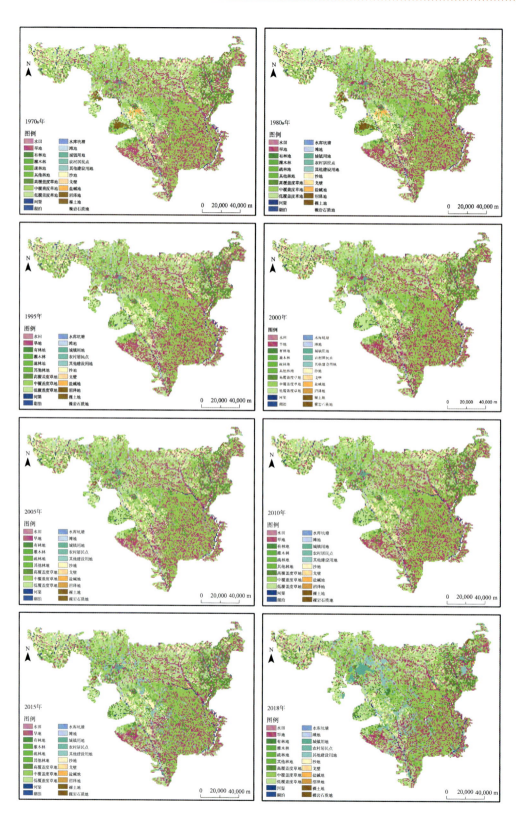

图 2-13 各时期砒砂岩区土地覆被／土地利用空间分布图 (1km)

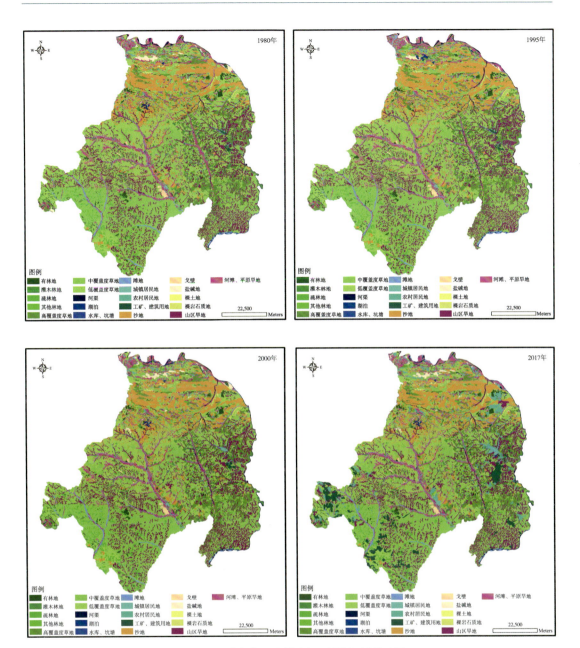

图 2-15 准格尔旗土地利用及土地覆被时空演变图

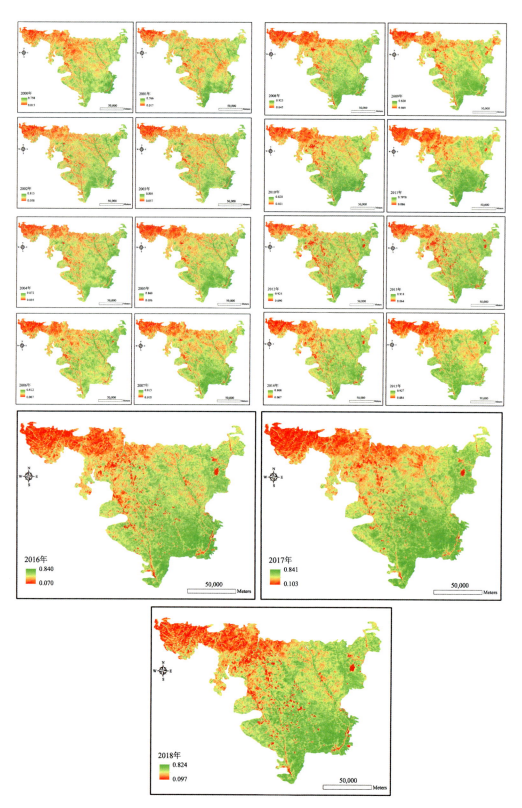

图 2-17 砒砂岩区 NDVI 的空间分布图

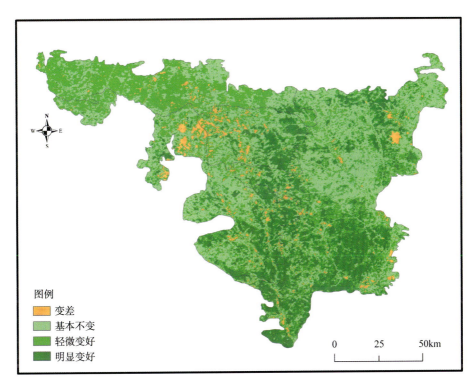

图 2-18 2000—2018 年砒砂岩区 NDVI 变化空间特征

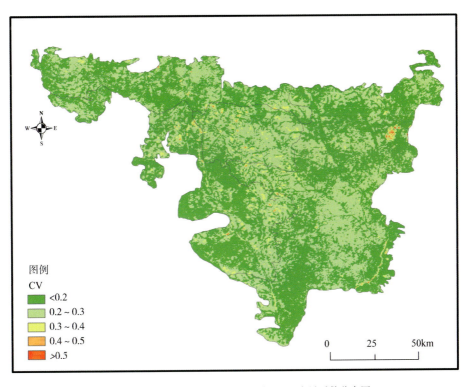

图 2-20 砒砂岩区 2000—2018 年植被 NDVI 变异系数分布图

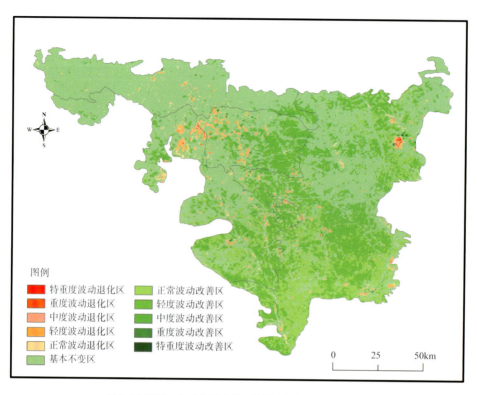

图 2-28 2000—2018 年砒砂岩区植被生长状况变化空间格局

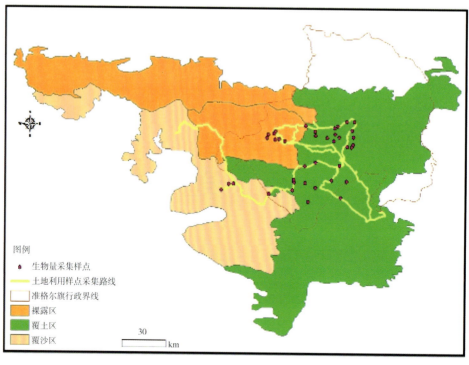

图 2-29 2018 年土地覆被验证样点及 2019 年生物量样点采集

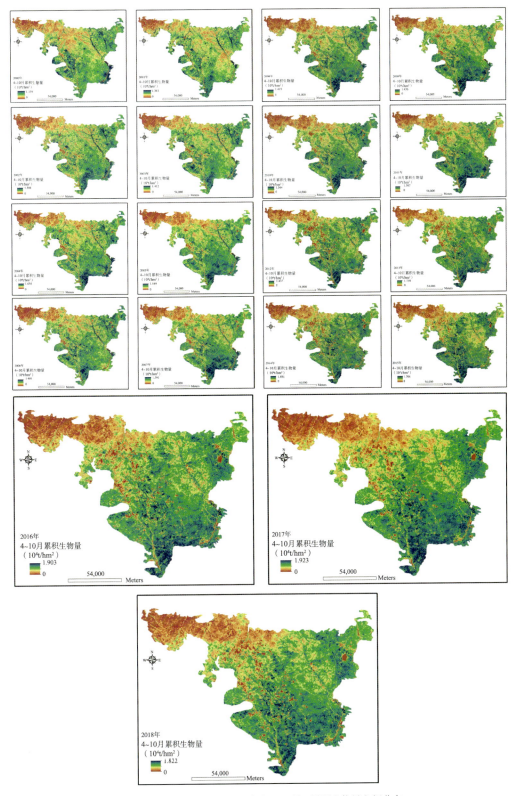

图 2-31 2000—2018 年生长季（4~10 月）累积生物量空间分布

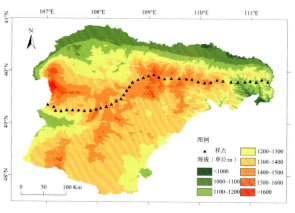

图 3-1 鄂尔多斯高原植被调查的样点分布

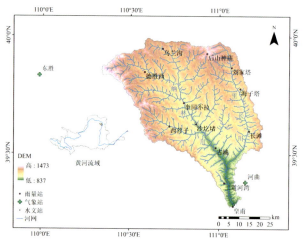

图 4-1 皇甫川流域位置及站点分布图

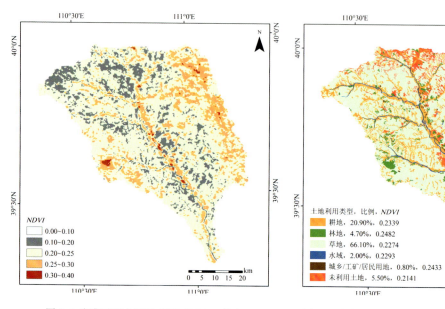

图 4-4 皇甫川流域 2000-2015 年 NDVI 分布　　　图 4-5 皇甫川流域不同土地利用方式下的 NDVI 分布图

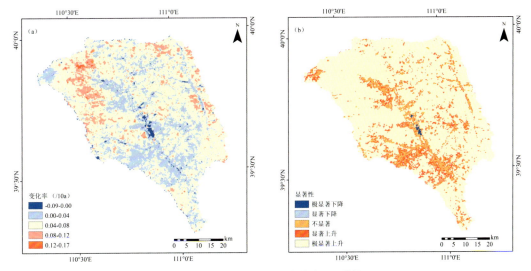

图 4-6 研究区年均 NDVI 变化率及显著性

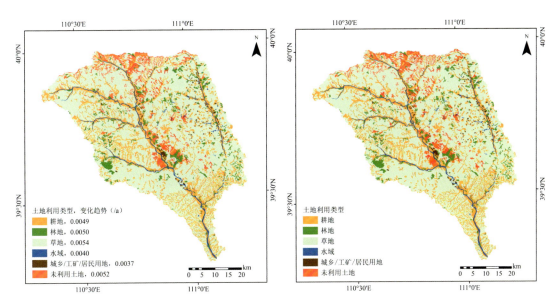

图 4-7 研究区不同土地利用类型下 NDVI 的变化趋势   图 4-19 皇甫川流域 2000 年土地利用类型图

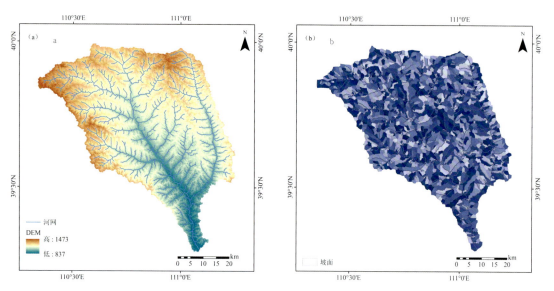

图 4-21 地形模块（a）DEM 及河网（b）坡面

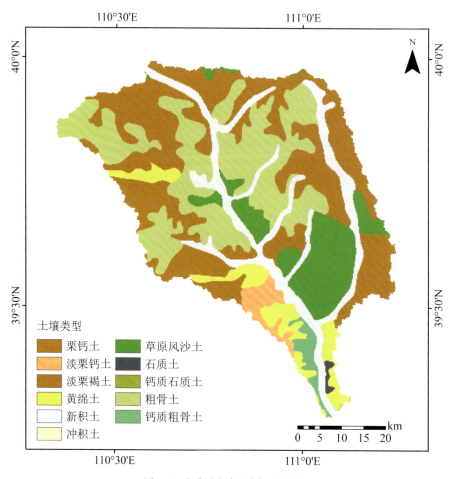

图 4-22 皇甫川流域土壤类型分布图

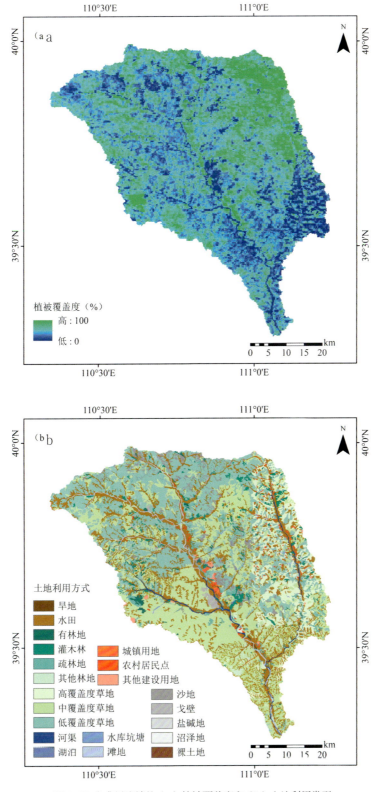

图 4-23 皇甫川流域的（a）植被覆盖度和（b）土地利用类型

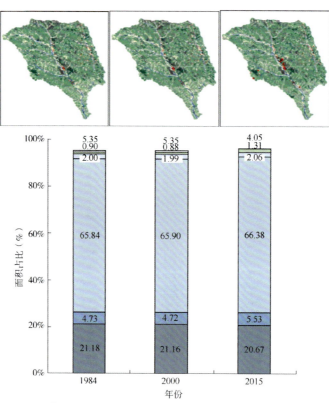

图 4-28 1984—2015 年皇甫川流域的土地利用变化

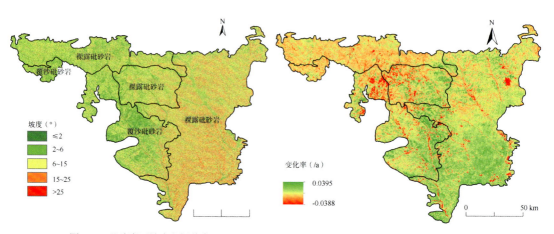

图 5-10 砒砂岩区坡度空间分布　　　　图 5-12 砒砂岩区 FVC 空间变化趋势